河套平原与鄂尔多斯高原

盐碱地常见植物图谱手册

◎王 婧 逄焕成 主编

中国农业科学技术出版社

图书在版编目（CIP）数据

河套平原与鄂尔多斯高原盐碱地常见植物图谱手册 / 王婧，逄焕成主编．—北京：中国农业科学技术出版社，2017.12

ISBN 978-7-5116-3403-0

Ⅰ．①河… Ⅱ．①王… ②逄… Ⅲ．①盐碱地—植物—内蒙古—图谱 Ⅳ．①Q948.522.6-64

中国版本图书馆 CIP 数据核字（2017）第 295952 号

责任编辑　贺可香
责任校对　贾海霞

出 版 者　中国农业科学技术出版社
　　　　　北京市中关村南大街12号　　邮编：100081
电　　话　（010）82106638（编辑室）（010）82109702（发行部）
　　　　　（010）82109709（读者服务部）
传　　真　（010）82106650
网　　址　http: // www.castp.cn
经 销 者　全国各地新华书店
印 刷 者　北京富泰印刷有限责任公司
开　　本　710mm × 1 000mm　1/16
印　　张　27.75
字　　数　500千字
版　　次　2018年8月第1版　　2018年8月第1次印刷
定　　价　280.00元

《河套平原与鄂尔多斯高原盐碱地常见植物图谱手册》

编委会

主　编　王　婧　逯焕成

副主编　王志春　李玉义　赵永敢　李　华　何志斌

编　委（按姓氏笔画排序）

马红媛　卢　闯　丛　萍　刘　娜　闫　洪　安丰华　杜　军　李二珍　杨　帆　张　莉　张宏媛　张晓丽　陈泽东　侯智惠　高志娟　董建新　靳存旺　翟　振　霍　龙

本书受国家科技基础性工作专项项目

中国北方内陆盐碱地植物种质资源调查及数据库构建（2015FY110500）

专题：河套平原及鄂尔多斯高原盐碱地植物种质资源调查（2015FY110500-07）

资助

编者按

河套平原和鄂尔多斯高原是我国内陆盐碱地集中分布的区域之一，有盐碱地超过50万公顷，另有盐渍化潜在危害的土地面积超过20万公顷。区内盐碱地分布有大量具有独特生态功能和重要经济价值的植物种质资源，是陆地生物资源的重要组成部分，对维持生态系统平衡和生物多样性具有重要作用。调查、收集和保存耐盐碱植物种质资源，可以为盐碱地植被恢复和生态保护提供耐盐碱优良物种，为认知植物适应盐碱环境机理和提高作物耐盐碱性研究提供数据与材料，为遗传工程、生物化学、分子生物学等科学研究提供基础材料。因此，全面系统的掌握盐碱地植物种质资源数据，是国家制定盐碱地资源保护利用和生态安全战略决策的必然需求，对盐碱地改良、盐碱地植物种质资源保护和挖掘利用以及生态文明建设具有重大意义。

我们在实践中发现，河套平原和鄂尔多斯高原盐碱地植物极为复杂多样，分布有大量的盐生植物，是盐碱地生态修复的先锋植物；而许多耐盐碱能力低于盐生植物的耐盐碱植物也具有重要利用价值。然而，已有数据资料多以盐生植物为主，但盐生植物以外的大量耐盐碱植物的相关数据严重匮乏，亟需调查补充。此外，由于该区处于生态脆弱地带，立地条件复杂多样，在自然和人为双重干扰下，盐碱地植物的多样性及其生境发生了剧烈变化，具有抗逆性的乡土物种已经或正在灭绝或濒临灭绝，区内盐碱地植物生态系统特征已经发生了一定变化，植物种类、数量、分布范围也必然发生改变，急需更新相关内容。更为重要的是，目前的数据资料缺乏图像化，尽管《中国植物志》《中国盐生植物》《中国境内酸性土钙质土和盐碱土的指示植物》《内蒙古植物志》《宁夏植物志》《黄土高原植物志》《内蒙古饲用植物名录》《内蒙古药用植物名录》《内蒙古野生药用植物名录》《内蒙古种子植物名称手册》《内蒙古大青山高等植物检索表》等著作对该区盐碱地绝大部分植物种都进行了描述，但却缺乏相关的图像资料，对植物的识别、鉴定和利用比较困难，需要对已有数据资料和调查结果加以整理、归纳，并进行图像化、信息化。本书初步开展相关探索，为河套平原和鄂尔多斯高原盐碱地植物资源保护和盐碱地改良利用提供数据和材料支持，并为相关植物科普工作做出贡献。

本书得到了科技基础性工作专项项目“中国北方内陆盐碱地植物种质资源调查及数据库构建（2015FY110500）”及其专题“河套平原及鄂尔多斯高原盐碱地植物种质资源调查（2015FY110500-07）”的资助。研究中共采集植物标本1 000余份，拍摄图片3 000余张。本书中植物主要参考“中国植物志”分类系统，重点描述了59科182属316种河套平原及鄂尔多斯高原盐碱地常见植物的科学名称、形态特征、生长环境和植物图像等，为该区盐碱地植物种质资源研究提供了基础信息和科学依据，对全面、深入地开展该区域生态系统研究起到积极的促进作用。

基于作者水平有限，本书错误和不足难免，恳请批评指正！

编　者

河套平原和鄂尔多斯高原位于中国北部地区（图1）。河套平原是阴山山脉与鄂尔多斯高原间的断陷冲积湖积平原，位于内蒙古自治区西南部，北至阴山南麓，断层崖矗立于平原之北，界线明显；南到鄂尔多斯高原北缘的陡坎，由于库布齐沙漠散布，界线较模糊；西与乌兰布和沙漠相连；东及东南与蛮汗山山前丘陵相接。地理坐标为北纬40° 10′ ~41° 20′，东经106° 25′ ~112°，主体区域行政区划包括内蒙古自治区的巴彦淖尔市、包头市部分区域，另涉及宁夏回族自治区的银川市、石嘴山市等部分行政区域，面积约2.5万km^2。

鄂尔多斯高原位于内蒙古自治区南部，地处黄河与万里长城的怀抱之中，西、北、东三面有黄河环绕，南以长城与黄土高原相隔，东南、西与晋、陕、宁接壤，北与内蒙古自治区首府呼和浩特和包头市隔河相望。地理位置坐标为北纬37° 20′ ~40° 50′，东经106° 24′ ~111° 28′，主体区域行政区划包括内蒙古自治区鄂尔多斯市、乌海市部分区域，另高原边缘涉及陕西省神木、榆林、横山、靖边、定边5县北部与宁夏回族自治区的盐池、灵武、陶乐县等极少部分区域，面积约13万km^2。

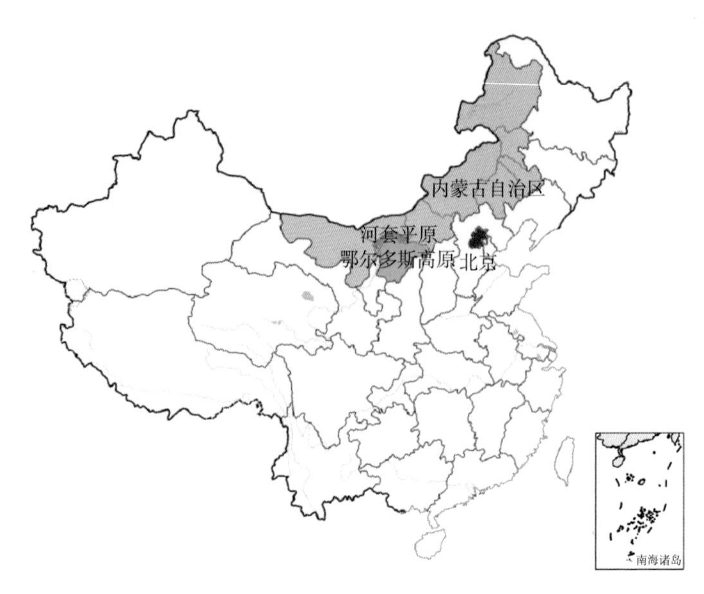

图1　河套平原与鄂尔多斯高原地理位置示意图

一、河套平原与鄂尔多斯高原的地形地貌

河套平原为黄河及其支流冲积而成，南有黄河滋润，北有狼山环抱，黄河在此先沿着贺兰山向北流，再由于阴山阻挡向东，后沿着吕梁山向南，形成形成“几”字马蹄形的大弯曲，山前为洪积平原，面积占平原总面积的1/4，余为黄河冲积平原。地表极平坦，除山前洪积平原地带坡度较大外，坡降大多为1/8 000 ~ 1/4 000。平原东西沿黄河延展，长500km，南北宽20~90km。地势由西南向东北略倾斜，海拔900~1 200m。河套平原可分为三部分：西南部为银川平原（又称西套平原），位于贺兰山以东；中部为巴彦淖尔平原（又称后套平原），位于狼山以南；东部为土默川平原（又称前套平原），位于大青山以南（图2）。

鄂尔多斯高原地势起伏和缓，中西部高，四周低，从西北向东南微倾。高原内虽无山脉，但海拔高度相差很大，东南部为构造凹陷盆地，境内广泛分布第四纪沉积层和现代河湖沉积，东部切割河谷部分可下降到1 000m以下，北沿是黄河三级阶地，为包头内陆断陷的南缘。高原顶面个别地方可达1 600m以上，西部桌子山一带高达1 500~2 000m。东部为准格尔黄土丘陵沟壑区，西部为桌子山低山缓坡和鄂托克高地，北部为库布齐沙漠，南部为毛乌素沙漠和滩地，流沙和半固定沙丘分布广泛，中部沿北纬39.5°一线隆起，为鄂尔多斯台地，有草原分布并夹有盐碱湖沼（图2）。

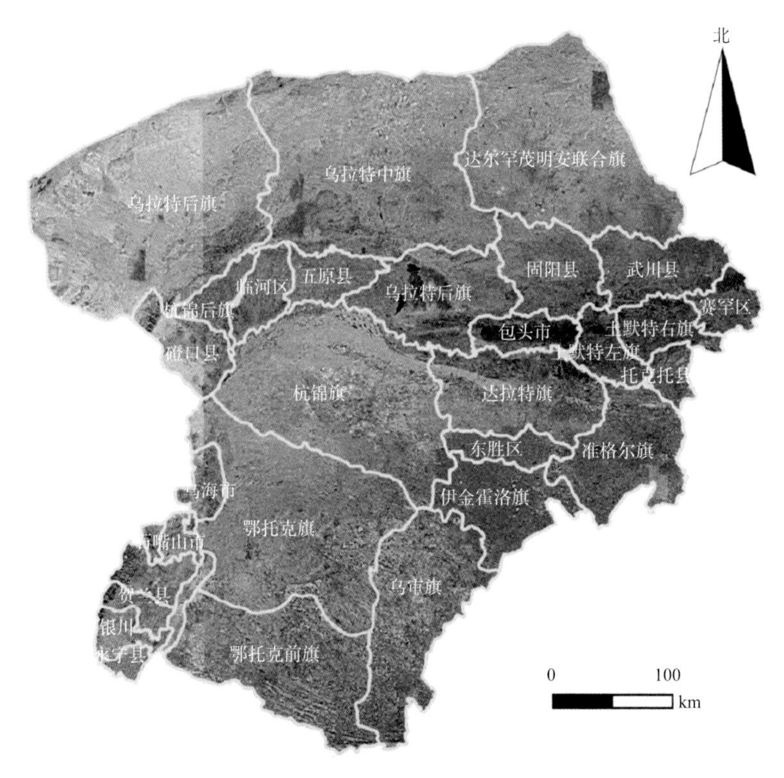

图2　河套平原与鄂尔多斯高原地形地貌图
（数据来源于中国科学院资源环境科学数据中心）

二、河套平原与鄂尔多斯高原气候特征

河套平原与鄂尔多斯高原均属于大陆性气候。河套平原为典型的中温带大陆性季风气候，年日照时数3 000~3 200h，光热资源丰富，是中国日照时数最多的地区之一，西多东少，日照百分率67%~73%。年总辐射量627kJ/cm^2，年均温5.6~7.4℃，西高东低，1月均温-14~-11℃，7月22~24℃，10℃以上活动积温3 000~3 280℃，无霜期130~150d，大部地区降水量150~400mm，东多西少，雨量多集中在夏季7—8月，且多暴雨，在时间分配上雨热同季，多年平均年蒸发量为2 030~3 180mm。冬、春季多北风或西北风，夏季多偏南或偏东风，多年平均风速为每秒2.5~3.3m（图3）。

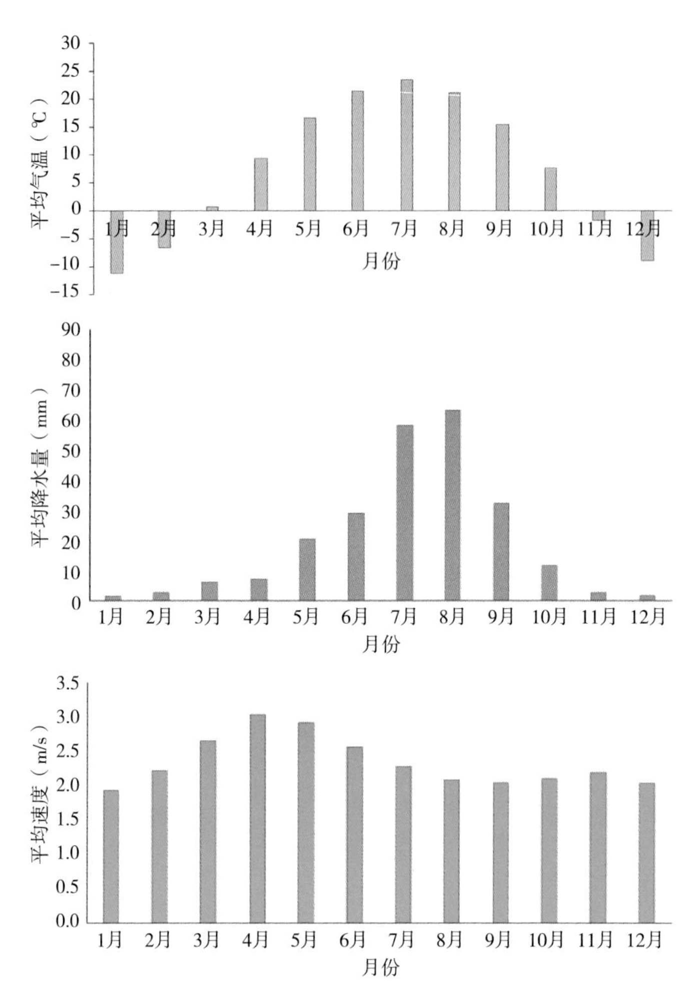

图3　河套平原月气温、降水、风速平均值（1981—2010年）
（数据来源于国家气象信息中心）

鄂尔多斯高原深居内陆，极端大陆性气候显著，冬季气候干燥而寒冷，夏季形成东南季风。光能资源丰富，积温高，昼夜温差大，是我国日照丰富的地区之一。高原位于温带季风区西缘，年平均气温6~8℃，1月平均气温-14~-8℃，7月平均气温22~24℃，年均降水量150~500mm，集中于7—9月，降水变率大，自东南向西北愈趋干旱，降水自东南缘450~520mm，依次下降到西北缘的150mm以下，干燥度由4.0增至16.0。风向除西南部全年以偏西风为主外，冬天以西北风为主，夏天以东南风和西南风为主。无霜期130~170d，10℃以上活动积温2 500~3 200℃（图4）。

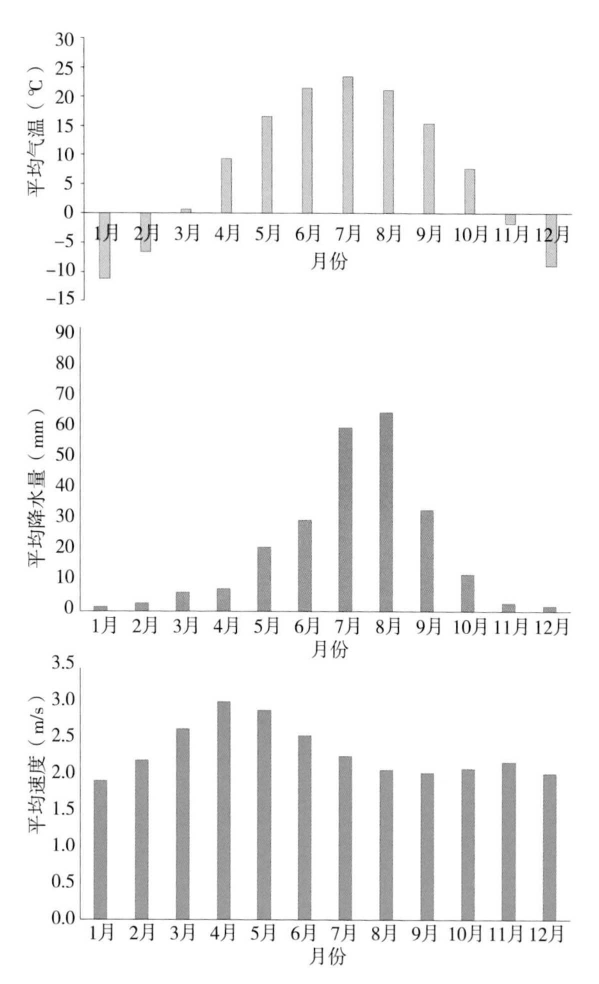

图4　鄂尔多斯高原月气温、降水、风速平均值（1981–2010年）
（数据来源于国家气象信息中心）

三、河套平原与鄂尔多斯高原盐渍土分布特征

河套平原与鄂尔多斯高原土壤类型多样，其中河套平原主要土壤类型包括灌淤土、盐土、碱土、风沙土、潮土、新积土、沼泽土、灰土、栗钙土、棕钙土、灰漠土、灰棕漠土、石质土、粗骨土等；鄂尔多斯高原主要土壤类型包括草甸土、沼泽土、盐碱土、风沙土、栗钙土、棕钙土等。

河套平原与鄂尔多斯高原是我国盐碱地分布较为集中的区域之一，有盐碱地超过50万hm^2，另有盐渍化潜在危害的土地面积超过20万hm^2。区内盐渍土类型多样，程度不一，分布广泛。根据不同盐渍土壤所处的生物气候、地质地貌、水文等自然地理条件及其所制约和所反映的盐渍土形成过程，以及其人为活动的特点与开发治理方向等的差异，可将区内盐碱地主要分为如下5个类型（图5）。

（一）漠境—草原氯化物—硫酸盐或硫酸盐—氯化物、苏打碱化盐渍土

主要分布在河套平原黄河沿岸地区。该区盐渍土是在干旱半干旱内陆气候条件下形成，与河套平原地形相对封闭，盐化物质来源丰富，蒸发条件有利于积盐，有灌无排、地下水位高的灌溉水文条件等密切相关，导致原生与次生盐碱化并存。地表原始景观多为漠境—草原交叉分布，盐碱成分多为氯化物—硫酸盐或硫酸盐—氯化物型，局部有苏打积累。

（二）半干旱斑状苏打草甸碱化盐渍土

主要分布在河套平原东北部。区内主要是地下水微弱参与现代成土过程，有轻微的季节性积盐的碱土，地下水位2~3m，其形成以碱化过程为主，伴随有草甸和盐化过程，多呈斑状星散分布于低平微地形的稍高处，常与苏打盐土共同分布。地表原始景观多为草甸土荒漠草原，盐分组成以碳酸钠和碳酸氢钠为主，淋溶层含盐量$<0.5\%$，pH值一般在9以上。

（三）漠境草原碱化土和底层盐化潜育盐渍土

主要分布在鄂尔多斯高原的西部，靠近黄河沿岸。区内草原碱化土很大可能是由过去的草甸碱土因地下水位下降而逐渐演变而成。具有富含腐殖质的淋溶层、柱状或块状结构的碱化层及盐分聚积层，其理化性状与草甸碱土基本相似，由于长期脱盐，含盐量比草甸碱土少。地表景观多为漠境草原，盐分组成以碳酸钠和碳酸氢钠为主，但淋溶层的盐分含量较草甸碱土少，积盐层也不超过0.5%~0.6%，底土层有明显的碳酸盐聚积层。

（四）漠境氯化物—硫酸盐或硫酸盐龟裂碱化盐渍土

主要分布在鄂尔多斯高原东北部的黄河沿岸。区内气候干旱，淋洗作用微弱，少雨多风，蒸发强烈，同时山地母岩和成土母质含有大量的可溶性盐，受强烈干燥气候蒸发的影响以及地面间歇水的淋溶作用，各种盐化土壤出现脱盐和碱化过程，盐分仅部分淋洗至心土层聚积，其余在剖面不同深度累积，且大量富积地表，形成起伏不平的盐结皮或呈龟裂地表。这一过程与地下水关系相对较小，常与零星孤立的矮小沙丘组成复域。地面植被稀疏，

有的地表光秃，只见少量枯死灌丛而呈现荒漠景观。盐分组成复杂，以氯化物硫酸盐、硫酸盐等为主，部分龟裂碱化盐土的pH值在9以上。

（五）干旱沙漠区零星斑状氯化物—硫酸盐或硫酸盐盐渍土

主要分布在鄂尔多斯高原腹地。区内大部分为沙漠，仅在部分海子畔滩地零星分布有氯化物—硫酸盐、硫酸盐等为主的盐渍土，多具盐结皮。

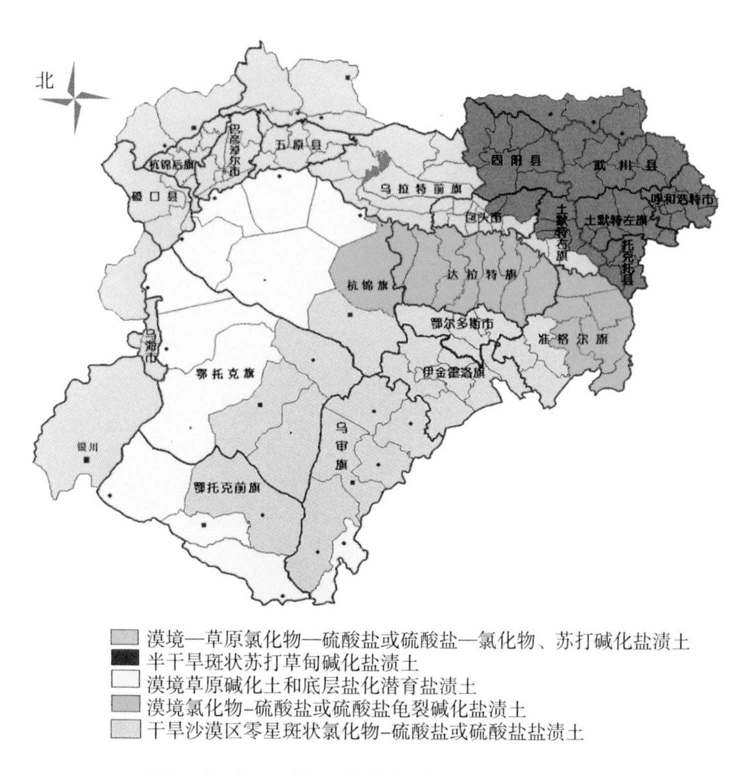

图5　河套平原与鄂尔多斯高原盐渍土分布图

四、河套平原与鄂尔多斯高原盐碱地植被类型与分布

河套平原与鄂尔多斯高原的自然植被（栽培植被除外）多以荒漠、半荒漠草原为主，间有草甸、灌丛植被（图6）。沿黄河分布及河套平原大部主要为低灌木草原或荒漠化草原，间有草甸植被，主要植物种类为碱蓬、芦苇、芨芨草、滨藜、猪毛菜、蒿、柽柳、苦豆子等；河套平原东北部及向北主要为荒漠化草原，主要植物种类为骆驼蓬、旋花、狗尾草、蒺藜等；鄂尔多斯高原主要为荒漠植被和沙生植被。

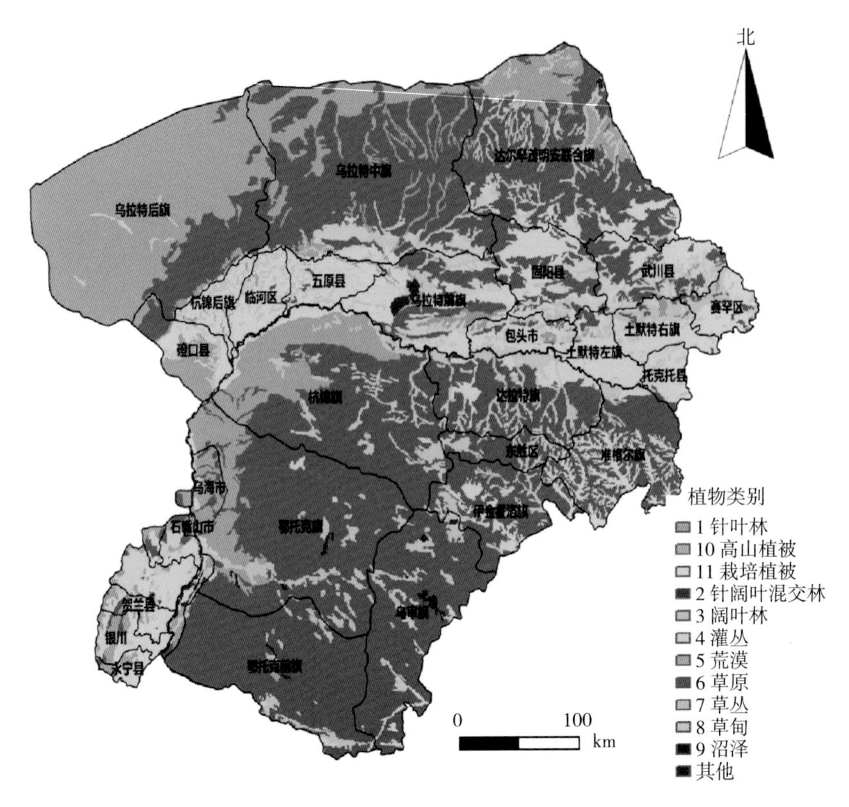

图6　河套平原与鄂尔多斯高原植被分布图
（数据来源于中国科学院资源环境科学数据中心）

根据生长环境、地表景观、植物类群等，可将区内植被主要分为如下6种类型。

1. 沿黄农田间插花撂荒型杂草荒漠草原

主要插花分布在沿黄地带农田中间，漠境—草原氯化物—硫酸盐或硫酸盐-氯化物、苏打碱化盐渍土分布区内主导植被类型。多为撂荒草地，植被主要为碱蓬，一般占整个植被数量的80%以上，伴生芦草、柽柳、白刺、羊草、滨藜等其他植物。地表盖度一般不

图7　农田间插花撂荒型杂草荒漠草原景观
（拍摄于内蒙古五原县塔尔湖镇五星村）

超过60%（图7）。

2. 沿黄地带水系漫滩草甸植被

主要分布在黄河、内陆湖、盐海子等水系漫滩处，沿黄地带常见，地下水位较低，受到周期性的洪水的影响，为不定期淹水—干涸的盐碱沼泽。其植被主要为薹草、芦苇等，一般占整个植被数量的70%以上，伴生羊草、芨芨草、狗尾草、碱蓬等其他植物。地表盖度一般超过80%（图8）。

图8 水系漫滩草甸植被景观
（拍摄于内蒙古乌拉特前旗乌兰德翁）

3. 苏打草甸碱化盐渍土荒漠化草原植被

主要分布在河套平原东北部，为半干旱斑状苏打草甸碱化盐渍土分布区主导植被类型。多为荒漠化草原，植被主要为猪毛菜、骆驼蓬等，伴生田旋花、滨藜、蒺藜等其他植物。地表盖度一般不超过60%（图9）。

图9 苏打草甸碱化盐渍土荒漠化草原植被景观
（拍摄于内蒙古土默特右旗沙淖乡）

4. 漠境草原化荒漠植被

主要分布在鄂尔多斯高原西部的沿黄地带，为漠境草原碱化土和底层盐化潜育盐渍土分布区主导植被类型。多为草原化荒漠，植被主要为白刺、沙棘等植物，伴生其他肉质叶、针状叶的沙生植被。地表盖度一般不超过40%（图10）。

图10　漠境草原化荒漠植被景观
（拍摄于内蒙古杭锦旗吉日嘎郎图镇）

5. 高原漠境荒漠化草原植被

主要分布在鄂尔多斯高原东北部的沿黄地带，为漠境氯化物-硫酸盐或硫酸盐龟裂碱化盐渍土分布区主导植被类型。地表多有盐结皮或龟裂碱土，植被低矮，主要为盐爪爪、碱蓬、白刺、芦苇等，伴生芨芨草、拂子茅等植物。地表盖度一般不超过60%（图11）。

图11　高原漠境荒漠化草原植被景观
（拍摄于内蒙古达拉特旗树林召镇白柜村）

6. 沙漠区盐海子畔沙生植被

主要分布在鄂尔多斯高原腹地的沙漠地区，为干旱沙漠区零星斑状氯化物-硫酸盐或硫酸盐盐渍土分布区主导植被类型。地表几不可见植物，零星生长有沙蒿、梭梭、芦苇、芨芨草等植物。地表盖度一般不超过20%（图12）。

图12　沙漠区盐海子畔沙生植被景观
（拍摄于内蒙古鄂托克旗木凯淖尔镇）

CONTENTS
目录

苋　科

虎耳草科

蔷薇科

牻牛儿苗科

亚麻科

蒺藜科

苦木科

远志科

大戟科

无患子科

伞形科

报春花科

白花丹科

马钱科

木犀科

龙胆科

萝藦科

旋花科

紫草科

马鞭草科

唇形科

茄　科

玄参科

紫葳科

列当科

车前科

败酱科

菊　科

禾本科

莎草科

百合科

鸢尾科

兰　科

麻黄科

卷柏科

杨柳科

Salicaceae

本科共收录5种植物。分属2属。

杨属*Populus*

新疆杨

河北杨

胡杨

柳属*Salix*

旱柳

北沙柳

新疆杨

Populus alba var. *pyramidalis* Bge.

新疆杨，被子植物门，双子叶植物纲，杨柳目，杨柳科，杨属植物。别称白杨、新疆奥力牙苏、帚形银白杨、加拿大杨、新疆银白杨。

乔木，高15~30m，树冠窄圆柱形或尖塔形；树皮为灰白或青灰色，光滑少裂；萌条和长枝叶掌状深裂，基部平截；短枝叶圆形，有粗缺齿，侧齿几对称，基部平截，下面绿色几无毛；叶柄侧扁或近圆柱形，被白绒毛。雄花序长3~6cm；花序轴有毛，苞片条状分裂，边缘有长毛，柱头2~4裂；雄蕊5~20，花盘有短梗，宽椭圆形，歪斜；花药不具细尖。蒴果长椭圆形，通常2瓣裂。仅见雄株。雌花序长5~10cm，花序轴有毛，雌蕊具短柄，花柱短，柱头2，有淡黄色长裂片。蒴果细圆锥形，长约5mm，2瓣裂，无毛。花期4—5月，果期5月。

新疆杨喜光，不耐阴。耐寒。耐干旱瘠薄及盐碱土。深根性，抗风力强，生长快。河套平原主要分布在呼和浩特、包头市等地。

河北杨

Populus hopeiensis

河北杨，被子植物门，双子叶植物纲，杨柳目，杨柳科，杨属植物。别称椴杨。

乔木，高达30m。树皮黄绿色至灰白色，光滑；树冠圆大。小枝圆柱形，灰褐色，无毛，幼时黄褐色，有柔毛。芽长卵形或卵圆形，被柔毛，无黏质。叶卵形或近圆形，长3~8cm，宽2~7cm，先端急尖或钝尖，基部截形、圆形或广楔形，边缘有弯曲或不弯曲波状粗齿，齿端锐尖，内曲，上面暗绿色，下面淡绿色，发叶时下面被绒毛；叶柄侧扁，初时被毛与叶片等长或较短。雄花序长约5cm，花序轴被密毛，苞片褐色，掌状分裂，裂片边缘具白色长毛；雌花序长3~5cm，花序轴被长毛，苞片赤褐色，边缘有长白毛；子房卵形，光滑，柱头2裂。蒴果长卵形，2瓣裂，有短柄。花期4月，果期5—6月。

多生于海拔700—1 600m的河流两岸、沟谷阴坡及冲积阶地上。

胡 杨

Populus euphratica

胡杨，被子植物门，双子叶植物纲，杨柳目，杨柳科，杨属植物。别称胡桐、英雄树、异叶胡杨、异叶杨、水桐、三叶树。

落叶中型天然乔木，树干通直，高10~15m。从根部萌生幼苗，树皮淡灰褐色，下部条裂；萌枝细，圆形，光滑或微有绒毛。芽椭圆形，光滑，褐色，长约7mm。长枝和幼苗、幼树上的叶线状披针形或狭披针形，全缘或不规则的疏波状齿牙缘；成年树小枝泥黄色，有短绒毛或无毛。叶形多变化，卵圆形、卵圆状披针形、三角伏卵圆形或肾形，长25cm，宽3cm，先端有2~4对粗齿牙，基部楔形、阔楔形、圆形或截形，有2腺点，两面同色；稀近心形或宽楔形；叶柄长1~3cm，光滑，微扁，约与叶片等长，萌枝叶柄极短，长仅1cm，有短绒毛或光滑。叶子边缘还有很多缺口，叶革质化、枝上长毛，幼树叶甚至如柳叶。雌雄异株，菱荑花序；苞片菱形，上部常具锯齿，早落；雄花序细圆柱形，长2~3cm，轴有短绒毛，雄蕊15~25，花药紫红色，花盘膜质，边缘有不规则齿牙；雌花序长约2.5cm，果期时达9cm，花序轴有短绒毛或无毛，子房具梗，柱头宽阔，紫红色，长卵形，被短绒毛或无毛，子房柄约与子房等长，柱头3，2浅裂，鲜红或淡黄绿色。蒴果长卵圆形，长10~12mm。花期5月，果期7—8月。

喜光、抗热、抗干旱、抗盐碱、抗风沙，为绿化西北干旱盐碱地带的优良树种。本区域内主产于乌海。

旱　柳

Salix matsudana

旱柳，被子植物门，双子叶植物纲，杨柳目，杨柳科，柳属植物。别称柳树、河柳、江柳、立柳、直柳。

落叶乔木，高可达20m，胸径达80cm。大枝斜上，树冠广圆形；树皮暗灰黑色，有裂沟；枝细长，直立或斜展，浅褐黄色或带绿色，后变褐色，无毛，幼枝有毛。芽微有短柔毛。叶披针形，长5~10cm，宽1~1.5cm，先端长渐尖，基部窄圆形或楔形，上面绿色，无毛，有光泽，下面苍白色或带白色，有细腺锯齿缘，幼叶有丝状柔毛；叶柄短，长5~8mm；托叶披针形或缺，边缘有细腺锯齿。花序与叶同时开放；雄花序圆柱形，长1.5~2.5cm，粗6~8mm，轴有长毛；雄蕊2，花丝基部有长毛，花药卵形，黄色；苞片卵形，黄绿色，先端钝，基部多少有短柔毛；腺体2；雌花序较雄花序短，长达2cm，粗4mm，有3~5小叶生于短花序梗上，轴有长毛；子房长椭圆形，近无柄，无毛，无花柱或很短，柱头卵形，近圆裂；苞片同雄花；腺体2，背生和腹生。果序长达2.5cm。花期4月，果期4—5月。

为喜阳光、耐寒冷干旱的植物，常生长在干旱地或水湿地。

北沙柳

Salix psammophila

北沙柳，被子植物门，双子叶植物纲，杨柳目，杨柳科，柳属植物。别称沙柳。

灌木，高3~4m。当年枝初被短柔毛，后几无毛，上年生枝淡黄色，常在芽附近有一块短绒毛。叶线形，长4~8cm，宽2~4mm，先端渐尖，基部楔形，边缘疏锯齿，上面淡绿色，下面带灰白色，幼叶微有绒毛，成叶无毛；叶柄长约1mm；托叶线形，常早落。花先于叶或几与叶同时开放，花序长1~2cm，具短花序梗和小叶片，轴有绒毛；苞片卵状长圆形，先端钝圆，外面褐色，无毛，基部有长柔毛；腺体1，腹生，细小；雄蕊2，花丝合生，基部有毛，花药4室，黄色；子房卵圆形，无柄，被绒毛，花柱明显，长约0.5mm，柱头2裂，具开展的裂片。花期3—4月，果期5月。

为中国特有种，生长于海拔920~1 650m的地区，喜光、耐寒、抗风沙、耐轻度盐碱。分布于低山、平原、河流两岸及地下水位较高的固定、半固定沙丘上。

本科共收录2种植物。分属1属。

榆属*Ulmus*

榆树

垂枝榆

榆　树

Ulmus pumila L.

榆树，被子植物门，双子叶植物纲，荨麻目，榆科，榆属植物。别称家榆、榆钱、春榆、粘榔树、白榆、钻天榆、长叶家榆、黄药家榆。

落叶乔木，高达25m，胸径1m，在干瘠之地长成灌木状；幼树树皮平滑，灰褐色或浅灰色，成树之皮暗灰色，有不规则深纵裂；小枝无毛或有毛，淡黄灰色、淡褐灰色、灰色或褐黄色，有散生皮孔；冬芽近球形或卵圆形，芽鳞背面无毛，内层芽鳞的边缘具白色长柔毛。叶椭圆状卵形、长卵形、椭圆状披针形或卵状披针形，长2~8cm，宽1.2~3.5cm，先端渐尖或长渐尖，基部偏斜或近对称，一侧楔形至圆，另一侧圆至半心脏形，叶面平滑无毛，叶背幼时有短柔毛，后变无毛或部分脉腋有簇生毛，边缘具重锯齿或单锯齿，侧脉每边9~16条，叶柄长4~10mm。花先叶开放，在生枝的叶腋成簇生状。翅果近圆形，稀倒卵状圆形，长1.2~2cm，果核部分位于翅果的中部，上端不接近或接近缺口，成熟前后其色与果翅相同，初淡绿色，后白黄色，宿存花被无毛，4浅裂，裂片边缘有毛，果梗较花被为短，长1~2mm，被毛（或稀无）短柔毛。花果期3—6月。

阳性树种，喜光，耐旱，耐寒，耐瘠薄，适应性强。根系发达，抗风力、保土力强，能耐干冷气候及中度盐碱。生于山坡、山谷、川地、丘陵及沙岗等处。

垂枝榆

Ulmus pumila L. cv. *Tenue*

垂枝榆，被子植物门，双子叶植物纲，荨麻目，榆科，榆属植物。

落叶小乔木，幼树平滑，分枝较多，新生枝条自然下垂，叶片大而浓绿，树冠伞形；树皮灰色，不规则纵裂；无膨大的木栓层及凸起的木栓翅；小枝幼时有细毛或几无毛，后变无毛；单叶互生，叶卵形或卵状椭圆形，长4~15cm，中部或中下部较宽，先端渐尖，基部极偏斜，一边楔形，一边半圆形至半心脏形，边缘具重锯齿，侧脉每边12~22条，直达齿尖。叶面平滑无毛，叶背幼时有短柔毛，后变无毛或部分脉腋有簇生毛，叶柄面有短柔毛。叶柄长5~9mm，上面有毛。花先叶开放，在生枝的叶腋成簇生状。翅果近圆形，果核部分位于翅果近中部。花果期3—4月。主根深，侧根发达，抗风保土力强。喜光，耐寒，抗旱，喜肥沃、湿润而排水良好的土壤，不耐水湿，但能耐瘠薄和盐碱土壤。

本科共收录2种植物。分属2属。

葎草属*Humulus*

葎草

大麻属*Cannabis*

大麻

葎 草

Humulus scandens

葎草，被子植物门，双子叶植物纲，荨麻目，桑科，葎草属植物。别称蛇割藤、割人藤、拉拉秧、拉拉藤、五爪龙、勒草、葛葎蔓、葛勒子秧、锯锯藤等。

多年生攀援草本植物，茎、枝、叶柄均具倒钩刺。叶片纸质，肾状五角形，掌状5~7深裂，稀为3裂，长宽7~10cm，基部心脏形，表面粗糙，疏生糙伏毛，背面有柔毛和黄色腺体，裂片卵状三角形，边缘具锯齿；叶柄长5~10cm。雄花小，黄绿色，圆锥花序，长15~25cm；雌花序球果状，径约5mm，苞片纸质，三角形，顶端渐尖，具白色绒毛；子房为苞片包围，柱头2，伸出苞片外。瘦果成熟时露出苞片外。花期春夏，果期秋季。

适应能力强，适生幅度宽，常生于沟边、荒地、废墟、林缘边。

大 麻

Cannabis sativa L.

大麻，被子植物门，双子叶植物纲，荨麻目，桑科，大麻属植物。别称山丝苗、线麻、胡麻、野麻、火麻。

一年生直立草本，高1~3m，枝具纵沟槽，密生灰白色贴伏毛。叶掌状全裂，裂片披针形或线状披针形，长7~15cm，中裂片最长，宽0.5~2cm，先端渐尖，基部狭楔形，表面深绿，微被糙毛，背面幼时密被灰白色贴状毛后变无毛，边缘具内弯的粗锯齿，中脉及侧脉在表面微下陷，背面隆起；叶柄长3~15cm，密被灰白色贴伏毛；托叶线形。雄花序长达25cm；花黄绿色，花被5，膜质，外面被细伏贴毛，雄蕊5，花丝极短，花药长圆形；小花柄长2~4mm；雌花绿色；花被1，紧包子房，略被小毛；子房近球形，外面包于苞片。瘦果为宿存黄褐色苞片所包，果皮坚脆，表面具细网纹。花期6—8月，果期8—10月。

喜光作物、耐大气干旱而不耐土壤干旱，生长期间不耐涝。本区内有栽培或沦为野生。

本科共收录1种植物。分属1属。

马兜铃属*Aristolochia*

马兜铃

马兜铃

Aristolochia debilis Sieb. et Zucc.

马兜铃，被子植物门，双子叶植物纲，马兜铃目，马兜铃科，马兜铃属植物。别称水马香果、蛇参果、三角草、秋木香罐、兜铃根、独行根、青木香、一点气、天仙藤、三百银药、野木香根、定海根。

草质藤本植物。根圆柱形。茎柔弱，无毛。叶互生；叶柄长1~2cm，柔弱；叶片卵状三角形、长圆状卵形或戟形，长3~6cm，基部宽1.5~3.5cm，先端钝圆或短渐尖，基部心形，两侧裂片圆形，下垂或稍扩展；基出脉5~7条，各级叶脉在两面均明显。花单生或2朵聚生于叶腋；花梗长1~1.5cm；小苞片三角形，易脱落；花被长3~5.5cm，基部膨大呈球形，向上收狭成一长管，管口扩大成漏斗状，黄绿色，口部有紫斑，内面有腺体状毛；檐部一侧极短，另一侧渐延伸成舌片；舌片卵状披针形，顶端钝；花药贴生于合蕊柱近基部；子房圆柱形，6棱；合蕊柱先端6裂，稍具乳头状凸起，裂片先端钝，向下延伸形成波状圆环。蒴果近球形，先端圆形而微凹，具6棱，成熟时由基部向上6瓣开裂；果梗长2.5~5cm，常撕裂成6条。种子扁平，钝三角形，边线具白色膜质宽翅。花期7—8月，果期9—10月。

喜光，稍耐阴，耐寒，适应性强。生于山谷、沟边、路旁阴湿处及山坡灌丛中。偶见于黄河两岸。

本科共收录9种植物。分属4属。

蓼属*Polygonum*

普通蓼

西伯利亚蓼

萹蓄

酸模属*Rumex*

刺酸模

长刺酸模

皱叶酸模

羊蹄

大黄属*Rheum*

河套大黄

荞麦属*Fagopyrum*

苦荞麦

普通蓼

Polygonum humifusum Merk ex C.Koch

普通蓼，被子植物门，双子叶植物纲，蓼目，蓼科，蓼属植物。

一年生草本。茎平卧，自基部多分枝，高20~30cm；叶椭圆形或倒披针形，长11.5cm，宽3~5mm，顶端微钝或稍尖，基部狭楔形，上面中脉明显，侧脉不明显，下面中脉微突出，侧脉明显，叶柄极短，具关节；托叶鞘膜质，下部淡褐色，上部白色，具3~4脉；花2~5朵，生于叶腋，遍布于植株，花被5深裂，开裂至2/3；花被片长圆形，长1.5~2mm，边缘白色或淡红色。瘦果长卵形，具3棱，顶端急尖，深褐色，密被小点，微有光泽，长2~2.5mm，稍突出于花被。花期6—7月，果期8—9月。

常生于田边路旁、河岸沙地。

西伯利亚蓼

Polygonum sibiricum Laxm.

西伯利亚蓼，被子植物门，双子叶植物纲，蓼目，蓼科，蓼属植物。别称剪刀股、野茶、驴耳朵、牛鼻子、鸭子嘴 。

多年生草本，高6~20cm。有细长的根茎。茎斜上或近直立，通常自基部分枝。叶互生，有短柄；叶片稍肥厚，近肉质，披针形或长椭圆形，无毛，长5~8cm，宽5~15mm，先端急尖或钝，基部戟形或楔形。花序圆锥状，顶生，长3~5cm；苞片漏斗状；花梗中上部有关节；花黄绿色，有短梗；花被5深裂，裂片长圆形，长约3mm；雄蕊7~8；花柱3，甚短，柱头头状。瘦果椭圆形，有3棱，黑色，平滑，有光泽。花、果期秋季。

常生于盐碱荒地或砂质含盐碱土壤。

萹　蓄

Polygonum aviculare L.

萹蓄，被子植物门，双子叶植物纲，蓼目，蓼科，蓼属植物。别称扁竹、竹叶草。

一年生草本。茎平卧、上升或直立，高10~40cm，自基部多分枝，具纵棱。叶椭圆形，狭椭圆形或披针形，长1~4cm，宽3~12mm，顶端钝圆或急尖，基部楔形，两面无毛，下面侧脉明显；叶柄短或近无柄，基部具关节；托叶鞘膜质，下部褐色，上部白色，撕裂脉明显。花单生或数朵簇生于叶腋，遍布于植株；苞片薄膜质；花梗细，顶部具关节；花被5深裂，花被片椭圆形，长2~2.5mm，绿色，边缘白色或淡红色；雄蕊8，花丝基部扩展；花柱3，柱头头状。瘦果卵形，具3棱，长2.5~3mm，黑褐色，密被由小点组成的细条纹，无光泽，与宿存花被近等长或稍超过。花期5—7月，果期6—8月。

常生于田边路、沟边湿地。

刺酸模

Rumex maritimus L.

刺酸模，被子植物门，双子叶植物纲，蓼目，蓼科，酸模属植物。

一年生草本。茎直立，高15~60cm，自中下部分具深沟槽。茎下部叶披针形或披针状长圆形，长4~15cm，宽1~3cm，顶端急尖，基部狭楔形，边缘微波状；叶柄长1~2.5cm，茎上部近无柄；托叶鞘膜，早落。花序圆锥状，具叶，花两性，多花轮生；花梗基部具关节；外花被椭圆形，长约2mm，内花被片果时增大，狭三角状卵形，长2.5~3mm，宽约1.5mm，顶端急尖，基部截形，边缘具2~3针刺，长2~2.5mm，全部具长圆形小瘤，瘤长约1.5mm。瘦果椭圆形，两端尖，具3锐棱，黄褐色，有光泽，长1.5mm。花期5—6月，果期6—7月。

常生于河、湖水边或盐碱地、荒地湿处。

长刺酸模

Rumex trisetifer Stokes

长刺酸模，被子植物门，双子叶植物纲，蓼目，蓼科，酸模属植物。别称海滨酸模、假菠菜。

一年生草本。根粗壮，红褐色。茎直立，高30~80cm，褐色或红褐色，具沟槽，分枝开展。茎下部叶长圆形或披针状长圆形，长8~20cm，宽2~5cm，顶端急尖，基部楔形，边缘波状，茎上部的叶较小，狭披针形；叶柄长1~5cm；托叶鞘膜质，早落。花序总状，顶生和腋生，具叶，再组成大型圆锥状花序。花两性，多花轮生，上部较紧密，下部稀疏，间断；花梗细长，近基部具关节；花被片6，2轮，黄绿色，外花被片披针形，较小内花被片长果时增大，狭三角状卵形，长3~4mm，宽1.5~2mm，顶端狭窄，急尖，基部截形，全部具小瘤，边缘每侧具1个针刺，针刺长3~4mm，直伸或微弯。瘦果椭圆形，具3锐棱，两端尖，长1.5~2mm，黄褐色，有光泽。花期5—6月，果期6—7月。

常生于河、湖水边和水渠边、荒地湿处。

皱叶酸模

Rumex crispus L.

皱叶酸模，被子植物门，双子叶植物纲，蓼目，蓼科，酸模属植物。别称洋铁叶子、四季菜根、牛耳大黄根、火风棠、羊蹄根、牛舌片等。

多年生草本植物。高50~100cm。直根，粗壮。茎直立，有浅沟槽，通常不分枝，无毛。根生叶有长柄；叶片披针形或长圆状披针形，长15~25cm，宽1.5~4cm，两面无毛，顶端和基部都渐狭，边缘有波状皱褶；茎上部叶小，有短柄；托叶鞘，铜状，膜质。花序由数个腋生的总状花序组成圆锥状，顶生狭长，长达60cm；花两性，多数；花被片6，排2轮，内轮花被片长果时增大，宽，顶端钝或急尖，基部心形，全缘或有不明显的齿，有网纹，长5mm，通常都有瘤状突起为卵形；雄蕊6；柱头3，画笔状。瘦果椭圆形，有3棱，顶端尖，棱角锐利，长2mm，褐色，有光泽。花期6—7月，果期7—8月。

常生于海拔30~2 500m的河滩、沟边湿地。

羊　蹄

Rumex japonicus Houtt.

羊蹄，被子植物门，双子叶植物纲，蓼目，蓼科，酸模属植物。别称土大黄、牛舌头、野菠菜、羊蹄叶、羊皮叶子。

多年生草本。茎直立，高50~100cm，上部分枝，具沟槽。基生叶长圆形或披针状长圆形，长8~25cm，宽3~10cm，顶端急尖，基部圆形或心形，边缘微波状，下面沿叶脉具小突起；茎上部叶狭长圆形；叶柄长2~12cm；托叶鞘膜质，易破裂。花序圆锥状，花两性，多花轮生；花梗细长，中下部具关节；花被片6，淡绿色，外花被片椭圆形，长1.5~2mm，内花被片果时增大，宽心形，长4~5mm，顶端渐尖，基部心形，网脉明显，边缘具不整齐的小齿，齿长0.3~0.5mm，全部具长卵形小瘤，瘤长2~2.5mm。瘦果宽卵形，具3锐棱，长约2.5mm，两端尖，暗褐色，有光泽。花期5—6月，果期6—7月。

喜凉爽、湿润的环境，能耐严寒。常生于海拔30~3 400m的田边路旁、河滩、沟边湿地。

河套大黄

Rheum hotaoense C. Y. Cheng et Kao

河套大黄，被子植物门，双子叶植物纲，蓼目，蓼科，大黄属植物。别称波叶大黄、土大黄。

多年生高大草本，高80~150cm，根状茎及根粗大，棕黄色；茎挺直，节间长，下部直径1~2cm，光滑无毛，近节处粗糙。基生叶大，叶片卵状心形或宽卵形，上半部之两侧常内凹，长25~40cm，宽23~28cm，顶端钝急尖，基部心形，边缘具弱皱波，基出脉多为5条，两面光滑无毛，暗绿色或略蓝绿色；叶柄半圆柱状，长17~25cm，无毛或粗糙；茎生叶较小，叶片卵形或卵状三角形；叶柄亦较短；托叶鞘苞茎，长5~8cm，外侧稍粗糙。大型圆锥花序，具2次以上分枝，轴及枝均光滑，仅于近节处具乳突状毛；花较大，花梗细长，长4~5mm，关节位于中部之下；花被片6，近等大或外轮3片略小，椭圆形，长2~2.5mm，具细弱稀疏网脉，背面中部浅绿色，边缘白色；雄蕊9，与花被近等长；子房宽椭圆形，花柱3，短而平伸，柱头头状。果实圆形或近圆形，直径7.5~8.5mm，顶端略微凹，稀稍近截形，基部圆或略心形，翅宽2~2.5mm。种子宽卵形。花期5—7月，果期7—9月。

常生于海拔1 000~1 800m的山坡或沟中。

苦荞麦

Fagopyrum tataricum（L.）Gaertn.

苦荞麦，被子植物门，双子叶植物纲，蓼目，蓼科，荞麦属植物。别称菠麦、乌麦、花荞。

一年生草本植物。茎直立，高30~70cm，分枝，绿色或微呈紫色，有细纵棱，一侧具乳头状突起，叶宽三角形，长2~7cm，两面沿叶脉具乳头状突起，下部叶具长柄，上部叶较小具短柄；托叶鞘偏斜，膜质，黄褐色，长约5mm。花序总状，顶生或腋生，花排列稀疏；苞片卵形，长2~3mm，每苞内具2~4花，花梗中部具关节；花被5深裂，白色或淡红色，花被片椭圆形，长约2mm；雄蕊8，比花被短；花柱3，短，柱头头状。瘦果长卵形，长5~6mm，具3棱及3条纵沟，上部棱角锐利，下部圆钝有时具波状齿，黑褐色，无光泽，比宿存花被长。花期6—9月，果期8—10月。

多生长于海拔500~3 900m的田边、路旁、山坡、河谷等地。

藜 科
Chenopodiaceae

本科共收录44种植物。分属15属。

盐角草属*Salicornia*

盐角草

盐爪爪属*Kalidium*

盐爪爪

尖叶盐爪爪

细枝盐爪爪

黄毛头

滨藜属*Atriplex*

滨藜

西伯利亚滨藜

野滨藜

中亚滨藜

驼绒藜属*Ceratoides*

驼绒藜

虫实属*Corispermum*

毛果绳虫实

碟果虫实

蒙古虫实

藜属*Chenopodium*

小白藜

红叶藜

灰绿藜

尖头叶藜

小藜

刺藜

菊叶香藜

东亚市藜

地肤属*Kochia*

地肤

碱地肤

黑翅地肤

木地肤

雾冰藜属*Bassia*

雾冰藜

钩刺雾冰藜

碱蓬属*Suaeda*

碱蓬

阿拉善碱蓬

角果碱蓬

盘果碱蓬

平卧碱蓬

盐地碱蓬

梭梭属*Haloxylon*

梭梭

假木贼属*Anabasis*

短叶假木贼

盐生草属*Halogeton*

白茎盐生草

猪毛菜属*Salsola*

猪毛菜

珍珠猪毛菜

木本猪毛菜

薄翅猪毛菜

蒙古猪毛菜

松叶猪毛菜

沙蓬属*Agriophyllum*

刺沙蓬

沙蓬

盐角草

Salicornia europaea L.

盐角草，被子植物门，双子叶植物纲，中央种子目，藜科，盐角草属植物。别称海蓬子。

一年生草本，高10~35cm，植株常呈红色。茎直立，自基部分枝，直伸或上升，小枝肉质，苍绿色。叶肉质多汁，几不发育，鳞片状，长约1.5mm，顶端锐尖，基部下延，抱茎或半抱茎，成叶鞘状，边缘膜质，灰绿色。花序穗状，长1~5cm，有短柄；花腋生，每个苞片内有3朵花，集成1簇，陷入花序轴内，中间的花较大，位于上部，两侧的花较小，位于下部；花被肉质，倒圆锥状，上部扁平成菱形；雄蕊伸出于花被之外；花药矩圆形；子房卵形；柱头2，钻状，有乳头状小突起。果皮膜质；种子卵圆形或圆形，种皮近革质，有钩状刺毛，直径约1.5mm，种皮黄褐色。花果期7—9月。

常生于水沟边缘、盐湖周围和积水洼地的盐沼地段。

盐爪爪

Kalidium foliatum（Pall.）Moq.

盐爪爪，被子植物门，双子叶植物纲，中央种子目，藜科，盐爪爪属植物。别称灰碱柴。

小灌木，高20~50cm。茎直立或平卧，多分枝，木质老枝较粗壮，灰褐色或黄褐色，小枝上部近于草质，黄绿色。叶互生，圆柱形，肉质多汁，长4~10mm，宽2~3mm，开展成直角，或稍向下弯，顶端钝，基部下延，半抱茎。穗状花序，顶生，长8~15mm，直径3~4mm，每3朵花生于1鳞状苞片内；花被合生，果时扁平呈盾状，盾片宽五角形，周围有狭窄的翅状边缘；雄蕊2，伸出花被外，子房卵形，柱头2，胞果圆形；种子直立，近圆形，两侧压扁，密生乳头状小突起。花果期7—9月。

多生于洪积扇扇缘地带及盐湖边的潮湿盐土、盐化沙地、砾石荒漠的低湿处，常常形成盐土荒漠及盐生草甸。

尖叶盐爪爪

Kalidium cuspidatum（Ung.-Sternb.）Grub.

尖叶盐爪爪，被子植物门，双子叶植物纲，中央种子目，藜科，盐爪爪属植物。别称灰碱菜。

小灌木，高20~40cm。单株分枝较多，株丛直径10~26.5cm。生长缓慢，再生性强。根系发达，根颈直径2cm，主根入土20~40cm，大部分根集中在10cm土层内，根幅70~105cm。茎自基部分枝，斜升。枝近于直立，灰褐色，小枝黄绿色。叶互生，肉质，卵形，长1.5~3.0mm，宽1~1.5mm。先端尖锐，稍内弯，基部半抱茎，下延。花序穗状，生于枝条的上部，长5~15mm，直径2~3mm；花排列紧密，每1苞片内有3朵花；花被合生，上部扁平成盾状，盾片成长五角形，具狭窄的翅状边缘胞果近圆形，果皮膜质；种子近圆形，淡红褐色，直径约1mm，有乳头状小突起。花果期7—9月。

旱生，耐盐碱能力强。常生于盐湖边及盐碱滩地。

细枝盐爪爪

Kalidium gracile Fenzl

细枝盐爪爪，被子植物门，双子叶植物纲，中央种子目，藜科，盐爪爪属植物。别称碱柴。

小灌木。高20~40cm，茎直立，多分枝，互生，老枝灰黄色，秋季呈红褐色，幼枝纤细，黄绿色或黄褐色。根系发达，粗壮，直径7cm，主根入土80~145cm，主要根系分布在10~30cm土层中，根幅100~115cm。叶不发达疣状，肉质，黄绿色，先端钝，叶基狭窄，下延。穗状花序顶生，细弱，圆柱状，长1~3cm，直径1.5mm左右，每个鳞片状苞内着生1朵花。胞果皮膜质，密被乳头状突起。种子卵圆形，两侧压扁，胚马蹄形，淡红褐色。

多生长在荒漠草原和荒漠地区的盐土或盐渍化土壤。在盐湖畔、低洼盐碱地、河谷低地常为建群种。

黄毛头

Kalidium cuspidatum（Ung.-Sternb.）Grub. var. *sinicum* A. J. Li

黄毛头，被子植物门，双子叶植物纲，中央种子目，藜科，盐爪爪属植物。别称盐爪爪。

小灌木，高20~40cm。本变种与原变种（尖叶盐爪爪）的区别是：枝条密集；叶片较小，长1~1.5mm。茎自基部分枝；枝近于直立，灰褐色，小枝黄绿色。叶片卵形，长1.5~3mm，宽1~1.5mm，顶端急尖，稍内弯，基部半抱茎，下延。花序穗状，生于枝条的上部，长5~15mm，直径2~3mm；花排列紧密，每1苞片内有3朵花；花被合生，上部扁平成盾状，盾片成长五角形，具狭窄的翅状边缘胞果近圆形，果皮膜质；种子近圆形，淡红褐色，直径约1mm，有乳头状小突起。花果期7—9月。

多生于盐湖边及盐碱滩地。

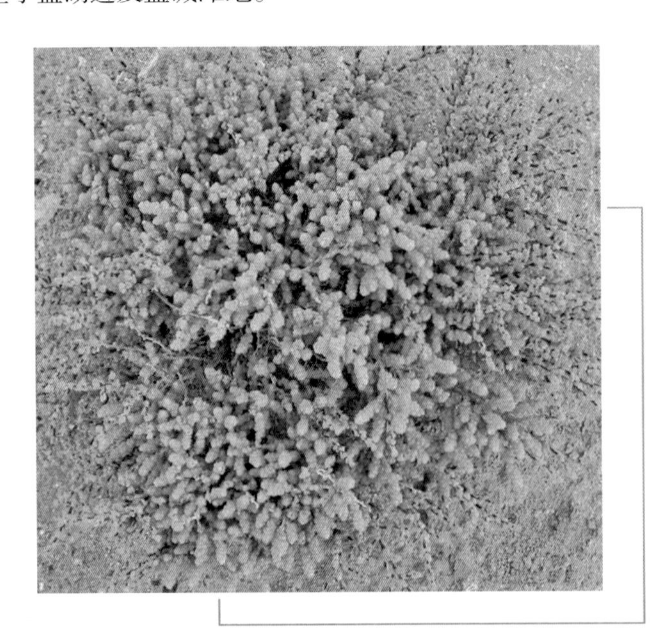

滨　藜

Atriplex patens（Litv.）Iljin

滨藜，被子植物门，双子叶植物纲，中央种子目，藜科，滨藜属植物。

一年生草本，高20~60cm。茎直立或外倾，无粉或稍有粉，具绿色色条及条棱；枝细瘦，斜上。叶互生，或在茎基部近对生；叶片披针形至条形，长3~9cm，宽4~10mm，先端渐尖或微钝，基部渐狭，两面均为绿色，无粉或稍有粉，边缘具不规则的弯锯齿或微锯齿，有时几全缘。花序穗状，或有短分枝，通常紧密，于茎上部再集成穗状圆锥状；花序轴有密粉；雄花花被4~5裂，雄蕊与花被裂片同数；雌花的苞片果时菱形至卵状菱形，长约3mm，宽约2.5mm，先端急尖或短渐尖，下半部边缘合生，上半部边缘通常具细锯齿，表面有粉，有时靠上部具疣状小突起。种子扁平，圆形或双凸镜形，黑色或红褐色，有细点纹，直径1~2mm。花果期8—10月。

多生于含轻盐碱的湿草地、海滨、沙土地等处，也为沙漠常见植物。

西伯利亚滨藜

Atriplex sibirica L.

西伯利亚滨藜，被子植物门，双子叶植物纲，中央种子目，藜科，滨藜属植物。

一年生草本，高20~50cm。茎通常自基部分枝；枝外倾或斜伸，钝四棱形，有粉。叶片卵状三角形至菱状卵形，长3~5cm，宽1.5~3cm，先端微钝，基部圆形或宽楔形，边缘具疏锯齿，近基部的1对齿较大而呈裂片状，或仅有1对浅裂片而其余部分全缘，上面灰绿色，无粉或稍有粉，下面灰白色，有密粉；叶柄长3~6mm。团伞花序腋生；雄花花被5深裂，裂片宽卵形至卵形；雄蕊5，花丝扁平，基部连合，花药宽卵形至短矩圆形，长约0.4mm；雌花的苞片连合成筒状，仅顶缘分离，果时臌胀，略呈倒卵形，长5~6mm（包括柄），宽约4mm，木质化，表面具多数不规则的棘状凸起，顶缘薄，牙齿状，基部楔形。胞果扁平，卵形或近圆形；果皮膜质，白色，与种子贴伏。种子直立，红褐色或黄褐色，直径2~2.5mm。花期6—7月，果期8—9月。

多生于渠沿、盐碱荒漠、湖边以及河岸固定沙丘。

野滨藜

Atriplex fera（L.）Bunge

野滨藜，被子植物门，双子叶植物纲，中央种子目，藜科，滨藜属植物。别称三齿粉藜。

一年生草本，高20~60cm。茎直立或上升，呈四棱形，基部近圆柱形，多自基部分枝，枝斜上，上部常弯曲，稍带白粉。单叶互生，具柄，柄长8~20mm；叶片卵状披针形或长圆状卵形，长2~7cm，宽0.8~2.5cm，基部广楔形至楔形，先端钝，全缘或稍呈波状缘，两面绿色或稍呈灰绿色，表面无毛或稍被白粉，背面稍被鳞粃状膜片或白粉，后期渐剥落。雌雄同株，于叶腋簇生成团伞花序；雄花4~5，早落；雌花3~6聚生于团伞花序内，通常无花被，具2枚小苞，小苞边缘全部合生，包住子房或果实，两面鼓胀，坚硬，呈卵形或椭圆形，有明显的梗，梗长3~4mm，顶缘具3个短齿，表面被粉状小鳞片，不具凸起或具1~2位置不规则的小突起。果皮薄膜质。种子圆形，稍扁，暗褐色，径1.5~2mm。花期7—8月，果期8—9月。

多生长于河滩、渠沿、湖边或路边含盐碱的地方。

中亚滨藜

Atriplex centralasiatica Iljin

中亚滨藜，被子植物门，双子叶植物纲，中央种子目，藜科，滨藜属植物。别称软蒺藜、碱灰菜。

一年生草本，高15~30cm。茎通常自基部分枝；枝钝四棱形，黄绿色，无色条，有粉或下部近无粉。叶有短柄，枝上部的叶近无柄；叶片卵状三角形至菱状卵形，长2~3cm，宽1~2.5cm，边缘具疏锯齿，近基部的1对锯齿较大而呈裂片状，或仅有1对浅裂片而其余部分全缘，先端微钝，基部圆形至宽楔形，上面灰绿色，无粉或稍有粉，下面灰白色，有密粉；叶柄长2~6mm。花集成腋生团伞花序；雄花花被5深裂，裂片宽卵形，雄蕊5，花丝扁平，基部连合，花药宽卵形至短矩圆形，长约0.4mm；雌花的苞片近半圆形至平面钟形，边缘近基部以下合生，果时长6~8mm，宽7~10mm，近基部的中心部臌胀并木质化，表面具多数疣状或肉棘状附属物，缘部草质或硬化，边缘具不等大的三角形牙齿；苞柄长1~3mm。胞果扁平，宽卵形或圆形，果皮膜质，白色，与种子贴伏。种子直立，红褐色或黄褐色，直径2~3mm。花期7—8月，果期8—9月。

具有抗旱、耐盐碱的高抗逆性，常生长在戈壁、荒地和海滨土荒漠。本区域内多见于鄂尔多斯高原。

驼绒藜

Ceratoides latens（J. F. Gmel.）Reveal et Holmgren

驼绒藜，被子植物门，双子叶植物纲，中央种子目，藜科，驼绒藜属植物。别称优若藜。

半灌木，高30~100cm，多分枝，有星状毛。根颈较粗壮，常裸露地表，主根入土60cm左右，侧根发育较差，根系暴露土外较多，容易枯死。植株高0.1~1m，分枝多集中于下部，斜展或平展。叶较小，条形、条状披针形、披针形或矩圆形，长1~5cm，宽0.2~1cm，先端急尖或钝，基部渐狭、楔形或圆形，1脉，有时近基处有2条侧脉，极稀为羽状。雄花序较短，长达4cm，紧密。雌花管椭圆形，长3~4mm，宽约2mm；花管裂片角状，较长，其长为管长的1/3到等长。果直立，椭圆形，被毛。花果期6—9月。

抗旱、耐寒、耐瘠薄，常生于戈壁、荒漠、半荒漠、干旱山坡或草原中。本区域内多见于鄂尔多斯高原。

毛果绳虫实

Corispermum declinatum Steph. ex Stev. var. *tylocarpum*（Hance）Tsien et C. G. Ma

毛果绳虫实，被子植物门，双子叶植物纲，中央种子目，藜科，虫实属植物。

茎直立，高15~50cm，圆柱状，直径2.5~3mm；分枝较多，最下部者较长，上升，余者较短，斜展。叶条形，长2~6cm，宽2~3mm，先端渐尖具小尖头，基部渐狭，1脉。穗状花序顶生和侧生，细长，稀疏，长5~15cm，直径约0.5cm，圆柱形；苞片较狭，由条状披针形过渡成狭卵形，长0.5~3cm，宽2~3mm，先端渐尖，基部圆楔形，1脉，具白膜质边缘，除上部苞片较果稍宽外均较果窄。花被片1，稀3，近轴花被片宽椭圆形，先端全缘或齿啮状；雄蕊1~3，花丝为花被片长的2倍。果实被星状毛，倒卵状矩圆形，长3~4mm，宽约2mm，顶端急尖，稀近圆形，基部圆楔形，背面凸出，其中央稍扁平，腹面扁平或稍凹入；果核狭倒卵形，平滑或具瘤状凸起；果喙长约0.5mm，喙尖为喙长的1/3，直立；果翅窄或几近于无翅，全缘或具不规则的细齿。花果期6—9月。本种与原变种（绳虫实）的区别为果实被星状毛。

多生于沙质荒地、田边、路旁和河滩中。

碟果虫实

Corispermum patelliforme Iljin

碟果虫实，被子植物门，双子叶植物纲，中央种子目，藜科，虫实属植物。

株高10~45cm，茎直立，圆柱状，直径3~5mm，分枝多，集中于中、上部，斜升。叶较大，长椭圆形或倒披针形，长1.2~4.5cm，宽0.5~1cm，先端圆形具小尖头，基部渐狭，3脉，干时皱缩。穗状花序圆柱状，具密集的花。苞片与叶有明显的区别，花序中、上部的苞片卵形和宽卵形，少数下部的苞片宽披针形，长0.5~1.5cm，宽3~7mm，先端急尖或骤尖具小尖头，基部圆形，具较狭的白膜质边缘，3脉，果期苞片掩盖果实。花被片3，近轴花被片1，宽卵形或近圆形，长约1mm，宽约1.4mm；远轴花被片2，较小，三角形。雄蕊5，花丝钻形，其长与花被片长相等或稍长。果实圆形或近圆形，直径2.6~4mm，扁平，背面平坦，腹面凹入，棕色或浅棕色，光亮，无毛；果翅极狭，向腹面反卷故果呈碟状；果喙不显。花果期8—9月。

多生于荒漠地区的流动和半流动沙丘上。

蒙古虫实

Corispermum mongolicum Iljin

蒙古虫实，被子植物门，双子叶植物纲，中央种子目，藜科，虫实属植物。

植株高10~35cm，茎直立，圆柱形，直径约2.5mm，被毛；分枝多集中于基部，最下部分枝较长，平卧或上升，上部分枝较短，斜展。叶条形或倒披针形，长1.5~2.5cm，宽0.2~0.5cm，先端急尖具小尖头，基部渐狭，1脉。穗状花序顶生和侧生，细长，稀疏，圆柱形，长3~6cm；苞片由条状披针形至卵形，长5~20mm，宽约2mm，先端渐尖，基部渐狭，被毛，1脉，膜质缘较窄，全部掩盖果实。花被片1，矩圆形或宽椭圆形，顶端具不规则的细齿；雄蕊1~5，超过花被片。果实较小，广椭圆形，长1.5~3mm，宽1~1.5mm，顶端近圆形，基部楔形，背部强烈凸起，腹面凹入；果核与果同形，灰绿色，具光泽，有时具泡状凸起，无毛；果喙极短，喙尖为喙长的1/2；翅极窄，几近无翅，浅黄绿色，全缘。花果期7—9月。

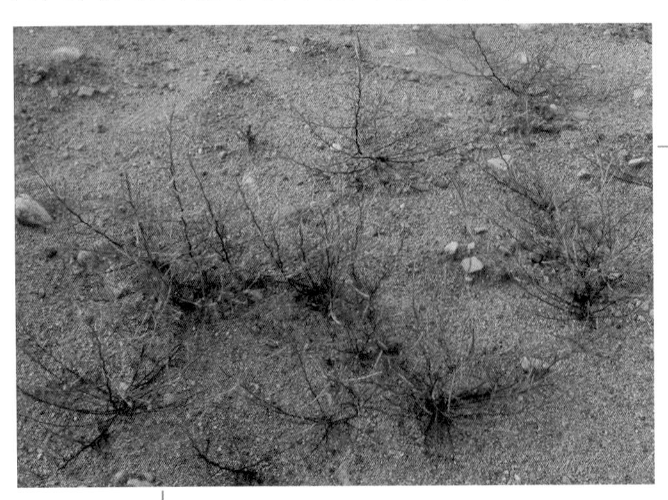

多生长于固定沙丘、沙质戈壁及沙质草原。

小白藜

Chenopodium iljinii Golosk.

小白藜，被子植物门，双子叶植物纲，中央种子目，藜科，藜属植物。

一年生草本，高10~30cm，全株有粉。茎通常平卧或斜升，多分枝，有时自基部分枝而无主茎。叶片卵形至卵状三角形，通常长0.5~1.5cm，宽0.4~1.2cm，两面均有密粉，呈灰绿色，先端急尖或微钝，基部宽楔形，全缘或三浅裂，侧裂片在近基部；叶柄细瘦，长0.4~1cm。花簇于枝端及叶腋的小枝上集成短穗状花序；花被裂片5，较少为4，倒卵状条形至矩圆形，背面有密粉，无隆脊；花药宽椭圆形，花丝稍短于花被；柱头2，丝状，花柱不明显。胞果顶基扁。种子双凸镜形，有时为扁卵形，横生，较少为斜生，直径0.8~1.2mm，黑色，有光泽，表面近平滑或微有沟纹。花果期8—10月。

多生于海拔2 000~4 000m的河谷阶地、山坡及较干旱的草地。

红叶藜

Chenopodium rubrum L.

红叶藜，被子植物门，双子叶植物纲，中央种子目，藜科，藜属植物。

一年生草本，高30~80cm。茎直立或斜升，平滑，淡绿色或带红色，具条棱但无明显的色条，通常上部有长2~8cm的分枝。叶片卵形至菱状卵形，肉质，长4~8cm，宽2~6cm，两面均为浅绿色或有时带红色，下面稍有粉，先端渐尖，基部楔形，边缘锯齿状浅裂，有时不裂；裂齿3~5对，三角形，不等大，通常稍向上弯，先端微钝；叶柄长约为叶片长度的1/3~1/5。花两性兼有雌性，于分枝上排列成穗状圆锥花序；花被裂片3~4，较少为5，倒卵形，绿色，腹面凹，背面中央稍肥厚，无粉或稍有粉，果时无变化；柱头2，极短。果皮膜质，带白色，不与种子贴生。种子稍扁，球形或宽卵形，直立、斜生及横生，红黑色至黑色，直径0.75~1mm，边缘钝，表面具明显的矩圆形点纹。花果期8—10月。

多生于农田边、水旁、河岸及轻度盐碱荒地。

灰绿藜

Chenopodium glaucum L.

灰绿藜，被子植物门，双子叶植物纲，中央种子目，藜科，藜属植物。别称盐灰菜。

一年生草本，高10~45cm。茎通常由基部分枝，平铺或斜升；有暗绿色或紫红色条纹，叶互生有短柄。叶片厚，带肉质，椭圆状卵形至卵状披针形，长2~4cm，宽5~20mm，顶端急尖或钝，边缘有波状齿，基部渐狭，表面绿色，背面灰白色、密被粉粒，中脉明显；叶柄短。花簇短穗状，腋生或顶生；花被裂片3~4，少为5。胞果伸出花被片，果皮薄，黄白色；种子扁圆，暗褐色。

多生于农田边、水渠沟旁、平原荒地、山间谷地等。

尖头叶藜

Chenopodium acuminatum Willd.

尖头叶藜，被子植物门，双子叶植物纲，中央种子目，藜科，藜属植物。别称绿珠藜。

一年生草本，高20~80cm。茎直立，具条棱及绿色色条，有时色条带紫红色，多分枝；枝斜升，较细瘦。叶片宽卵形至卵形，茎上部的叶片有时呈卵状披针形，长2~4cm，宽1~3cm，先端急尖或短渐尖，有短一尖头，基部宽楔形、圆形或近截形，上面无粉，浅绿色，下面多少有粉，灰白色，全缘并具半透明的环边；叶柄长1.5~2.5cm。花两性，团伞花序于枝上部排列成紧密的或有间断的穗状或穗状圆锥状花序，花序轴（或仅在花间）具圆柱状毛束；花被扁球形，5深裂，裂片宽卵形，边缘膜质，并有红色或黄色粉粒，果时背面大多增厚并彼此合成五角星形；雄蕊5，花药长约0.5mm。胞果顶基扁，圆形或卵形。种子横生，直径约1mm，黑色，有光泽，表面略具点纹。花期6—7月，果期8—9月。

常生于荒地、河岸、田边等处。

小 藜

Chenopodium serotinum L.

小藜，被子植物门，双子叶植物纲，中央种子目，藜科，藜属植物。别称苦落藜。

一年生草本，高20~50cm。茎直立，具条棱及绿色色条。叶片卵状矩圆形，长2.5~5cm，宽1~3.5cm，通常三浅裂；中裂片两边近平行，先端钝或急尖并具短尖头，边缘具深波状锯齿；侧裂片位于中部以下，通常各具2浅裂齿。花两性，数个团集，排列于上部的枝上形成较开展的顶生圆锥状花序；花被近球形，5深裂，裂片宽卵形，不开展，背面具微纵隆脊并有密粉；雄蕊5，开花时外伸；柱头2，丝形。胞果包在花被内，果皮与种子贴生。种子双凸镜状，黑色，有光泽，直径约1mm，边缘微钝，表面具六角形细洼；胚环形。花期4—6月，果期5—7月。

为普通杂草，极为常见。

刺　藜

Chenopodium aristatum L.

刺藜，被子植物门，双子叶植物纲，中央种子目，藜科，藜属植物。别称刺穗藜、针尖藜、红小扫帚苗、铁扫帚苗、鸡冠冠草。

一年生草本，植物体通常呈圆锥形，高10~40cm，全草灰黄至黄绿色，无粉，秋后常带紫红色。茎直立，圆柱形或有棱，具色条，无毛或稍有毛，有多数分枝。叶条形至狭披针形，长达7cm，宽约1cm，全缘，先端渐尖，基部收缩成短柄，中脉黄白色。复二歧式聚伞花序生于枝端及叶腋，最末端的分枝针刺状；花两性，几无柄；花被裂片5，狭椭圆形，先端钝或骤尖，背面稍肥厚，边缘膜质，果时开展。胞果顶基扁，底面稍凸，圆形；果皮透明，与种子贴生。种子横生，顶基扁，周边截平或具棱。花期8—9月，果期10月。

适生于沙质土壤，极耐旱。多生于农田间，有时也见于山坡、荒地等处。

菊叶香藜

Chenopodium foetidum Schrad.

菊叶香藜，被子植物门，双子叶植物纲，中央种子目，藜科，藜属植物。别称总状花藜、菊叶刺藜、臭菜。

一年生草本，高20~60cm，有强烈气味，全体有具节的疏生短柔毛。茎直立，具绿色色条，通常有分枝。叶片矩圆形，长2~6cm，宽1.5~3.5cm，边缘羽状浅裂至深裂，先端钝或渐尖，有时具短尖头，基部渐狭，上面无毛或幼嫩时稍有毛，下面有具节的短柔毛并兼有黄色无柄的颗粒状腺体，很少近于无毛；叶柄长2~10mm。复二歧聚伞花序腋生；花两性；花被直径1~1.5mm，5深裂；裂片卵形至狭卵形，有狭膜质边缘，背面通常有具刺状突起的纵隆脊并有短柔毛和颗粒状腺体，果时开展；雄蕊5，花丝扁平，花药近球形。胞果扁球形，果皮膜质。种子横生，周边钝，直径0.5~0.8mm，红褐色或黑色，有光泽，具细网纹；胚半环形，围绕胚乳。花期7—9月，果期9—10月。

常生于林缘草地、沟岸、河沿、农田附近。本区域内偶见。

东亚市藜

Chenopodium urbicum（L.）subsp. *sinicum* Kung et G. L. Chu

东亚市藜，被子植物门，双子叶植物纲，中央种子目，藜科，藜属植物。

一年生草本植物，高20~100cm，全株无粉，幼叶及花序轴有时稍有棉毛。茎直立，较粗壮，有条棱及色条，分枝或不分枝。叶菱形至菱状卵形，叶片宽度与长度相等或较小，稍肥厚，先端急尖或渐尖，基部近截形或宽楔形，两面近同色，边缘具不整齐锯齿；叶柄长2~4cm。茎下部叶的叶片长达15cm，近基部的1对锯齿较大呈裂片状。花序以顶生穗状圆锥花序为主；花簇由多数花密，集而成；花被裂片3~5，狭倒卵形，花被基部狭细呈柄状。胞果双凸镜形，果皮黑褐色。种子横生、斜生及直立，直径0.5~0.7mm，边缘锐，表面点纹清晰。花果期7—10月。

适应性广泛。常生于荒地、盐碱地、田边等处。

地　肤

Kochia scoparia（L.）Schrad.

地肤，被子植物门，双子叶植物纲，中央种子目，藜科，地肤属植物。别称地麦、落帚、扫帚苗、扫帚菜、孔雀松、绿帚、观音菜等。

一年生草本，高50~100cm。植株为嫩绿，秋季叶变红。株丛紧密，株形呈卵圆至圆球形、倒卵形或椭圆形，分枝多而细，具短柔毛，茎基部半木质化。根略呈纺锤形。茎直立，圆柱状，淡绿色或带紫红色，有多数条棱，稍有短柔毛或下部几无毛；分枝稀疏，斜上。叶为平面叶，披针形或条状披针形，长2~5cm，宽3~9mm，无毛或稍有毛，先端短渐尖，基部渐狭入短柄，通常有3条明显的主脉，边缘有疏生的锈色绢状缘毛；茎上部叶较小，无柄，1脉。花两性或雌性，通常1~3个生于上部叶腋，构成疏穗状圆锥状花序，花下有时有锈色长柔毛；花被近球形，淡绿色，花被裂片近三角形，无毛或先端稍有毛；翅端附属物三角形至倒卵形，有时近扇形，膜质，脉不很明显，边缘微波状；花丝丝状，花药淡黄色；柱头2，丝状，紫褐色，花柱极短。胞果扁球形，果皮膜质，与种子离生。种子卵形，黑褐色，长1.5~2mm，稍有光泽；胚环形，胚乳块状。花期6—9月，果期7—10月。

适应性较强，喜温、喜光、耐干旱，较耐碱性土壤。

碱地肤

Kochia scoparia（L.）Schrad. var. *sieversiana*（Pall.）Ulbr. ex Aschers et Graebn.

碱地肤，被子植物门，双子叶植物纲，中央种子目，藜科，地肤属植物。

一年生草本。植株常高10~60cm。茎直立，自基部分枝，枝斜升，黄绿色或稍带浅红色，枝上端密被白色柔毛，中、下部无毛，秋后植株全部变为红色。叶互生，无柄，倒披针形、披针形或条状披针形，长2~5cm，宽3~5mm，先端尖或稍钝，全缘，两面有毛或无毛。花两性或雌性，通常1~2朵集生于叶腋的束状密毛丛中，多数花于枝上端排列成穗状花序。花被片5，果实花被片背部横生出5个圆形或椭圆形的短翅，翅具明显脉纹，顶端边缘具钝圆齿。胞果扁球形，包于花被内。花期6—7月，果期7—9月。本变种与原变种（地肤）的区别在于，花下有较密的束生锈色柔毛。

耐盐碱的旱生、中旱生植物，习见于我国北方草原带的盐碱化草原、荒漠草原地带。多生于河谷冲积平原、阶地和湖滨。

黑翅地肤

Kochia melanoptera Bunge

黑翅地肤，被子植物门，双子叶植物纲，中央种子目，藜科，地肤属植物。

一年生草本，高15~40cm。茎直立，多分枝，有条棱及不明显的色条；枝斜上，有柔毛。叶圆柱状或近棍棒状，长0.5~2cm，宽0.5~0.8mm，蓝绿色，有短柔毛，先端急尖或钝，基部渐狭，有很短的柄。花两性，通常1~3个团集，遍生叶腋；花被近球形，带绿色，有短柔毛；花被附属物3个，较大，翅状，披针形至狭卵形，平展，有粗壮的黑褐色脉，或为紫红色或褐色脉，2个较小的附属物通常呈钻状，向上伸；雄蕊5，花药矩圆形，花丝稍伸出花被外；柱头2，淡黄色，花柱很短。胞果具厚膜质果皮。种子卵形；胚乳粉质，白色。花果期8—9月。

多生于山坡、沟岸、古河床、荒地、沙地等处。本区域内多见于鄂尔多斯高原。

木地肤

Kochia prostrata（L.）Schrad. var. *prostrata*

木地肤，被子植物门，双子叶植物纲，中央种子目，藜科，地肤属植物。

半灌木，高20~80cm。木质茎通常低矮，高不过10cm，有分枝，黄褐色或带黑褐色；当年枝淡黄褐色或淡红色，有微条棱，无色条，有密柔毛或近于无毛。叶互生，稍扁平，条形，常数片集聚于腋生短枝而呈簇生状，长8~20mm，宽1~1.5mm，先端钝或急尖，基部稍狭，无柄，两面有稀疏的绢状毛，脉不明显。花两性兼有雌性，通常2~3个团集叶腋，于当年枝的上部或分枝上集成穗状花序；花被球形，有密绢状毛，花被裂片卵形或矩圆形，先端钝，内弯；翅状附属物扇形或倒卵形，膜质，具紫红色或黑褐色脉，边缘有不整齐的圆锯齿或为啮蚀状；花丝丝状，稍伸出花被外；柱头2，丝状，紫褐色。胞果扁球形，果皮厚膜质，灰褐色。种子近圆形，黑褐色，直径1~5mm。花期7—8月，果期8—9月。

常生于山坡、沙地、荒漠等处。本区域内多见于鄂尔多斯高原。

雾冰藜

Bassia dasyphylla（Fisch. et C. A. Mey.）Kuntze

雾冰藜，被子植物门，双子叶植物纲，中央种子目，藜科，雾冰藜属植物。别称肯诺藜、星状刺果藜、雾冰草。

植株高3~50cm，茎直立，密被水平伸展的长柔毛；分枝多，开展，与茎夹角通常大于45°，有的几成直角。叶互生，肉质，圆柱状或半圆柱状条形，密被长柔毛，长3~15mm，宽1~1.5mm，先端钝，基部渐狭。花两性，单生或两朵簇生，通常仅一花发育。花被筒密被长柔毛，裂齿不内弯，果时花被背部具5个钻状附属物，三棱状，平直，坚硬，形成一平展的五角星；雄蕊5，花丝条形，伸出花被外；子房卵状，具短的花柱和2~3个长柱头。果实卵圆状。种子近圆形，光滑。花果期7—9月。

多散生或群生于草原、戈壁、盐碱地、沙丘、草地、河滩、阶地及具有灌溉条件的农田、林地和撂荒地等。

钩刺雾冰藜

Bassia hyssopifolia（Pall.）Kuntze

钩刺雾冰藜，被子植物门，双子叶植物纲，中央种子目，藜科，雾冰藜属植物。别称钩状刺果藜。

植株高20~70cm，幼时密被灰白色卷曲的长柔毛，后期大部脱落；分枝多或少，以植株中部的较长，斜举。叶扁平，倒披针形、披针状条形或条形，长8~25mm，宽1~3mm，先端钝或急尖，向基部渐狭，两面密被长柔毛或仅背部被毛。花通常由2~3朵团集成绵毛状小球再构成紧密的穗状花序；花被筒卵圆形，密被长柔毛，上部具5个宽卵形的齿，先端略反折，果时在背部具5个钩状附属物，其长较花直径等长或稍短，略被毛。雄蕊5，花丝条形，伸出花被外；子房卵状，具短的花柱和2~3个长柱头。胞果卵圆形。种子横生，光滑。花果期7—9月。

多生于河漫滩、低洼河谷、河岸、农田边、荒地、盐碱荒漠等。

碱　蓬

Suaeda glauca（Bunge）Bunge

碱蓬，被子植物门，双子叶植物纲，中央种子目，藜科，碱蓬属植物。别称海英菜、碱蒿、盐蒿、老虎尾、和尚头、猪尾巴。

一年生草本，高可达1m。茎直立，粗壮，圆柱状，浅绿色，有条棱，上部多分枝；枝细长，上升或斜伸。叶丝状条形，半圆柱状，通常长1.5~5cm，宽约1.5mm，灰绿色，光滑无毛，稍向上弯曲，先端微尖，基部稍收缩。花两性兼有雌性，单生或2~5朵团集，大多生于叶的近基部；两性花花被杯状，长1~1.5mm，黄绿色；雌花花被近球形，直径约0.7mm，较肥厚，灰绿色；花被裂片卵状三角形，先端钝，长果时增厚，使花被略呈五角星状，干后变黑色；雄蕊5，花药宽卵形至矩圆形，长约0.9mm；柱头2，黑褐色，稍外弯。胞果包在花被内，果皮膜质。种子横生或斜生，双凸镜形，黑色，直径约2mm，周边钝或锐，表面具颗粒状点纹，稍有光泽；胚乳很少。花果期7—9月。

是典型盐生植物，常生于海滨、荒地、渠岸、河谷、路旁、田边等含盐碱的土壤。

阿拉善碱蓬

Suaeda przewalskii Bunge

阿拉善碱蓬，被子植物门，双子叶植物纲，中央种子目，藜科，碱蓬属植物。别称水杏、水珠子。

一年生草本，高20~40cm，植株绿色、紫色或带紫红色。茎多条，平卧或外倾，圆柱状，通常稍有弯曲，有分枝；枝细瘦，稀疏。叶略呈倒卵形，肉质，多水分，长10~15mm，最宽处约5mm，先端钝圆，基部渐狭，无柄或近无柄。团伞花序通常含3~10花，生叶腋和有分枝的腋生短枝上；花两性兼有雌性；小苞片全缘；花被近球形，顶基稍扁，5深裂；裂片宽卵形，果时背面基部向外延伸出不等大的横狭翅；花药矩圆形，长约0.5mm；柱头2，细小。胞果为花被包覆，果皮与种子紧贴。种子横生，肾形或近圆形，直径约1.5mm，周边钝，种皮薄壳质或膜质，黑色，几无光泽，表面具蜂窝状点纹。花果期6—10月。

多生于沙丘间、湖边、低洼盐碱地等处。

角果碱蓬

Suaeda corniculata（C. A. Mey.）Bunge

角果碱蓬，被子植物门，双子叶植物纲，中央种子目，藜科，碱蓬属植物。

一年生草本，高15~60cm，无毛。茎平卧、外倾或直立，圆柱形，微弯曲，淡绿色，具微条棱；分枝细瘦，斜升并稍弯曲。叶条形，半圆柱状，长1~2cm，宽0.5~1mm，劲直或茎下部的稍弯曲，先端微钝或急尖，基部稍缢缩，无柄。团伞花序通常含3~6花，于分枝上排列成穗状花序；花两性兼有雌性；花被顶基略扁，5深裂，裂片大小不等，先端钝，果时背面向外延伸增厚呈不等大的角状突出；花药细小，近圆形，长0.15~0.2mm，黄白色，花丝短，稍外伸；柱头2，花柱不明显。胞果扁，圆形，果皮与种子易脱离。种子横生或斜生，双凸镜形，直径1~1.5mm，种皮壳质，黑色，有光泽，表面具清晰的蜂窝状点纹，周边微钝。花果期8—9月。

多生长在湖边、盐碱土荒漠和河滩。

盘果碱蓬

Suaeda heterophylla（Kar. et Kir.）Bunge

盘果碱蓬，被子植物门，双子叶植物纲，中央种子目，藜科，碱蓬属植物。

一年生草本，高20~50cm。茎直立或外倾，圆柱形，有微条棱，多分枝；上部枝通常上升。叶条形至丝状条形，半圆柱状，长1~2cm，宽1~1.5mm，稍有蜡粉，蓝灰绿色，先端微钝并具短芒尖，基部渐狭，上部的叶较短而宽。团伞花序通常3~5花，腋生；花两性，无柄；花被顶基扁，绿色，5裂，裂片三角形，果时基部向外延伸成横翅，翅通常钝圆，彼此并成圆盘形，总直径2.5~3.5mm；花药细小，近圆形，直径约0.2mm；柱头2，花柱不明显。种子横生，双凸镜形或扁卵形，直径约1mm，黑色或红褐色，稍有光泽，表面具清晰点纹。花果期7—9月。

多生长于戈壁、河滩、湖边等重盐碱地区。

平卧碱蓬

Suaeda prostrata Pall.

平卧碱蓬，被子植物门，双子叶植物纲，中央种子目，藜科，碱蓬属植物。

一年生草本，高20~50cm，无毛。茎平卧或斜升，基部有分枝并稍木质化，具微条棱，上部的分枝近平展并几乎等长。叶条形，半圆柱状，灰绿色，长5~15mm，宽1~1.5mm，先端急尖或微钝，基部稍收缩并稍压扁；侧枝上的叶较短，等长或稍长于花被。团伞花序2至数花，腋生；花两性，花被绿色，稍肉质，5深裂，果时花被裂片增厚呈兜状，基部向外延伸出不规则的翅状或舌状突起；花药宽矩圆形或近圆形，长约0.2mm，花丝稍外伸；柱头2，黑褐色，花柱不明显。胞果顶基扁；果皮膜质，淡黄褐色。种子双凸镜形或扁卵形，直径1.2~1.5mm，黑色，表面具蜂窝状点纹，稍有光泽。花果期7—10月。

常生于重盐碱地。

盐地碱蓬

Suaeda salsa（L.）Pall.

盐地碱蓬，被子植物门，双子叶植物纲，中央种子目，藜科，碱蓬属植物。别称翅碱蓬、碱葱、盐蒿、海英菜、黄须菜。

一年生草本，高20~80cm，绿色或紫红色。茎直立，圆柱状，黄褐色，有微条棱，无毛；分枝多集中于茎的上部，细瘦，开散或斜升。叶条形，半圆柱状，通常长1~2.5cm，宽1~2mm，先端尖或微钝，无柄，枝上部的叶较短。团伞花序通常含3~5花，腋生，在分枝上排列成有间断的穗状花序；小苞片卵形；花两性，有时兼有雌性；花被半球形，底面平；裂片卵形，稍肉质，具膜质边缘，先端钝，果时背面稍增厚，有时并在基部延伸出三角形或狭翅状突出物；花药卵形或矩圆形，长0.3~0.4mm；柱头2，有乳头，通常带黑褐色，花柱不明显。胞果包于花被内；果皮膜质，果实成熟后常常破裂而露出种子。种子横生，双凸镜形或歪卵形，直径0.8~1.5mm，黑色，有光泽，周边钝，表面具不清晰的网点纹。花果期7—10月。

盐碱地指示植物，多生于河滩、荒漠、低处的盐碱荒地等。

梭　梭

Haloxylon ammodendron（C. A. Mey.）Bunge

梭梭，被子植物门，双子叶植物纲，中央种子目，藜科，梭梭属植物。别称琐琐、梭梭柴。

小乔木，高1~9m。树皮灰白色，木材坚而脆；老枝灰褐色或淡黄褐色，通常具环状裂隙；当年枝细长，斜升或弯垂，节间长4~12mm，直径约1.5mm。叶鳞片状，宽三角形，稍开展，先端钝，腋间具棉毛。花着生于二年生枝条的侧生短枝上；小苞片舟状，宽卵形，与花被近等长，边缘膜质；花被片矩圆形，先端钝，背面先端之下1/3处生翅状附属物；翅状附属物肾形至近圆形，宽5~8mm，斜伸或平展，边缘波状或啮蚀状，基部心形至楔形；花被片在翅以上部分稍内曲并围抱果实；花盘不明显。胞果黄褐色，果皮不与种子贴生。种子黑色，直径约2.5mm；胚盘旋成上面平下面凸的陀螺状，暗绿色。花期5—7月，果期9—10月。

抗旱、抗热、抗寒、耐盐碱性都很强，多生于区内干旱荒漠地区。

短叶假木贼

Anabasis brevifolia C. A. Mey.

短叶假木贼，被子植物门，双子叶植物纲，中央种子目，藜科，假木贼属植物。

半灌木，高5~20cm。根粗壮，黑褐色。木质茎极多分枝，灰褐色；小枝灰白色，通常具环状裂隙；当年枝黄绿色，大多成对发自小枝顶端，通常具4~8节间，不分枝或上部有少数分枝；节间平滑或有乳头状突起，下部的节间近圆柱形，长可达2.5cm，上部的节间渐短并有棱。叶条形，半圆柱状，长3~8mm，开展并向下弧曲，先端钝或急尖并有半透明的短刺尖；近基部的叶通常较短，宽三角形，贴伏于枝。花单生叶腋，有时叶腋内同时具有含2~4花的短枝而类似簇生；小苞片卵形，腹面凹，先端稍肥厚，边缘膜质；花被片卵形，长约2.5mm，先端稍钝，果时背面具翅；翅膜质，杏黄色或紫红色，稀为暗褐色，直立或稍开展，外轮3个花被片的翅肾形或近圆形，内轮2个花被片的翅较狭小，圆形或倒卵形；花盘裂片半圆形，稍肥厚，橙黄色；花药长0.6~0.9mm，先端急尖；子房表面通常有乳头状小突起；柱头黑褐色，直立或稍外弯，内侧有小突起。胞果卵形至宽卵形，长约2mm，黄褐色。种子暗褐色，近圆形，直径约1.5mm。花期7—8月，果期9—10月。

常生于荒漠区和荒漠草原带的石质山丘、山丘间谷地和坡麓地带。

白茎盐生草

Halogeton arachnoideus Moq.

白茎盐生草，被子植物门，双子叶植物纲，中央种子目，藜科，盐生草属植物。别称灰蓬。

一年生草本，高10~40cm。茎直立，自基部分枝；枝互生，灰白色，幼时生蛛丝状毛，以后毛脱落。叶片圆柱形，长3~10mm，宽1.5~2mm，顶端钝，有时具小短尖；花通常2~3朵，簇生叶腋；小苞片卵形，边缘膜质；花被片宽披针形，膜质，背面有1条粗壮的脉，果时自背面的近顶部生翅；果翅5，半圆形，大小近相等，膜质透明，有多数明显的脉；雄蕊5；花丝狭条形；花药矩圆形，顶端无附属物；子房卵形；柱头2，丝状；果实为胞果，果皮膜质；种子横生，圆形，直径1~1.5mm。花果期7—8月。

多生于干旱山坡、沙地和河滩。

猪毛菜

Salsola collina Pall.

猪毛菜，被子植物门，双子叶植物纲，中央种子目，藜科，猪毛菜属植物。

一年生草本，高20~100cm；茎自基部分枝，枝互生，伸展，茎、枝绿色，有白色或紫红色条纹，生短硬毛或近于无毛。叶片丝状圆柱形，伸展或微弯曲，长2~5cm，宽0.5~1.5mm，生短硬毛，顶端有刺状尖，基部边缘膜质，稍扩展而下延。花序穗状，生枝条上部；苞片卵形，顶部延伸，有刺状尖，边缘膜质，背部有白色隆脊；小苞片狭披针形，顶端有刺状尖，苞片及小苞片与花序轴紧贴；花被片卵状披针形，膜质，顶端尖，果时变硬，自背面中上部生鸡冠状突起；花被片在突起以上部分，近革质，顶端为膜质，向中央折曲成平面，紧贴果实，有时在中央聚集成小圆锥体；花药长1~1.5mm；柱头丝状，长为花柱的1.5~2倍。种子横生或斜生。花期7—9月，果期9—10月。

多生于村边、路旁、荒地戈壁滩和含盐碱的沙质土壤上。

珍珠猪毛菜

Salsola passerina Bunge

珍珠猪毛菜，被子植物门，双子叶植物纲，中央种子目，藜科，猪毛菜属植物。

半灌木，高15~30cm，植株密生丁字毛，自基部分枝；老枝木质，灰褐色，伸展；小枝草质，黄绿色，短枝缩短成球形。叶片锥形或三角形，长2~3mm，宽约2mm，顶端急尖，基部扩展，背面隆起，通常早落。花序穗状，生于枝条的上部；苞片卵形；小苞片宽卵形，顶端尖，两侧边缘为膜质；花被片长卵形，背部近肉质，边缘为膜质果时自背面中部生翅；翅3个为肾形，膜质，黄褐色或淡紫红色，密生细脉，2个较小为倒卵形，花被果时（包括翅）直径7~8mm；花被片在翅以上部分，生丁字毛，向中央聚集成圆锥体，在翅以下部分，无毛；花药矩圆形，自基部分离至顶部；花药附属物披针形，顶端急尖；柱头丝状。种子横生或直立。花期7—9月，果期8—9月。

常生长于山坡或砾质滩地。

木本猪毛菜

Salsola arbuscula Pall.

木本猪毛菜，被子植物门，双子叶植物纲，中央种子目，藜科，猪毛菜属植物。别称白木本猪毛菜。

小灌木，高40~100cm。多分枝，老枝有裂纹，小枝乳白色。单叶互生；老枝上的叶簇生于短枝顶部；叶片半圆柱形，长1~3cm，宽1~2mm，无毛，先端钝或尖，基部扩展而隆起，乳白色，叶片自缢缩处脱落，枝条上有叶基残痕。花序穗状；苞片比小苞片长；花被片长圆形，先端有小凸尖，果时自背面中下部生翅；翅3个为半圆形，有多数细脉，2个较狭窄；花被片在翅以上部分，包覆果实，上部稍反折，成莲座状；花药附属物先端急尖；柱头钻状，长为花柱的2~4倍。种子黄色，直径2~2.5mm。花期7—8月，果期8—10月。

常生于山麓、砾质荒漠或戈壁滩上。本区域内多见于鄂尔多斯高原。

薄翅猪毛菜

Salsola pellucida Litv.

薄翅猪毛菜，被子植物门，双子叶植物纲，中央种子目，藜科，猪毛菜属植物。

一年生草本，高20~60cm；茎直立，绿色，多分枝；茎、枝粗壮，有白色条纹，密生短硬毛。叶片半圆柱形，长1.5~2.5cm，宽1.5~2mm，顶端有刺状尖。花序穗状，苞片比小苞片长。花被片平滑或粗糙，果时变硬，自背面的中下部生翅，翅薄膜质，无色透明，3个为半圆形，有数条粗壮而明显的脉，2个较狭窄。花被果时（包括翅）直径7~12mm；花被片在翅以上部分，顶端有稍坚硬的刺状尖或为膜质的细长尖，聚集成细长的圆锥体；柱头丝状，比花柱长。种子横生。花期7—8月，果期8—9月。

多生长于覆沙砾石戈壁，干旱山坡，戈壁滩，河滩，荒漠沙地，荒漠石滩，沙滩，山谷等处。

蒙古猪毛菜

Salsola ikonnikovii Iljin

蒙古猪毛菜，被子植物门，双子叶植物纲，中央种子目，藜科，猪毛菜属植物。

一年生草本，高30~40cm；茎绿色，自基部分枝，最基部的枝延伸而上升；茎和枝有白色条纹，沿条纹生稀疏的短硬毛。叶片半圆柱形，长2~3cm，宽1.5~2mm，无毛，基部扩展，顶端有刺状尖。花序穗状，花单生于苞腋；苞片长卵形，顶端延伸，有刺状尖，比小苞片长；小苞片长卵形，背面有1条白色而粗壮的脉，顶端延伸，有刺状尖，基部扩展，扩展处的边缘为膜质，白色，苞片及小苞片果时向下反折；花被片长卵形，无毛，果时变硬，革质，自背面中部生翅；翅膜质，3个较大，肾形或倒卵形，有数条粗壮的脉，顶部边缘有不规则的牙齿，有2个极狭窄；花被果时直径7~10mm；花被片在翅以上部分，坚硬，聚集成短的圆锥体；花药长约1mm，附属物极小；柱头与花柱近等长。种子横生。花期7—8月，果期8—9月。本种与刺沙蓬很相似，惟本种的苞片及小苞片均较长，强烈向下反折，易于区别。

常生于沙丘、沙地。

松叶猪毛菜

Salsola laricifolia Turcz. ex Litv.

松叶猪毛菜，被子植物门，双子叶植物纲，中央种子目，藜科，猪毛菜属植物。

小灌木，高40~90cm，多分枝；老枝黑褐色或棕褐色，有浅裂纹，小枝乳白色，无毛，稀有小突起。叶互生，老枝上的叶簇生于短枝的顶端，叶片半圆柱状，长1~2cm，宽1~2mm，肥厚，黄绿色，顶端钝或尖，基部扩展而稍隆起，不下延，上部溢缩成柄状，叶片自缢缩处脱落，基部残留于枝上。花序穗状；苞片叶状，基部下延；小苞片宽卵形，背面肉质，绿色，顶端草质，急尖，两侧边缘为膜质；花被片长卵形，顶端钝，背部稍坚硬，无毛，淡绿色，边缘为膜质，果时自背面中下部生翅；翅3个较大，肾形，膜质，有多数细而密集的紫褐色脉，2个较小，近圆形或倒卵形，花被果时（包括翅）直径8~11mm；花被片在翅以上部分，向中央聚集成圆锥体；花药附属物顶端急尖；柱头扁平，钻状，长约为花柱的2倍。种子横生。花期6—8月，果期8—9月。

多生于山坡，沙丘，砾质荒漠。

刺沙蓬

Salsola ruthenica Iljin

刺沙蓬，被子植物门，双子叶植物纲，中央种子目，藜科，猪毛菜属植物。别称刺蓬。

一年生草本，高30~100cm；茎直立，自基部分枝，茎、枝生短硬毛或近于无毛，有白色或紫红色条纹。叶片半圆柱形或圆柱形，无毛或有短硬毛，长1.5~4cm，宽1~1.5mm，顶端有刺状尖，基部扩展，扩展处的边缘为膜质。花序穗状，生于枝条的上部；苞片长卵形，顶端有刺状尖，基部边缘膜质，比小苞片长；小苞片卵形，顶端有刺状尖；花被片长卵形，膜质，无毛，背面有1条脉；花被片果时变硬，自背面中部生翅；翅3个较大，肾形或倒卵形，膜质，无色或淡紫红色，有数条粗壮而稀疏的脉，2个较狭窄，花被果时（包括翅）直径7~10mm；花被片在翅以上部分近革质，顶端为薄膜质，向中央聚集，包覆果实；柱头丝状，长为花柱的3~4倍。种子横生，直径约2mm。花期8—9月，果期9—10月。

多生于平原盐生荒漠、河谷沙地，砾质戈壁，海边、洪积扇砾质荒漠的小沙堆及河漫滩沙地等处。

沙　蓬

Agriophyllum squarrosum（L.）Moq.

沙蓬，被子植物门，双子叶植物纲，中央种子目，藜科，沙蓬属植物。别称吉刺儿、沙米、蒺藜梗。

一年生草本，植株高14~60cm。茎直立，坚硬，浅绿色，具不明显的条棱，幼时密被分枝毛，后脱落；由基部分枝，最下部的一层分枝通常对生或轮生，平卧，上部枝条互生，斜展。单叶互生，叶无柄，披针形、披针状条形或条形，长1.3~7cm，宽0.1~1cm，先端渐尖具小尖头，向基部渐狭，叶脉浮凸，纵行，3~9条。穗状花序紧密，卵圆状或椭圆状，无梗，腋生；苞片宽卵形，先端急缩，具小尖头，后期反折，背部密被分枝毛。花被片1~3，膜质；雄蕊2~3，花丝锥形，膜质，花药卵圆形。果实卵圆形或椭圆形，两面扁平或背部稍凸，幼时在背部被毛，后期秃净，上部边缘略具翅缘；果喙深裂成两个扁平的条状小喙，微向外弯，小喙先端外侧各具一小齿突。种子近圆形，光滑，有时具浅褐色的斑点。花果期8—10月。

常见沙生植物，多生于沙丘、沙丘间低地和流动沙丘的背风坡上。本区域内多见于鄂尔多斯高原。

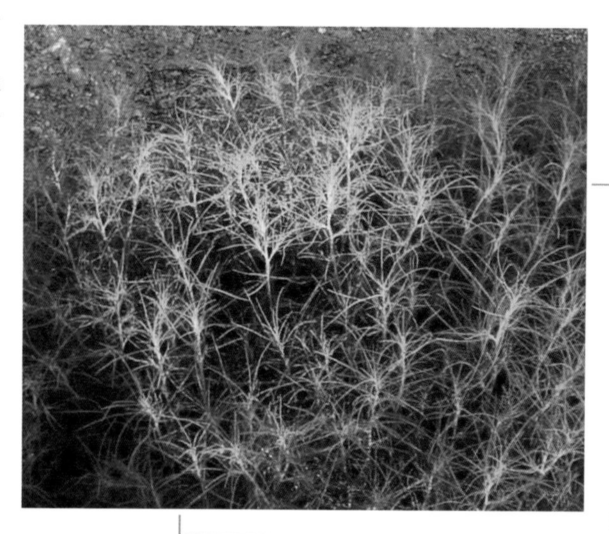

本科共收录2种植物。分属1属。

苋属*Amaranthus*

反枝苋

凹头苋

反枝苋

Amaranthus retroflexus

反枝苋，被子植物门，双子叶植物纲，中央种子目，苋科，苋属植物。别称野苋菜、苋菜、西风谷。

一年生草本，高20~80cm，有时达1m多；茎直立，粗壮，单一或分枝，淡绿色，有时带紫色条纹，稍具钝棱，密生短柔毛。叶片菱状卵形或椭圆状卵形，长5~12cm，宽2~5cm，顶端锐尖或尖凹，有小凸尖，基部楔形，全缘或波状缘，两面及边缘有柔毛，下面毛较密；叶柄长1.5~5.5cm，淡绿色，有时淡紫色，有柔毛。圆锥花序顶生及腋生，直立，直径2~4cm，由多数穗状花序形成，顶生花穗较侧生者长；苞片及小苞片钻形，长4~6mm，白色，背面有1龙骨状突起，伸出顶端成白色尖芒；花被片矩圆形或矩圆状倒卵形，长2~2.5mm，薄膜质，白色，有1淡绿色细中脉，顶端急尖或尖凹，具凸尖；雄蕊比花被片稍长；柱头3，有时2。胞果扁卵形，长约1.5mm，环状横裂，薄膜质，淡绿色，包裹在宿存花被片内。种子近球形，直径1mm，棕色或黑色，边缘钝。花期7—8月，果期8—9月。

喜湿润环境，耐旱，适应性极强。多生于田园内、农地旁、人家附近的草地上。

凹头苋

Amaranthus lividus

凹头苋，被子植物门，双子叶植物纲，中央种子目，苋科，苋属植物。别称野苋、光苋菜等。

一年生草本，高10~30cm，无毛，幼苗子叶1对，长椭圆形，先端钝圆，基部连合。下胚轴发达，上胚轴短。初生叶阔卵形，先端平截，具凹陷，叶基阔楔形，有长柄。后生叶除叶缘略呈波状外，与初生叶相似。成株肉质肥厚，有光泽无毛，绿色带紫色。茎圆柱形，倾斜或匍匐生长，从基部分枝。单叶，对生，有时互生，全缘，顶端内凹。叶片卵形或菱状卵形，长1.5~4.5cm，宽1~3cm，顶端凹缺，有1芒尖，或微小不显，基部宽楔形，全缘或稍呈波状；叶柄长1~3.5cm。腋生花簇，生在茎端和枝端者成直立穗状花序或圆锥花序；花3~8朵，簇生于小枝顶端，黄色，具凹头，下部结合；雄蕊8~12枚；花柱4~6枚，细长，伸出雄蕊之上，柱头4~5裂。苞片及小苞片矩圆形，长不及1mm；花被片矩圆形或披针形，长1.2~1.5mm，淡绿色，顶端急尖，边缘内曲，背部有1隆起中脉；雄蕊比花被片稍短；柱头3或2，果熟时脱落。胞果扁卵形，每果内有种子50多粒。长3mm，不裂，微皱缩而近平滑，超出宿存花被片。种子环形，直径约12mm，黑色至黑褐色，边缘具环状边。花期7—8月，果期8—9月。

常生在田野、住家附近的杂草地上。

本科共收录1种植物。分属1属。

马齿苋属*Portulaca*

马齿苋

马齿苋

Portulaca oleracea L.

马齿苋，被子植物门，双子叶植物纲，中央种子目，马齿苋科，马齿苋属植物。别称马苋，五行草，长命菜，五方草，瓜子菜，麻绳菜，马齿菜，蚂蚱菜、马齿草、马苋菜、瓜米菜、马蛇子菜、蚂蚁菜、猪母菜、瓠子菜、狮岳菜、酸菜、五行菜、猪肥菜。

一年生草本，全株无毛。茎平卧或斜倚，伏地铺散，多分枝，圆柱形，长10~15cm，淡绿色或带暗红色。茎紫红色，叶互生，有时近对生，叶片扁平，肥厚，倒卵形，似马齿状，长1~3cm，宽0.6~1.5cm，顶端圆钝或平截，有时微凹，基部楔形，全缘，上面暗绿色，下面淡绿色或带暗红色，中脉微隆起；叶柄粗短。花无梗，直径4~5mm，常3~5朵簇生枝端，午时盛开；苞片2~6，叶状，膜质，近轮生；萼片2，对生，绿色，盔形，左右压扁，长约4mm，顶端急尖，背部具龙骨状凸起，基部合生；花瓣5，稀4，黄色，倒卵形，长3~5mm，顶端微凹，基部合生；雄蕊通常8或更多，长约12mm，花药黄色；子房无毛，花柱比雄蕊稍长，柱头4~6裂，线形。蒴果卵球形，长约5mm，盖裂；种子细小，多数偏斜球形，黑褐色，有光泽，直径不及1mm，具小疣状突起。花期5—8月，果期6—9月。

性喜肥沃土壤，耐旱亦耐涝，生活力强。常生于菜园、农田、路旁。

石竹科

Caryophyllaceac

本科共收录8种植物。分属5属。

石竹属*Dianthus*

石竹

瞿麦

拟漆姑属*Spergularia*

拟漆姑

石头花属*Gypsophila*

细叶石头花

蝇子草属*Silene*

麦瓶草

女娄菜

坚硬女娄菜

麦蓝菜属*Vaccaria*

麦蓝菜

石　竹

Dianthus chinensis L.

石竹，被子植物门，双子叶植物纲，中央种子目，石竹科，石竹属植物。别称洛阳花、中国石竹、中国沼竹、石竹子花。

多年生草本，高30~50cm，全株无毛，带粉绿色。茎由根颈生出，疏丛生，直立，上部分枝。叶片线状披针形，长3~5cm，宽2~4mm，顶端渐尖，基部稍狭，全缘或有细小齿，中脉较显。花单生枝端或数花集成聚伞花序；花梗长1~3cm；苞片4，卵形，顶端长渐尖，长达花萼1/2以上，边缘膜质，有缘毛；花萼圆筒形，长15~25mm，直径4~5mm，有纵条纹，萼齿披针形，长约5mm，直伸，顶端尖，有缘毛；花瓣长15~18mm，瓣片倒卵状三角形，长13~15mm，紫红色、粉红色、鲜红色或白色；顶缘不整齐齿裂，喉部有斑纹，疏生髯毛；雄蕊露出喉部外，花药蓝色；子房长圆形，花柱线形。蒴果圆筒形，包于宿存萼内，顶端4裂；种子黑色，扁圆形。花期5—6月，果期7—9月。

其性耐寒、耐干旱，多生于草原和山坡草地。

瞿麦

Dianthus superbus L.

瞿麦，被子植物门，双子叶植物纲，中央种子目，石竹科，石竹属植物。别称野麦、石柱花、十样景花、巨麦。

多年生草本，高50~60cm。茎丛生，直立，绿色，无毛，上部分枝。叶对生，多皱缩，叶片线状披针形，长5~10cm，宽3~5mm，顶端锐尖，中脉特显，基部合生成鞘状，绿色，有时带粉绿色。茎圆柱形，上部有分枝，长30~60cm，表面淡绿色或黄绿色，光滑无毛，节明显，略膨大，断面中空。枝端具花及果实，花1或2朵生枝端，有时顶下腋生；苞片2~3对，倒卵形，长6~10mm，约为花萼1/4，宽4~5mm，顶端长尖；花萼圆筒形，长2.5~3cm，直径3~6mm，常染紫红色晕，萼齿披针形，长4~5mm；花瓣长4~5cm，爪长1.5~3cm，包于萼筒内，瓣片宽倒卵形，边缘縫裂至中部或中部以上，通常淡红色或带紫色，稀白色，喉部具丝毛状鳞片；雄蕊和花柱微外露。蒴果圆筒形，与宿存萼等长或微长，顶端4裂；种子扁卵圆形，长约2mm，黑色，有光泽。花期6—9月，果期8—10月。

多生于山坡、草地、路旁、林下、林缘、草甸、沟谷溪边等处。

拟漆姑

Spergularia salina

拟漆姑，被子植物门，双子叶植物纲，中央种子目，石竹科，拟漆姑属植物。别称牛漆姑草。

一年生草本，高10~30cm。茎丛生，铺散，多分枝，上部密被柔毛。叶片线形，长5~30mm，宽1~1.5mm，顶端钝，具凸尖，近平滑或疏生柔毛；托叶宽三角形，长1.5~2mm，膜质。花集生于茎顶或叶腋，成总状聚伞花序，果时下垂；花梗稍短于萼，果时稍伸长，密被腺柔毛；萼片卵状长圆形，长3.5mm，宽1.5~1.8mm，外面被腺柔毛，具白色宽膜质边缘；花瓣淡粉紫色或白色，卵状长圆形或椭圆状卵形，长约2mm，顶端钝；雄蕊5；子房卵形。蒴果卵形，长5~6mm，3瓣裂；种子近三角形，略扁，长0.5~0.7mm，表面有乳头状凸起，多数种子无翅，部分种子具翅。花期5—7月，果期6—9月。

常生于盐碱荒地、内陆河边、湖边、水泡子等湿润沙质轻盐碱地。

细叶石头花

Gypsophila licentiana Hand.-Mazz.

细叶石头花，被子植物门，双子叶植物纲，中央种子目，石竹科，石头花属植物。别称尖叶丝石竹。

多年生草本，高30~50cm。茎细，无毛，上部分枝。叶片线形，长1~3cm，宽约1mm，顶端具骨质尖，边缘粗糙，基部连合成短鞘。聚伞花序顶生，花较密集；花梗长2~3mm，带紫色；苞片三角形，长1.5mm，渐尖，边缘白色，膜质，具短缘毛；花萼狭钟形，长2~3mm，具5条绿色或带深紫色脉，脉间白色，膜质，齿裂达1/3，卵形，渐尖；花瓣白色，三角状楔形，为萼长1.5~2倍，宽约1mm，顶端微凹；雄蕊比花瓣短，花丝线形，不等长，花药小，球形；子房卵球形，花柱与花瓣等长。蒴果略长于宿存萼；种子圆肾形，直径约1mm，具疣状凸起。花期7—8月，果期8—9月。

常生于海拔500~2 000m的山坡、沙地、田边等。

麦瓶草

Silene conoidea L.

麦瓶草，被子植物门，双子叶植物纲，中央种子目，石竹科，蝇子草属植物。别名净瓶、香炉草、米瓦罐、梅花瓶、广皮菜、甜甜菜、麦石榴、油瓶菜、羊蹄棵、红不英菜、麦黄菜、灯笼草、瓶罐花。

一年生草本，高20~60cm。全株被腺毛。主根圆柱状，细长，略木质。茎直立，节明显而膨大，叉状分枝，中部以上分枝较多。基生叶匙形；茎生叶对生，椭圆披针形或披针形，基部阔，稍抱茎，具毛茸，长5~8cm，宽5~10mm，先端钝尖，基部渐窄，全缘。花两性；1~3朵成顶生及腋生聚伞花序，花紫色或粉红色，花梗细长；花萼长锥形，上端窄缩，下部膨大，有30条明显细脉，先端5齿裂；花瓣5，粉红色，三角倒卵形，长于萼，喉部有2鳞片；雄蕊10；子房上位，花柱3，细长。蒴果卵形，3~6齿裂或瓣裂，包围于长锥形宿萼中。种子肾形，有成行的瘤状突起，以种脐为圆心，整齐排列成数层半环状。花期4—5月，果期5—6月。

多生于海拔3 000m以下的农田旁、荒草地等处。

女娄菜

Silene aprica Turcz. ex Fisch. et Mey.

女娄菜，被子植物门，双子叶植物纲，中央种子目，石竹科，蝇子草属植物。别称王不留行，桃色女娄菜。

一、二年或多年生草本，高20~70cm。全株密被短柔毛。根细长纺锤形，木化。茎直立，由基部分枝。叶对生，上部叶无柄，下面叶具短柄；叶片线状披针形至披针形，长4~7cm，宽4~8mm，先端急尖，基部渐窄。全缘。聚伞花序2~4分歧，小聚伞2~3花；萼管长卵形，具10脉，先端5齿裂；花瓣5，白色，倒披针形，先端2裂，基部有爪，喉部有2鳞片；雄蕊10，略短于花瓣；子房上位，花柱3条。蒴果椭圆形，先端6裂，外围宿萼与果近等长。种子多数，细小，黑褐色，有瘤状突起。花期5—6月，果期7—8月。

常生于海拔3 800m以下的山坡草地或旷野路旁草丛中。

坚硬女娄菜

Silene firma Sieb. et Zucc.

坚硬女娄菜，被子植物门，双子叶植物纲，中央种子目，石竹科，蝇子草属植物。别称白花女娄菜，无毛女娄菜，粗壮女娄菜，光萼女娄菜等。

一、二年生草本，高50~100cm，全株无毛，有时仅基部被短毛。茎单生或疏丛生，粗壮，直立，不分枝或稀分枝，有时下部暗紫色。叶片椭圆状披针形或卵状倒披针形，长4~10cm，宽8~25mm，基部渐狭成短柄状，顶端急尖，仅边缘具缘毛。假轮伞状间断式总状花序；花梗长5~18mm，直立，常无毛；苞片狭披针形；花萼卵状钟形，长7~9mm，无毛，果期微膨大，长10~12mm，脉绿色，萼齿狭三角形，顶端长渐尖，边缘膜质，具缘毛；雌雄蕊柄极短或近无；花瓣白色，不露出花萼，爪倒披针形，无毛和耳，瓣片轮廓倒卵形，2裂；副花冠片小，具不明显齿；雄蕊内藏，花丝无毛；花柱不外露。蒴果长卵形，长8~11mm，比宿存萼短；种子圆肾形，长约1mm，灰褐色，具棘凸。花期6—7月，果期7—8月。

常生长在草坡、灌丛和林缘草地。

麦蓝菜

Vaccaria segetalis

麦蓝菜，被子植物门，双子叶植物纲，中央种子目，石竹科，麦蓝菜属植物。别称奶米、王不留、麦蓝子、剪金子、留行子。

一、二年生草本，高30~70cm，全株无毛，微被白粉，呈灰绿色。根为主根系。茎单生，直立，上部分枝。叶片卵状披针形或披针形，长3~9cm，宽1.5~4cm，基部圆形或近心形，微抱茎，顶端急尖，具3基出脉。伞房花序稀疏；花梗细，长1~4cm；苞片披针形，着生花梗中上部；花萼卵状圆锥形，长10~15mm，宽5~9mm，后期微膨大呈球形，棱绿色，棱间绿白色，近膜质，萼齿小，三角形，顶端急尖，边缘膜质；雌雄蕊柄极短；花瓣淡红色，长14~17mm，宽2~3mm，爪狭楔形，淡绿色，瓣片狭倒卵形，斜展或平展，微凹缺，有时具不明显的缺刻；雄蕊内藏；花柱线形，微外露。蒴果宽卵形或近圆球形，长8~10mm；种子近圆球形，直径约2mm，红褐色至黑色。花期5—7月，果期6—8月。

对土壤要求不严格，多生于田野、路旁、荒地、农田旁等处。

本科共收录6种植物。分属4属。

碱毛茛属*Halerpestes*

长叶碱毛茛

铁线莲属*Clematis*

芹叶铁线莲

短尾铁线莲

灌木铁线莲

唐松草属*Thalictrum*

展枝唐松草

银莲花属*Anemone*

大火草

长叶碱毛茛

Halerpestes ruthenica (Jacq.) Ovcz.

长叶碱毛茛，被子植物门，双子叶植物纲，毛茛目，毛茛科，碱毛茛属植物。别称金戴戴、黄戴戴、格乐乐其其格等。

多年生草本。匍匐茎长达30cm以上。叶簇生；叶片卵状或椭圆状梯形，长1.5~5cm，宽0.8~2cm，基部宽楔形、截形至圆形，不分裂，顶端有3~5个圆齿，常有3条基出脉，无毛；叶柄长2~14cm，近无毛，基部有鞘。花葶高10~20cm，单一或上部分枝，有1~3花，生疏短柔毛；苞片线形，长约1cm；花直径约1.5cm；萼片5，绿色，卵形，长7~9mm，多无毛；花瓣黄色，6~12枚，倒卵形，长0.7~1cm，基部渐狭成爪；花药长约0.5mm，花丝长约3mm；花托圆柱形，有柔毛。聚合果卵球形，长8~12mm，宽约8mm；瘦果极多，紧密排列，斜倒卵形，长2~3mm，无毛，边缘有狭棱；两面有3~5条分歧的纵肋，喙短而直。花果期5—8月。

是中国温和、寒冷气候区的碱土及盐碱土的指示植物，多生于盐碱沼泽地或湿草地。

芹叶铁线莲

Clematis aethusifolia Turcz.

芹叶铁线莲，被子植物门，双子叶植物纲，毛茛目，毛茛科，铁线莲属植物。别称透骨草。

多年生草质藤本，幼时直立，后匍伏于地面生长，长0.5~4m。根细长，棕黑色。茎纤细，有纵沟纹，微被柔毛或无毛。二至三回羽状复叶或羽状细裂，连叶柄长达7~10cm，末回裂片线形，宽2~3mm，顶端渐尖或钝圆，背面幼时微被柔毛，以后近于无毛，具一条中脉，在表面下陷，在背面隆起；小叶柄短或长0.5~1cm，边缘有时具翅；小叶间隔1.5~3.5cm；叶柄长1.5~2cm，微被绒毛或无毛。聚伞花序腋生，常1~3花；苞片羽状细裂；花钟状下垂，直径1~1.5cm；萼片4枚，淡黄色，长方椭圆形或狭卵形，长1.5~2cm，宽5~8mm，两面近于无毛，外面仅边缘上密被乳白色绒毛，内面有三条直的中脉能见；雄蕊长为萼片半，花丝扁平，线形或披针形，中部宽达1.5mm，两端渐窄，中上部被稀疏柔毛，其余无毛；子房扁平，卵形，被短柔毛，花柱被绢状毛。瘦果扁平，宽卵形或圆形，成熟后棕红色，长3~4mm，被短柔毛，宿存花柱长2~2.5cm，密被白色柔毛。花期7—8月，果期9月。

多生于山坡及水沟边。

短尾铁线莲

Clematis brevicaudata DC.

短尾铁线莲，被子植物门，双子叶植物纲，毛茛目，毛茛科，铁线莲属植物。别称林地铁线莲、石通、连架拐。

多年生木质藤本。枝有棱，小枝疏生短柔毛或近无毛。一至二回羽状复叶或二回三出复叶，有5~15小叶，有时茎上部为三出叶；小叶片长卵形、卵形至宽卵状披针形或披针形，长1.5~6cm，宽0.7~3.5cm，顶端渐尖或长渐尖，基部圆形、截形至浅心形，有时楔形，边缘疏生粗锯齿，有时3裂，两面近无毛或疏生短柔毛。圆锥状聚伞花序腋生或顶生，常比叶短；花梗长1~1.5cm，有短柔毛；花直径1.5~2cm；萼片4，开展，白色，狭倒卵形，长约8mm，两面均有短柔毛，内面较疏或近无毛；雄蕊无毛，花药长2~2.5mm。瘦果卵形，长约3mm，宽约2mm，密生柔毛，宿存花柱长1.5~2cm。花期7—9月，果期9—10月。

多分布于干旱的沙丘、荒漠地区，生于山地灌丛或疏林中。

灌木铁线莲

Clematis fruticosa Turcz.

灌木铁线莲，被子植物门，双子叶植物纲，毛茛目，毛茛科，铁线莲属植物。

多年生木质或草质藤本，或为直立灌木或草本，高达1m多。根系为黄褐色肉质根，不耐水渍。枝有棱，紫褐色，有短柔毛，后变无毛。单叶对生或数叶簇生，叶柄长0.3~1cm，叶片绿色，薄革质，1.5~4cm，宽0.5~1.5cm，顶端锐尖，边缘疏生锯齿状齿，有时1~2个，下半部常成羽状深裂以至全裂，裂片有小牙齿或小裂片，或为全缘，两面近无毛或疏生短柔毛。花单生，或聚伞花序有3花，腋生或顶生；萼片4，斜上展呈钟状，黄色，长椭圆状卵形至椭圆形，长1~2.5cm，宽3.5~10mm，顶端尖，外面边缘密生绒毛，中间近无毛或稍有短柔毛；雄蕊无毛，花丝披针形，比花药长。瘦果扁，卵形至卵圆形，长约5mm，密生长柔毛，宿存花柱长达3cm，有黄色长柔毛。花期7—8月，果期10月。

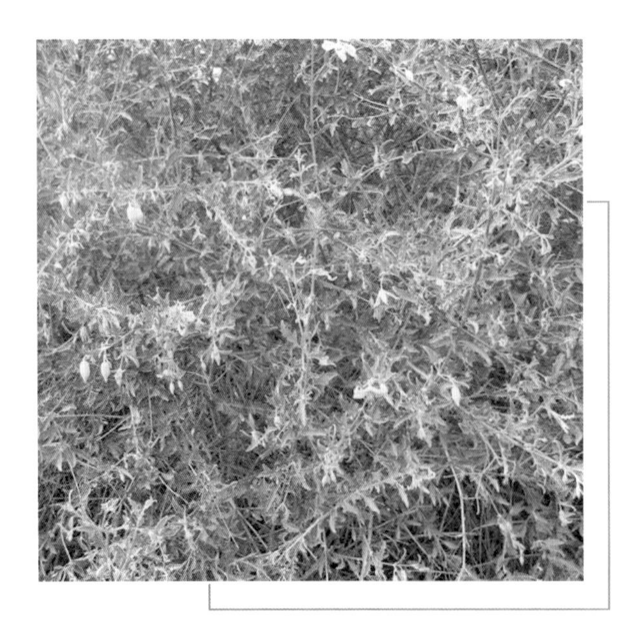

性耐寒、耐旱，多生于山坡、山谷灌丛中或沟边、路旁。

展枝唐松草

Thalictrum squarrosum Steph.

展枝唐松草，被子植物门，双子叶植物纲，毛茛目，毛茛科，唐松草属植物。别称猫爪子。

多年生草本，植株无毛。根状茎细长，自节生出长须根。茎高60~100cm，有细纵槽，通常自中部近二歧状分枝。基生叶在开花时枯萎。茎下部及中部叶有短柄，为二至三回羽状复叶；叶片长8~18cm；小叶坚纸质或薄革质，顶生小叶楔状倒卵形、宽倒卵形、长圆形或圆卵形，长0.8~2cm，宽0.6~1.5cm，顶端急尖，基部楔形至圆形，通常三浅裂，裂片全缘或有2~3个小齿，表面脉常稍下陷，背面有白粉，脉平或稍隆起，脉网稍明显；叶柄长1~4cm。花序圆锥状，近二歧状分枝；花梗细，长1.5~3cm，在结果时稍增长；萼片4，淡黄绿色，狭卵形，长约3mm，宽约0.8mm，脱落；雄蕊5~14，长3~5mm，花药长圆形，长约2.2mm，有短尖头，花丝丝形；心皮1~3，无柄，柱头箭头状。瘦果狭倒卵球形或近纺锤形，稍斜，长4~5.2mm，有8条粗纵肋，柱头长约1.6mm。7—8月开花。

多生于草地、田边、沙地及沙丘。

大火草

Anemone tomentosa（Maxim.）Pei

大火草，被子植物门，双子叶植物纲，毛茛目，毛茛科，银莲花属植物。别称野棉花、大头翁、白头翁、山棉花等。

多年生草本植物，株高40~150cm。根状茎粗0.5~1.8cm。基生叶3~4，有长柄，为三出复叶，有时1~2叶为单叶；中央小叶有长柄，小叶片卵形至三角状卵形，长9~16cm，宽7~12cm，顶端急尖，基部浅心形，心形或圆形，三浅裂至三深裂，边缘有不规则小裂片和锯齿，表面有糙伏毛，背面密被白色绒毛，侧生小叶稍斜，叶柄长16~48cm，与花葶密被白色或淡黄色短绒毛。花葶粗3~9mm；聚伞花序长26~38cm，2~3回分枝；苞片3，与基生叶相似，不等大，有时1个为单叶，三深裂；花梗长3.5~6.8cm，有短绒毛；萼片5，淡粉红色或白色，倒卵形、宽倒卵形或宽椭圆形，长1.5~2.2cm，宽1~2cm，背面有短绒毛；雄蕊长约为萼片长度的1/4；心皮400~500，长约1mm，子房密被绒毛，柱头斜，无毛。聚合果球形，直径约1cm；瘦果长约3mm，有细柄，密被绵毛。花果期7—10月。

生于海拔700~3 400m的山地、草坡或路边向阳处。

本科共收录1种植物。分属1属。

小檗属*Berberis*

细叶小檗

细叶小檗

Berberis poiretii Schneid.

细叶小檗，被子植物门，双子叶植物纲，毛茛目，小檗科，小檗属植物。别称三颗针、针雀、酸狗奶子。

落叶灌木，高1~2m。老枝灰黄色，幼枝紫褐色，生黑色疣点，具条棱。叶纸质，倒披针形至狭倒披针形，偶披针状匙形，长1.5~4cm，宽5~10mm，先端渐尖或急尖，具小尖头，基部渐狭，上面深绿色，中脉凹陷，背面淡绿色或灰绿色，中脉隆起，侧脉和网脉明显，两面无毛，叶缘平展，全缘，偶中上部边缘具数枚细小刺齿；近无柄。穗状总状花序具8~15朵花，长3~6cm，包括总梗长1~2cm，常下垂；花梗长3~6mm，无毛；花黄色；苞片条形，长2~3mm；小苞片2，披针形，长1.8~2mm；萼片2轮，外萼片椭圆形或长圆状卵形，长2mm，宽1.3~1.5mm，内萼片长圆状椭圆形，长3mm，宽2mm；花瓣倒卵形或椭圆形，长3mm，宽1.5mm，先端锐裂，基部略呈爪形，具2分离腺体；雄蕊长2mm，药隔先端不延伸，平截；胚珠通常单生，有时2枚。浆果长圆形，红色，长约9mm，直径4~5mm，顶端无宿存花柱。花期5—6月，果期7—9月。

常生长于砾质地、山地灌丛、草原化荒漠、山沟河岸或林下。

本科共收录1种植物。分属1属。

角茴香属*Hypecoum*

角茴香

角茴香

Hypecoum erectum

角茴香，被子植物门，双子叶植物纲，罂粟目，罂粟科，角茴香属植物。别称山黄连、野茴香、咽喉草、麦黄草、黄花草、雪里青、直立角茴香、细叶角茴香。

一年生草本，高15~30cm。根圆柱形，长8~15cm，向下渐狭，具少数细根。花茎多，圆柱形，二歧状分枝。基生叶多数，叶片倒披针形，长3~8cm，多回羽状细裂，裂片线形，先端尖；叶柄细，基部扩大成鞘；茎生叶较小。二歧聚伞花序多花；苞片钻形，长2~5mm。萼片卵形，长约2mm，先端渐尖，全缘；花瓣淡黄色，长1~1.2cm，无毛，外面2枚倒卵形或近楔形，先端宽，3浅裂，中裂片三角形，长约2mm，里面2枚倒三角形，长约1cm，3裂至中部以上，侧裂片较宽，长约5mm，中裂片狭，匙形，长3mm，先端近圆形；雄蕊4，长8mm，花丝宽线形，长5mm，扁平，下半部加宽，花药狭长圆形，长3mm；子房狭圆柱形，长1cm，粗约0.5mm，花柱长约1mm，柱头2深裂，裂片细，向两侧伸展。蒴果长圆柱形，长4~6cm，粗1~1.5mm，直立，先端渐尖，两侧稍压扁，成熟时分裂成2果瓣。种子近四棱形，两面均具十字形的突起。花果期5—8月。

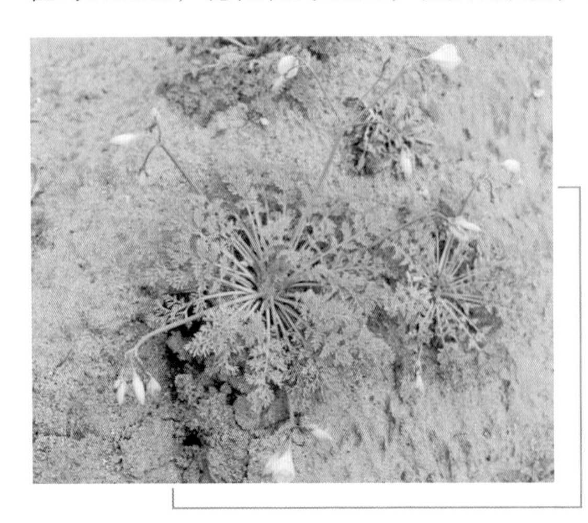

常生于干燥山坡、草地、沙地、砾质碎石地。

本科共收录11种植物。分属9属。

独行菜属*Lepidium*

独行菜

心叶独行菜

宽叶独行菜

芸薹属*Brassica*

芥菜

南芥属*Arabis*

垂果南芥

念珠芥属*Torularia*

蚓果芥

沙芥属*Pugionium*

沙芥

盐芥属*Thellungiella*

盐芥

大蒜芥属*Sisymbrium*

大蒜芥

荠属*Capsella*

荠

播娘蒿属*Descurainia*

播娘蒿

独行菜

Lepidium apetalum

独行菜，被子植物门，双子叶植物纲，罂粟目，十字花科，独行菜属植物。别称腺独行菜、腺茎独行菜、北葶苈子、昌古、辣辣菜。

一、二年生草本，高5~30cm；茎直立，有分枝，无毛或具微小头状毛。基生叶窄匙形，一回羽状浅裂或深裂，长3~5cm，宽1~1.5cm；叶柄长1~2cm；茎上部叶线形，有疏齿或全缘。总状花序在果期可延长至5cm；花小，不明显；花梗丝状，被棒状毛；萼片早落，卵形，长约0.8mm，无毛或被柔毛，具膜质边缘；花瓣不存或退化成丝状，比萼片短，极小，匙形，白色；雄蕊2或4。短角果近圆形或宽椭圆形，扁平，长2~3mm，宽约2mm，顶端微缺，上部有短翅，隔膜宽不到1mm；果梗弧形，长约3mm。种子椭圆形，长约1mm，平滑，棕红色。花果期5—7月。

多生于海拔400~2 000m的山坡、山沟、路旁及村庄附近。

心叶独行菜

Lepidium cordatum

心叶独行菜，被子植物门，双子叶植物纲，罂粟目，十字花科，独行菜属植物。别称北方独行菜。

多年生草本，高15~40cm；茎直立，无毛，基部分枝。基生叶倒卵形，羽状分裂，在果期枯萎；茎生叶多数，密生，近革质，长圆形，长5~30mm，宽2~10mm，顶端骤急尖，基部心形或箭形，抱茎，边缘有不显著小齿或全缘，微有粉霜，无叶柄。总状花序成金字塔状圆锥花序或伞房状。短角果圆形或宽卵形，直径2~2.5mm，无翅，顶端钝，基部心形，无毛，稍有网纹，具短花柱；果梗长2~4mm。种子长圆形，长约1mm，棕色。花期5—6月，果期6—7月。

常生长在盐化草甸和盐化低地等处。

宽叶独行菜

Lepidium latifolium L.

宽叶独行菜，被子植物门，双子叶植物纲，罂粟目，十字花科，独行菜属植物。别称大辣、止痢草。

多年生草本，高0.3~1.2m。主根发达粗壮。茎直立无毛，中上部有分枝，基部轻微木质化，常具白粉。叶革质，长圆状、披针形或广椭圆形，先端短尖，基部楔形，全缘或具齿，基部叶具长柄，茎上部叶无柄，苞片状。总状花序排成圆锥状，顶生；花小，花瓣4，白色，雄蕊6。角果短，宽卵形或近圆形，无毛、无翅。种子宽卵状，椭圆形至近长圆形，浅褐色，扁平，光滑。花期5—9月，果期7—10月。

耐干旱、盐碱、低温与高温等逆境，多生于田边、地埂、沟边、河谷、路旁或沙滩。

芥　菜

Brassica juncea（L.）Czern. et Coss.

芥菜，被子植物门，双子叶植物纲，罂粟目，十字花科，芸薹属植物。别称芥、盖菜、挂菜。

一年生草本，高30~150cm，常无毛，有时幼茎及叶具刺毛，带粉霜，有辣味；茎直立，有分枝。基生叶宽卵形至倒卵形，长15~35cm，顶端圆钝，基部楔形，大头羽裂，具2~3对裂片，或不裂，边缘均有缺刻或牙齿，叶柄长3~9cm，具小裂片；茎下部叶较小，有时具圆钝锯齿，不抱茎；茎上部叶窄披针形，长2.5~5cm，宽4~9mm，边缘具不明显疏齿或全缘。总状花序顶生，花后延长；花黄色，直径7~10mm；花梗长4~9mm；萼片淡黄色，长圆状椭圆形，长4~5mm，直立开展；花瓣倒卵形，长8~10mm，长4~5mm。长角果线形，长3~5.5cm，宽2~3.5mm，果瓣具1突出中脉；喙长6~12mm；果梗长5~15mm。种子球形，直径约1mm，紫褐色。花期3—5月，果期5—6月。

常为人工栽培。

垂果南芥

Arabis pendula L.

垂果南芥，被子植物门，双子叶植物纲，罂粟目，十字花科，南芥属植物。别称唐芥、扁担蒿、野白菜、大蒜芥等。

二年生草本，高30~150cm，全株被硬单毛、杂有2~3叉毛。主根圆锥状，黄白色。茎直立，上部有分枝。茎下部叶长椭圆形至倒卵形，长3~10cm，宽1.5~3cm，顶端渐尖，边缘有浅锯齿，基部渐狭而成叶柄，长1cm；茎上部叶较小，狭长椭圆形至披针形，基部呈心形或箭形，抱茎，黄绿色至绿色。总状花序顶生或腋生，有花10数朵；萼片椭圆形，长2~3mm，背面被单毛、2~3叉毛及星状毛，花蕾期密；花瓣白色、匙形，长3.5~4.5mm，宽约3mm。长角果线形，长4~10cm，宽1~2mm，弧曲，下垂。种子每室1行，椭圆形，褐色，长1.5~2mm，边缘有环状的翅。花期6—9月，果期7—10月。

常生于山坡、山沟、林缘、灌木丛、河岸及杂草地等处。

蚓果芥

Torularia humilis（C. A. Mey.）O. E. Schulz

蚓果芥，被子植物门，双子叶植物纲，罂粟目，十字花科，念珠芥属植物。

多年生草本，高5~30cm，被2叉毛，并杂有3叉毛；茎自基部分枝，部分有残存叶柄。基生叶窄卵形，早枯；下部茎生叶宽匙形至窄长卵形，长5~30mm，宽1~6mm，顶端钝圆，基部渐窄，近无柄，全缘，或具2~3对钝齿；中、上部叶条形；最上部数叶常入花序而成苞片。花序呈紧密伞房状，果期伸长；萼片长圆形，长1.5~2.5mm，膜质边缘，外轮萼片较窄，有的在背面顶端隆起，内轮萼片偶在基部略呈囊状；花瓣倒卵形或宽楔形，白色，长2~3mm，顶端近截形或微缺，基部渐窄成爪；子房有毛。长角果筒状，长8~20mm，略呈念珠状，两端渐细，直或略曲；花柱短，柱头2浅裂；果瓣被2叉毛；果梗长3~6mm。种子长圆形，长1mm，橘红色。花期4—6月。

常生于林下、河滩、草地等处。

沙　芥

Pugionium cornutum（L.）Gaertn.

沙芥，被子植物门，双子叶植物纲，罂粟目，十字花科，沙芥属植物。别称沙萝卜、沙白菜、沙芥菜、山萝卜、山羊沙芥等。

一、二年生高大草本，植株高0.5~2m。根肉质，圆柱形，粗壮。茎直立，多分枝，光滑无毛，微具纵棱。叶肉质，基生叶莲座状，具长柄；叶片羽状全裂，长10~25cm，宽3~4.5cm，有裂片3~6对；茎生叶较小，羽状全裂，常呈条状披针形，茎上部叶条状披针形或披针状线形，长2~3cm，宽2~3mm。总状花序顶生或腋生，花多数，在茎的上端组成圆锥状；萼片4，外侧2枚倒披针形，内侧2枚长椭圆形。花瓣4，黄色，条形或披针状条形，长约15mm，先端渐尖；雄蕊6，一个长雄蕊与邻近的一个短雄蕊合生达顶端，其他雄蕊离生；雌蕊1，柱头具长乳头状突起。短角果革质，横卵形，长约1.5cm，采瓣表面具突起网纹，两侧各具1枚披针形翅，对称，长4~5cm，宽3~5mm，上举成钝角，有4个或更多的角状刺。花期6—7月，果期8—9月。

沙漠植物，常生于草原地区的沙地或半固定与流动的沙丘上。

盐　芥

Thellungiella salsuginea

盐芥，被子植物门，双子叶植物纲，罂粟目，十字花科，盐芥属植物。

一年生草本，高10~35cm，无毛。茎于基部或近中部分枝，光滑，基部常淡紫色，基生叶近莲座状，早枯，具柄，叶片卵形或长圆形，全缘或具不明显、不整齐的小齿；茎生叶无柄，长圆状卵形，下部叶长约1.5cm，向上渐小，顶端急尖，基部箭形抱茎，全缘或具不明显小齿。花序花时伞房状，果时伸长成总状；花梗长2~4mm，萼片卵圆形，边缘白色膜质，花瓣白色，长圆状倒卵形，顶端钝圆。果柄丝状，斜向上展开；长角果线状，略弯曲，于果梗端内翘，使角果向上直立。种子黄色，椭圆形。花期4—5月。

常生长于农田区的盐渍化土壤上，多见于水沟旁。

大蒜芥

Sisymbrium altissimum

大蒜芥，被子植物门，双子叶植物纲，罂粟目，十字花科，大蒜芥属植物。别称田蒜芥。

一、二年生草本，高20~80cm；茎直立，下部及叶均散生长单毛，上部近无毛。茎上部分枝，开展。基生叶及下部茎生叶有柄，叶片长8~16cm，宽3~6mm，羽状全裂或深裂，裂片长圆状卵形至卵圆状三角形，全缘或具不规则波状齿；中、上部茎生叶长2~12cm，羽状分裂，裂片条形。总状花序顶生，萼片长圆状披针形，长4~5mm，宽1~1.5mm，顶端背面有1兜状凸起；花瓣黄色，后变为白色，长圆状倒卵形，长4~6mm，宽1~1.5mm。长角果略呈四棱状，长8~10cm，直或微曲，花柱近无；果梗长8~10mm，与长角果等粗或近等粗，斜向展开。种子长圆形，长1~1.2mm，淡黄褐色。花期4—5月。

多生于荒漠草原、荒地、路边等处。

荠

Capsella bursa-pastoris（Linn.）Medic.

荠，被子植物门，双子叶植物纲，罂粟目，十字花科，荠属植物。别称荠菜、菱角菜。

一、二年生草本，高10~50cm，无毛、有单毛或分叉毛；茎直立，单一或从下部分枝。基生叶丛生呈莲座状，大头羽状分裂，长可达12cm，宽可达2.5cm，顶裂片卵形至长圆形，长5~30mm，宽2~20mm，侧裂片3~8对，长圆形至卵形，长5~15mm，顶端渐尖，浅裂、或有不规则粗锯齿或近全缘，叶柄长5~40mm；茎生叶窄披针形或披针形，长5~6.5mm，宽2~15mm，基部箭形，抱茎，边缘有缺刻或锯齿。总状花序顶生及腋生，果期延长达20cm；花梗长3~8mm；萼片长圆形，长1.5~2mm；花瓣白色，卵形，长2~3mm，有短爪。短角果倒三角形或倒心状三角形，长5~8mm，宽4~7mm，扁平，无毛，顶端微凹，裂瓣具网脉；花柱长约0.5mm；果梗长5~15mm。种子2行，长椭圆形，长约1mm，浅褐色。花果期4—6月。

多生长在山坡、田边、杂草地及路旁。

播娘蒿

Descurainia sophia

播娘蒿，被子植物门，双子叶植物纲，罂粟目，十字花科，播娘蒿属植物。别称米米蒿、麦蒿。

一、二年生草本，高20~80cm，全株呈灰白色。茎直立，上部分枝，具纵棱槽，密被分枝状短柔毛。叶为矩圆形或矩圆状披针形，长3~7cm，宽1~2cm，二至三回羽状全裂或深裂，最终裂片条形或条状矩圆形，长2~5mm，宽1~1.5mm，先端钝，全缘，两面被分枝短柔毛；茎下部叶有柄，向上叶柄逐渐缩短或近于无柄。总状花序顶生，多花；具花梗；萼片4，条状矩圆形，先端钝，边缘膜质，背面具分枝细柔毛；花瓣4，黄色，匙形，与萼片近等长；雄蕊6，比花瓣长。长角果狭条形，长2~3cm，宽约1mm，淡黄绿色，无毛。种子1行，黄棕色，矩圆形，长约1mm，宽约0.5mm，稍扁，表面有细纹。花果期6—9月。

多生于山地草甸、沟谷、村旁、田边等处。

本科共收录1种植物。分属1属。

景天属*Sedum*

狭叶费菜

狭叶费菜

Sedum aizoon L. var. *aizoon* f. *angustifolium* Franch.

狭叶费菜，被子植物门，双子叶植物纲，蔷薇目，景天科，景天属植物。别称狭叶土三七。

多年生草本植物，高20~50cm。叶狭长圆状楔形或几为线形，宽不及5mm。聚伞花序顶生，分枝平展，花密生，黄色，花期6—9月。蓇葖果五角星状，果期8—9月。

稍耐阴，耐寒，耐干旱瘠薄，在山坡岩石上和荒地上均能旺盛生长。

本科共收录1种植物。分属1属。

山梅花属*Philadelphus*

太平花

太平花

Philadelphus pekinensis Rupr.

太平花，被子植物门，双子叶植物纲，蔷薇目，虎耳草科，山梅花属植物。别称太平瑞圣花、京山梅花、白花结、山梅花。

灌木，高1~2m，分枝较多；二年生小枝无毛，表皮栗褐色，当年生小枝无毛，表皮黄褐色，不开裂。叶卵形或阔椭圆形，长6~9cm，宽2.5~4.5cm，先端长渐尖，基部阔楔形或楔形，边缘具锯齿，稀近全缘，两面无毛，偶见下面脉腋被白色长柔毛；叶脉离基出3~5条；花枝上叶较小，椭圆形或卵状披针形，长2.5~7cm，宽1.5~2.5cm；叶柄长5~12mm。总状花序有花5~9朵；花序轴长3~5cm；花梗长3~6mm；花萼黄绿色，外面无毛，裂片卵形，长3~4mm，宽约2.5mm，先端急尖，干后脉纹明显；花冠盘状，直径2~3mm；花瓣白色，倒卵形，长9~12mm，宽约8mm；雄蕊25~28；花盘和花柱无毛；花柱长4~5mm，纤细，先端稍分裂，柱头棒形或槌形，长约1mm，常较花药小。蒴果近球形或倒圆锥形，直径5~7mm，宿存萼裂片近顶生；种子长3~4mm，具短尾。花期5—7月，果期8—10月。

有较强的耐干旱瘠薄能力。多生长于山坡、林地、沟谷或溪边向阳处，以及山坡杂木林中或灌丛中。本区内主包头。

蔷薇科
Rosaceae

本科共收录13种植物。分属9属。

桃属*Amygdalus*

山桃

蒙古扁桃

杏属*Armeniaca*

山杏

栒子属*Cotoneaster*

准噶尔栒子

山莓草属*Sibbaldia*

伏毛山莓草

委菱菜属*Potentilla*

蕨麻（鹅绒委陵菜）

二裂委陵菜

多裂委陵菜

龙芽草属*Agrimonia*

龙芽草

蛇莓属*Duchesnea*

蛇莓

地榆属*Sanguisorba*

地榆

绣线菊属*Spiraea*

乌拉绣线菊

高山绣线菊

山　桃

Amygdalus davidiana（Carrière）de Vos ex Henry

山桃，被子植物门，双子叶植物纲，蔷薇目，蔷薇科，桃属植物。别称山毛桃、毛桃、看桃、花桃、野桃、榹桃等。

乔木，高可达10m；树冠开展，树皮暗紫色，光滑；小枝细长，直立，幼时无毛，老时褐色。叶片卵状披针形，长5~13cm，宽1.5~4cm，先端渐尖，基部楔形，两面无毛，叶边具细锐锯齿；叶柄长1~2cm，无毛，常具腺体。花单生，先于叶开放，直径2~3cm；花梗极短或几无梗；花萼无毛；萼筒钟形；萼片卵形至卵状长圆形，紫色，先端圆钝；花瓣倒卵形或近圆形，长10~15mm，宽8~12mm，粉红色，先端圆钝，稀微凹；雄蕊多数，几与花瓣等长或稍短；子房被柔毛，花柱长于雄蕊或近等长。果实近球形，直径2.5~3.5cm，淡黄色，外面密被短柔毛；果肉薄而干，不可食，成熟时不开裂；核球形或近球形，两侧不压扁，顶端圆钝，基部截形，表面具纵、横沟纹和孔穴，与果肉分离。花期3—4月，果期7—8月。

常生于山坡、山谷沟底或荒野疏林及灌丛内。

蒙古扁桃

Amygdalus mongolica（Maxim.）Ricker

蒙古扁桃，被子植物门，双子叶植物纲，蔷薇目，蔷薇科，桃属植物。别称乌兰—布衣勒斯、山樱桃、土豆子。

灌木，高1~2m；枝条开展，多分枝，小枝顶端转变成枝刺；嫩枝红褐色，被短柔毛，老时灰褐色。短枝上叶多簇生，长枝上叶常互生；叶片宽椭圆形、近圆形或倒卵形，长8~15mm，宽6~10mm，先端圆钝，有时具小尖头，基部楔形，两面无毛，叶边有浅钝锯齿，侧脉约4对，下面中脉明显突起；叶柄长2~5mm，无毛。花单生，稀数朵簇生于短枝上；花梗极短；萼筒钟形，长3~4mm，无毛；萼片长圆形，与萼筒近等长，顶端有小尖头，无毛；花瓣倒卵形，长5~7mm，粉红色；雄蕊多数，长短不一致；子房被短柔毛；花柱细长，具短柔毛。果实宽卵球形，长12~15mm，宽约10mm，顶端具急尖头，外面密被柔毛；果梗短；果肉薄，成熟时开裂，离核；核卵形，长8~13mm，顶端具小尖头，基部两侧不对称，腹缝压扁，背缝不压扁，表面光滑，具浅沟纹，无孔穴；种仁扁宽卵形，浅棕褐色。花期5月，果期8月。

根系发达，耐旱、耐寒、耐瘠薄。常生长于荒漠、荒漠草原区的山地、丘陵、石质坡地、山前洪积平原及干河床等地。

山　杏

Armeniaca sibirica（L.）Lam.

山杏，被子植物门，双子叶植物纲，蔷薇目，蔷薇科，杏属植物。别称西伯利亚杏、西伯日~归勒斯、杏子、野杏等。

灌木或小乔木，高2~5m；树皮暗灰色；小枝无毛，稀幼时疏生短柔毛，灰褐色或淡红褐色。叶片卵形或近圆形，长5~10cm，宽4~7cm，先端长渐尖至尾尖，基部圆形至近心形，叶缘有细钝锯齿，两面无毛，稀下面脉腋间具短柔毛；叶柄长2~3.5cm，无毛。花单生，直径1.5~2cm，先于叶开放；花梗长1~2mm；花萼紫红色；萼筒钟形，基部微被短柔毛或无毛；萼片长圆状椭圆形，先端尖，花后反折；花瓣近圆形或倒卵形，白色或粉红色；雄蕊与花瓣近等长；子房被短柔毛。果实扁球形，直径1.5~2.5cm，黄色或橘红色，有时具红晕，被短柔毛；果肉较薄而干燥，味酸涩不可食，成熟时沿腹缝线开裂；核扁球形，易与果肉分离，两侧扁，顶端圆形，基部一侧偏斜，表面较平滑，腹面宽而锐利；种仁味苦。花期3—4月，果期6—7月。

黄河流域重要乡土树种，耐寒、耐旱、耐瘠薄，多生于干燥向阳山坡上、丘陵草原或与落叶乔灌木混生。

准噶尔栒子

Cotoneaster soongoricus（Regel et Herd.）Popov

准噶尔栒子，被子植物门，双子叶植物纲，蔷薇目，蔷薇科，栒子属植物。别称准噶尔总花栒子。

落叶灌木，高达1~2.5m；枝条开张，稀直升，小枝细瘦，圆柱形，灰褐色，嫩时密被皮灰色绒毛，成长时逐渐脱落。叶片广椭圆形、近圆形或卵形，长1.5~5cm，宽1~2cm，先端常圆钝而有小凸尖，有时微凹，基部圆形或宽楔形，上面无毛或具稀疏柔毛，叶脉常下陷，下面被白色绒毛，叶脉稍突起；叶柄长2~5mm，具绒毛；花3~12朵，成聚伞花序；花梗长2~3mm，被白色绒毛；花直径8~9mm；萼筒钟状，外被绒毛；萼片宽三角形，先端急尖，外有绒毛，内近无毛或无毛；花瓣平展，卵形至近圆形，先端圆钝，稀微凹，基部有短爪，内面近基部微具白色细柔毛；雄蕊18~20，稍短于花瓣，花药黄色；花柱2，离生，稍短于雄蕊；子房顶部密生白色柔毛。果实卵形至椭圆形，长7~10mm，红色，具1~2小核。花期5—6月，果期9—10月。

多生于海拔1 400~2 400m的干燥山坡、林缘或沟谷边。

伏毛山莓草

Sibbaldia adpressa Bge.

伏毛山莓草，被子植物门，双子叶植物纲，蔷薇目，蔷薇科，山莓草属植物。

多年生草本。根木质细长，多分枝。花茎矮小，丛生，高1.5~12cm，被绢状糙伏毛。基生叶为羽状复叶，托叶膜质，暗褐色，外面几无毛，有小叶2对，上面一对小叶基部下延与叶轴汇合，有时混生有3小叶，连叶柄长1.5~7cm；茎生叶1~2，托叶草质，绿色，披针形；顶生小叶片，倒披针形或倒卵长圆形，顶端截形，有2~3齿，极稀全缘，基部楔形，稀阔楔形；侧生小叶全缘，披针形或长圆披针形，长5~20mm，宽1.5~6mm，顶端急尖，基部楔形，上面暗绿色，伏生稀疏柔毛或脱落几无毛，下面绿色，被绢状糙伏毛。聚伞花序数朵，或单花顶生；花直径0.6~1cm；萼片三角卵形，顶端急尖，副萼片长椭圆形，顶端圆钝或急尖，比萼片略长或稍短，外面被绢状糙伏毛；花瓣黄色或白色，倒卵长圆形；雄蕊10，与萼片等长或稍短；花柱近基生。瘦果表面有显著皱纹。花果期5—8月。

多生长于农田边、砾石地、山坡草地以及河滩地。

蕨麻（鹅绒委陵菜）

Potentilla anserina L.

蕨麻，被子植物门，双子叶植物纲，蔷薇目，蔷薇科，委菱菜属植物。别称鹅绒委陵菜、延寿草、莲花菜、人参果、鸭子巴掌菜、河篦梳、蕨麻委陵菜、曲尖委陵菜等。

多年生匍匐草本，植株呈粗网状平铺在地面上。根肥大，富含淀粉。春季发芽，夏季长出众多紫红色的须茎，纤细的匍匐枝沿地表生长，可达97cm，节上生不定根、叶与花梗。羽状复叶，基生叶多数，叶丛直立状生长，高达15~25cm，叶柄长4~6cm，小叶15~17枚，无柄，长圆状倒卵形、长圆形，边缘有尖锯齿。叶正面深绿，背后密生白细绵毛。花鲜黄色，单生于由叶腋抽出的长花梗上，形成顶生聚伞花序。瘦果椭圆形，宽约1mm，褐色，表面微被毛。花期5—7月。

耐寒、耐旱、耐半阴、耐瘠薄，不择土壤。多生长于河滩沙地、潮湿草地、田边和路旁。

二裂委陵菜

Potentilla bifurca L

二裂委陵菜，被子植物门，双子叶植物纲，蔷薇目，蔷薇科，委陵菜属植物。别称痔疮草、叉叶委陵菜。

多年生草本或亚灌木。根圆柱形，纤细，木质。花茎直立或上升，高5~20cm，密被疏柔毛或微硬毛。羽状复叶，有小叶5~8对，最上面2~3对小叶基部下延与叶轴汇合，连叶柄长3~8cm；叶柄密被疏柔毛或微硬毛，小叶片无柄，对生，稀互生，椭圆形或倒卵椭圆形，长0.5~1.5cm，宽0.4~0.8cm，顶端常2裂，稀3裂，基部楔形或宽楔形，两面绿色，伏生疏柔毛；下部叶托叶膜质，褐色，外面被微硬毛，稀脱落几无毛，上部茎生叶托叶草质，绿色，卵状椭圆形，常全缘稀有齿。近伞房状聚伞花序，顶生，疏散；花直径0.7~1cm；萼片卵圆形，顶端急尖，副萼片椭圆形，顶端急尖或钝，比萼片短或近等长，外面被疏柔毛；花瓣黄色，倒卵形，顶端圆钝，比萼片稍长；心皮沿腹部有稀疏柔毛；花柱侧生，棒形，基部较细，顶端缢缩，柱头扩大。瘦果表面光滑。花果期5—9月。

多生于地边、道旁、沙滩、山坡草地、黄土坡上、半干旱荒漠草原及疏林下。

多裂委陵菜

Potentilla multifida L.

多裂委陵菜，被子植物门，双子叶植物纲，蔷薇目，蔷薇科，委陵菜属植物。别称白马肉、细叶委陵菜。

多年生草本，高20~40cm。直根圆柱形，木质化；根状茎短，多头，包被棕褐色老叶柄与托叶残余。茎斜升、斜倚或近直立；茎、总花梗与花梗都被长柔毛和短柔毛。单数羽状复叶，基生叶和茎下部叶具长柄，有伏生短柔毛，连叶柄长5~15cm，通常有小叶7，羽状深裂几达中脉，狭长椭圆形或椭圆形，长1~4cm，宽5~15mm，裂片条形或条状披针形，先端锐尖，边缘向下反卷，上面伏生短柔毛，下面被白色毡毛，沿主脉被绢毛，托叶膜质，棕色，先端分离部分条形，渐尖；茎生叶与基生叶同形，但叶柄较短，小叶较少，托叶草质，下半部与叶柄合生，上半部分离，披针形，长5~8mm，先端渐尖。伞房状聚伞花序生于茎顶端；花梗长5~20mm；花萼密被长柔毛与短柔毛，副萼片条状坡针形，长2~3mm，先端稍钝，萼片三角状卵形，长约4mm，先端渐尖；花萼各部果期增大；花直径10~12mm，花瓣黄色，宽倒卵形，长约6mm；花柱近顶生，基部明显增粗。瘦果椭圆形，褐色，稍具皱纹。花果期7—9月。

常生长在山坡草地、沟谷或林缘等处。

龙芽草

Agrimonia pilosa Ldb.

龙芽草，被子植物门，双子叶植物纲，蔷薇目，蔷薇科，龙芽草属植物。别称瓜香草、老鹤嘴、毛脚茵、仙鹤草、狼芽草、石打穿、金顶龙芽、山昆菜、路边黄、地仙草等。

多年生草本。根多呈块茎状，周围长出若干侧根，根茎短，基部常有1至数个地下芽。茎高30~120cm，被疏柔毛及短柔毛。叶为间断奇数羽状复叶，通常有小叶3~4对，稀2对，向上减少至3小叶，叶柄被稀疏柔毛或短柔毛；小叶片无柄或有短柄，倒卵形、倒卵椭圆形或倒卵披针形，长1.5~5cm，宽1~2.5cm，顶端急尖至圆钝，稀渐尖，基部楔形至宽楔形，边缘有急尖到圆钝锯齿，上面被疏柔毛，下面通常脉上伏生疏柔毛，有显著腺点；托叶草质，绿色，镰形，稀卵形，顶端急尖或渐尖，边缘有尖锐锯齿或裂片，稀全缘，茎下部托叶有时卵状披针形，常全缘。花序穗状总状顶生，花序轴被柔毛，花梗长1~5mm，被柔毛；苞片通常深3裂，裂片带形，小苞片对生，卵形，全缘或边缘分裂；花直径6~9mm；萼片5，三角卵形；花瓣黄色，长圆形；雄蕊常5~8枚；花柱2，丝状，柱头头状。果实倒卵圆锥形，外面有10条肋，被疏柔毛，顶端有数层钩刺，幼时直立，成熟时靠合，连钩刺长7~8mm，最宽处直径3~4mm。花果期5—12月。

常生于溪边、路旁、草地、灌丛、林缘及疏林下等处。

蛇 莓

Duchesnea indica（Andr.）Focke

蛇莓，被子植物门，双子叶植物纲，蔷薇目，蔷薇科，蛇莓属植物。别称蛇泡草、龙吐珠、鼻血果果、珠爪、蛇果、鸡冠果、野草莓、地莓、蚕莓、三点红、狮子尾、疗疮药、蛇蛋果、三皮风、三爪龙、蛇蓉草、小草莓、地杨梅、蛇不见、金蝉草、龙球草、蛇葡萄、蛇果藤、蛇含草、哈哈果、麻蛇果、九龙草、蛇龟草、红顶果、血疔草等。

多年生草本，全株有柔毛；根茎短，粗壮；匍匐茎多数，长30~100cm，有柔毛。小叶片倒卵形至菱状长圆形，长2~5cm，宽1~3cm，先端圆钝，边缘有钝锯齿，两面皆有柔毛，或上面无毛，具小叶柄；叶柄长1~5cm，有柔毛；托叶窄卵形至宽披针形，长5~8mm。花单生于叶腋；直径1.5~2.5cm；花梗长3~6cm，有柔毛；萼片卵形，长4~6mm，先端锐尖，外面有散生柔毛；副萼片倒卵形，长5~8mm，先端常具3~5锯齿；花瓣倒卵形，长5~10mm，黄色，先端圆钝；雄蕊20~30；心皮多数，离生；花托在果期膨大，海绵质，鲜红色，有光泽，直径10~20mm，外面有长柔毛。瘦果卵形，长约1.5mm，光滑或具不明显突起，鲜时有光泽。花期6—8月，果期8—10月。

多生于山坡、草地、路旁、沟边或田埂杂草中。

地　榆

Sanguisorba officinalis L.

地榆，被子植物门，双子叶植物纲，蔷薇目，蔷薇科，地榆属植物。别称黄爪香、玉札、山地瓜、猪人参、血箭草、山枣子等。

多年生草本，高30~120cm。根粗壮，多呈纺锤形，表面棕褐色或紫褐色，有纵皱及横裂纹，横切面黄白或紫红色。茎直立，有棱，无毛或基部有稀疏腺毛。基生叶为羽状复叶，有小叶4~6对，叶柄无毛或基部有稀疏腺毛；小叶片有短柄，卵形或长圆状卵形，长1~7cm，宽0.5~3cm，顶端圆钝稀急尖，基部心形至浅心形，边缘有多数粗大圆钝稀急尖的锯齿，两面绿色；茎生叶较少，小叶片有短柄至几无柄，长圆形至长圆披针形，狭长，基部微心形至圆形，顶端急尖；基生叶托叶膜质，褐色，外面无毛或被稀疏腺毛，茎生叶托叶大，草质，半卵形，外侧边缘有尖锐锯齿。穗状花序椭圆形，圆柱形或卵球形，直立，通常长1~4cm，横径0.5~1cm，从花序顶端向下开放，花序梗光滑或偶有稀疏腺毛；苞片膜质，披针形，顶端渐尖至尾尖，比萼片短或近等长，背面及边缘有柔毛；萼片4枚，紫红色，椭圆形至宽卵形，背面被疏柔毛，中央微有纵棱脊，顶端常具短尖头；雄蕊4枚，花丝丝状，与萼片近等长或稍短；子房外面无毛或基部微被毛，柱头顶端扩大，盘形，边缘具流苏状乳头。果实包藏在宿存萼筒内。花果期7—10月。

常生于灌丛中、山坡草地、草原、草甸、疏林下及向阳山坡等处。

乌拉绣线菊

Spiraea uratensis Franch.

乌拉绣线菊，子植物门，双子叶植物纲，蔷薇目，蔷薇科，绣线菊属植物。别称蒙古绣线菊。

灌木，高1.5m；小枝圆柱形或稍有棱，无毛；冬芽长卵形，先端长渐尖，有2枚外露的鳞片。叶片长圆卵形、长圆披针形或长圆倒披针形，长1~3cm，宽0.7~1.5cm，先端圆钝，基部楔形，全缘，两面无毛；叶柄长2~10mm，无毛。复伞房花序着生于侧生小枝顶端，具多数花朵，无毛；花梗长4~7mm；苞片披针形至长圆形；花直径4~6mm；萼筒钟状或近钟状，外面无毛，内面有短柔毛；萼片三角形，先端急尖，外面无毛，内面具稀疏短柔毛；花瓣近圆形，长与宽各1.5~2.5mm，白色；雄蕊20，长于花瓣；花盘圆环形，有10个肥厚的裂片，裂片先端圆钝或微凹；子房具短柔毛，花柱短于雄蕊。蓇葖果直立开张，微被短柔毛，花柱多着生于背部先端，稍倾斜开展，萼片直立。花期5—7月，果期7—8月。

耐寒、耐旱及耐瘠薄，多生于山沟、山坡或悬崖上。

高山绣线菊

Spiraea alpina Pall.

高山绣线菊，被子植物门，双子叶植物纲，蔷薇目，蔷薇科，绣线菊属植物。

灌木，高50~120cm；枝条直立或开张，小枝有明显棱角，幼时被短柔毛，红褐色，老时灰褐色，无毛；冬芽小，卵形，通常无毛，有数枚外露鳞片。叶片多数簇生，线状披针形至长圆倒卵形，长7~16mm，宽2~4mm，先端急尖或圆钝，基部楔形，全缘，无毛，下面灰绿色，具粉霜，叶脉不显著；叶柄短或几无柄。伞形总状花序具短总梗，有花3~15朵；花梗长5~8mm，无毛；苞片小，线形；花直径5~7mm；萼筒钟状，外面无毛，内面具短柔毛；萼片三角形，先端急尖，内面被短柔毛；花瓣倒卵形或近圆形，先端圆钝或微凹，长与宽各2~3mm，白色；雄蕊20，几与花瓣等长或稍短于花瓣；花盘显著，圆环形，具10个发达的裂片；子房外被短柔毛，花柱短于雄蕊。蓇葖果开张，无毛或仅沿腹缝线具稀疏短柔毛，花柱近顶生，开展，常具直立或半开张萼片。花期6—7月，果期8—9月。

耐寒、耐旱、耐瘠薄、耐阴湿，适应性强。生于向阳坡地或灌丛中。

豆科 Leguminosae

本科共收录40种植物。分属17属。

槐属*Sophora*

苦豆子

野决明属*Thermopsis*

披针叶野决明

骆驼刺属*Alhagi*

骆驼刺

草木犀属*Melilotus*

草木犀

细齿草木犀

白花草木犀

苜蓿属*Medicago*

杂交苜蓿

野苜蓿

紫苜蓿

天蓝苜蓿

百脉根属*Lotus*

百脉根

细叶百脉根

铃铛刺*Halimodendron*

铃铛刺

苦马豆属*Sphaerophysa*

苦马豆

甘草属*Glycyrrhiza*

甘草

圆果甘草

棘豆属*Oxytropis*

小花棘豆

包头棘豆

盐生棘豆

二色棘豆

砂珍棘豆

臭棘豆

猫头刺

黄耆属*Astragalus*

斜茎黄耆

达乌里黄耆

灰叶黄耆

乳白黄耆

岩黄耆属*Hedysarum*

多序岩黄耆

细枝岩黄耆

米口袋属*Gueldenstaedtia*

米口袋

狭叶米口袋

锦鸡儿属*Caragana*

矮脚锦鸡儿

狭叶锦鸡儿

柠条锦鸡儿

胡枝子属*Lespedeza*

阴山胡枝子

牛枝子

兴安胡枝子

截叶铁扫帚

车轴草属*Trifolium*

白车轴草

野豌豆属*Vicia*

毛苕子

苦豆子

Sophora alopecuroides L.

苦豆子，被子植物门，双子叶植物纲，蔷薇目，豆科，槐属植物。别称布亚。

草本，或基部木质化成亚灌木状，高约1m。枝被白色或淡灰白色长柔毛或贴伏柔毛。羽状复叶；叶柄长1~2cm；托叶钻状，长约5mm，常早落；小叶7~13对，对生或近互生，纸质，披针状长圆形或椭圆状长圆形，长15~30mm，宽约10mm，先端钝圆或急尖，常具小尖头，基部宽楔形或圆形，上面被疏柔毛，下面毛较密，中脉上面常凹陷，下面隆起。总状花序顶生；花多数，密生；花梗长3~5mm；苞片似托叶；花萼斜钟状，5萼齿明显，不等大，三角状卵形；花冠白色或淡黄色，旗瓣通常为长圆状倒披针形，长15~20mm，宽3~4mm，先端圆或微缺，或明显呈倒心形，基部渐狭或骤狭成柄，翼瓣常单侧生，长约16mm，卵状长圆形，具三角形耳，皱褶明显，龙骨瓣与翼瓣相似，先端明显具突尖，背部明显呈龙骨状盖叠，柄纤细，长约为瓣片的1/2，具1三角形耳，下垂；雄蕊10，花丝不同程度连合，有时近两体雄蕊，连合部分疏被极短毛，子房密被白色近贴伏柔毛，柱头圆点状，被稀少柔毛。荚果串珠状，长8~13cm，具多数种子；种子卵球形，稍扁，褐色或黄褐色。花期5—6月，果期8—10月。

属中旱生植物，耐盐碱、耐沙埋、抗风蚀，多生长于半固定沙丘和固定沙丘的低湿处，地下水位较高的低湿地、湖盆沙地、绿洲边缘及农区的沟旁和田边地头。

披针叶野决明

Thermopsis lanceolata R. Br.

披针叶野决明，被子植物门，双子叶植物纲，蔷薇目，豆科，野决明属植物。别称披针叶黄华、牧马豆。

多年生草本，高20~100m。全株密生白色长柔毛。根直，淡黄棕色。茎直立，稍有分枝。小叶常为3，互生；叶片长圆状倒卵形至倒披针形，长3~8.5cm，宽0.7~1.5cm；先端急尖，基部楔形，背面密生紧贴的短柔毛，全缘；托叶2，披针形，基部连合。总状花序顶生；苞片3个轮生，基部连合；花轮生，长约3cm；萼筒状，5裂，长约1.5cm，密生平伏短柔毛；花冠蝶形，黄色，长约2cm，旗瓣近圆形，长2.5~2.7cm，先端微凹，基部有爪，翼瓣稍短，龙骨瓣半圆形，短于翼瓣；雄蕊10，分离，稍弯。荚果扁，条形，长5~9cm，宽6~10mm，浅棕色，先端有长喙，密生短柔毛。种子卵状球形或近肾形，黑褐色，有光泽。花期6—7月，果期8—9月。

多生于山坡草地、河边及沙砾地。

骆驼刺

Alhagi sparsifolia Shap.

骆驼刺，被子植物门，双子叶植物纲，蔷薇目，豆科，骆驼刺属植物。别称骆驼草。

半灌木，高25~40cm。根系发达，一般达20m。茎直立，具细条纹，无毛或幼茎具短柔毛，从基部开始分枝，枝条平行上升。叶互生，卵形、倒卵形或倒圆卵形，长8~15mm，宽5~10mm，先端圆形，具短硬尖，基部楔形，全缘，无毛，具短柄。总状花序，腋生，花序轴变成坚硬的锐刺，刺长为叶的2~3倍，无毛，当年生枝条的刺上具花3~6朵，老茎的刺上无花；花长8~10mm；苞片钻状，长约1mm；花梗长1~3mm；花萼钟状，长4~5mm，被短柔毛，萼齿三角状或钻状三角形，长为萼筒的1/3至1/4；花冠深紫红色，旗瓣倒长卵形，长8~9mm，先端钝圆或截平，基部楔形，具短瓣柄，冀瓣长圆形，长为旗瓣的3/4，龙骨瓣与旗瓣约等长；子房线形，无毛。荚果线形，常弯曲，几无毛。6月开花，8月最盛。常生长于沙荒地、盐渍化低湿地和覆沙戈壁上。本区域内多见于鄂尔多斯高原。

草木犀

Melilotus officinalis（L.）Pall.

草木犀，被子植物门，双子叶植物纲，蔷薇目，豆科，草木犀属植物。别称辟汗草、黄香草木犀、铁扫把、败毒草、省头草、香马料、野苜蓿、黄花草、野木樨等。

二年生草本，高40~100cm。茎直立，粗壮，多分枝，具纵棱，微被柔毛。羽状三出复叶；托叶镰状线形，长3~5 mm，中央有1条脉纹，全缘或基部有1尖齿；叶柄细长；小叶倒卵形、阔卵形、倒披针形至线形，长15~25mm，宽5~15mm，先端钝圆或截形，基部阔楔形，边缘具不整齐疏浅齿，上面无毛，下面散生短柔毛，侧脉8~12对，平行直达齿尖，顶生小叶稍大，具较长的小叶柄，侧小叶的小叶柄短。总状花序长6~15cm，腋生，具花30~70朵，初稠密，渐疏松；苞片刺毛状，长约1mm；花长3.5~7mm；花梗与苞片等长或稍长；萼钟形，长约2mm，脉纹5条，萼齿三角状披针形，稍不等长，比萼筒短；花冠黄色，旗瓣倒卵形，与翼瓣近等长，龙骨瓣稍短或三者均近等长；雄蕊筒在花后，常宿存，包于果外；子房卵状披针形，胚珠6~8粒，花柱长于子房。荚果卵形，长3~5mm，宽约2mm，先端具宿存花柱，表面具凹凸不平的横向细网纹，棕黑色；有种子1~2粒。种子卵形，长2.5mm，黄褐色，平滑。花期5—9月，果期6—10月。

耐旱、耐寒、耐瘠性、耐盐碱性均较强，多生于山坡、河岸、路旁、沙质草地及林缘。

细齿草木犀

Melilotus dentatus（Waldst. et Kit.）Pers.

细齿草木犀，被子植物门，双子叶植物纲，蔷薇目，豆科，草木犀属植物。

二年生草本，高20~50cm。茎直立，圆柱形，具纵长细棱，无毛。羽状三出复叶；托叶披针形至狭三角形，长6~12mm，先端长锥尖，基部半戟形，具2~3尖齿或缺裂；叶柄细，通常比小叶短；小叶长椭圆形至长圆状披针形，长20~30mm，宽5~13mm，先端圆，中脉从顶端伸出成细尖，基部阔楔形或钝圆，上面无毛，下面稀被细柔毛，侧脉15~20对，平行分叉直伸出叶缘成尖齿，两面均隆起，顶生小叶稍大，小叶柄较长。总状花序腋生，长3~5cm，果期可达8~10cm，花20~50朵，排列疏松；苞片刺毛状，被细柔毛；花长3~4mm；花梗长约1.5mm；萼钟形，长近2mm，萼齿三角形，比萼筒短或等长；花冠黄色，旗瓣长圆形，稍长于翼瓣和龙骨瓣；子房卵状长圆形，无毛，花柱稍短于子房；有胚珠2粒。荚果近圆形至卵形，长4~5mm，宽2~2.5mm，先端圆，表面具网状细脉纹，腹缝呈明显的龙骨状增厚，褐色；有种子1~2粒。种子圆形，径约1.5mm，橄榄绿色。花期7—9月。

多生于草地、林缘、低湿地草甸或湖滨以及黄河两岸的河漫滩。

白花草木犀

Melilotus albus Medic. ex Desr.

白花草木犀，被子植物门，双子叶植物纲，蔷薇目，豆科，草木犀属植物。别称白香草木犀、白甜车轴草。

一、二年生草本，高70~200cm。茎直立高大，圆柱形，中空，多分枝，几无毛。羽状三出复叶；托叶尖刺状锥形，长6~10mm，全缘；纤细叶柄比小叶短；小叶长圆形或倒披针状长圆形，长15~30cm，先端钝圆，基部楔形，边缘疏生浅锯齿，上面无毛，下面被细柔毛，侧脉12~15对，平行直达叶缘齿尖，顶生小叶稍大，小叶柄较长，侧小叶小叶柄短。总状花序长8~20cm，腋生，花40~100朵，排列疏松；苞片线形；花梗短，萼钟形，微被柔毛，萼齿三角状披针形，短于萼筒；花冠白色，旗瓣椭圆形，稍长于翼瓣，龙骨瓣与翼瓣等长或稍短；子房卵状披针形，上部渐窄至花柱，无毛，胚珠3~4粒。荚果椭圆形至长圆形，先端锐尖，具尖喙，表面脉纹细，网状，棕褐色，老熟后变黑褐色；有种子1~2粒。种子卵形，长约2mm，棕色，表面具细瘤点。花期5—7月，果期7—9月。

耐瘠薄、耐盐碱、抗寒、抗旱，多生于杂草地、河漫滩等处。

杂交苜蓿

Medicago SP. var. *Martyn*

杂交苜蓿，被子植物门，双子叶植物纲，蔷薇目，豆科，苜蓿属植物。

多年生草本，高60~120cm，茎直立、平卧或上升，具四棱，多分枝，上部微被开展柔毛。羽状三出复叶；托叶披针形，先端渐尖，基部稍具齿裂，脉纹清晰；下部叶柄较小叶长，上部均比小叶短；小叶长倒卵形至椭圆形，纸质，近等大，长10~25mm，宽5~10mm，先端钝圆，基部钝圆或阔楔形，叶缘中部以上具浅锯齿，上面无毛，下面微被贴伏柔毛，侧脉8对；顶生小叶具稍长小叶柄。花序长圆形，花8~15朵，初时紧密，后疏松；总花梗挺直，腋生比叶长；苞片线状锥形，通常比花梗短；花长9~10mm；花梗长2~3mm；萼钟形，微被毛，萼齿披针状三角形，与萼筒等长或稍长；花冠各色，花期内由灰黄色转蓝色、紫色至深紫色，也有棕红色的，旗瓣卵状长圆形，常带条状色纹，先端微凹，比翼瓣和龙骨瓣长，翼瓣与龙骨瓣几等长，均钝头，并具瓣柄；子房线形，被柔毛，花柱短，略弯曲，柱头头状，胚珠6~8粒。荚果旋转0.5~2圈，松卷，径7~9 mm，中央有孔，被贴伏柔毛，脉纹不清晰；有种子3~6粒。种子卵形，棕色。花期7—8月。

常生于田边、路旁、旷野、草原、河岸及沟谷等地。

野苜蓿

Medicago falcata L. var. *Falcata*

野苜蓿，被子植物门，双子叶植物纲，蔷薇目，豆科，苜蓿属植物。

多年生草本，高40~100cm。主根粗壮，木质，须根发达。茎平卧或上升，圆柱形，多分枝。羽状三出复叶；托叶披针形至线状披针形，先端长渐尖，基部戟形，全缘或稍具锯齿，脉纹明显；叶柄细，比小叶短；小叶倒卵形至线状倒披针形，长5~15mm，宽2~5mm，先端近圆形，具刺尖，基部楔形，边缘上部1/4具锐锯齿，上面无毛，下面被贴伏毛，侧脉12~15对；顶生小叶稍大。花序短总状，长1~4cm，具花6~25朵，稠密；总花梗腋生，挺直，与叶等长或稍长；苞片针刺状，长约1mm；花长6~11mm；花梗长2~3mm，被毛；萼钟形，被贴伏毛，萼齿线状锥形，比萼筒长；花冠黄色，旗瓣长倒卵形，翼瓣和龙骨瓣等长，均比旗瓣短；子房线形，被柔毛，花柱短，略弯，胚珠2~5粒。荚果镰形，长8~15mm，宽2.5~4mm，脉纹细，斜向，被贴伏毛；有种子2~4粒。种子卵状椭圆形，长2mm，宽1.5mm，黄褐色，胚根处凸起。花期6—8月，果期7—9月。

耐寒抗旱，耐盐碱，多生于山坡、草原及河岸杂草丛中。

紫苜蓿

Medicago sativa L.

紫苜蓿，被子植物门，双子叶植物纲，蔷薇目，豆科，苜蓿属植物。别称紫花苜蓿、苜蓿、牧蓿、路蒸。

多年生草本，高30~100cm。根粗壮发达。茎直立、丛生以致平卧，四棱形，无毛或微被柔毛，枝叶茂盛。羽状三出复叶；托叶卵状披针形，先端锐尖，基部全缘或具1~2齿裂，脉纹清晰；叶柄比小叶短；小叶长卵形、倒长卵形至线状卵形，顶生小叶稍大，长10~25mm，宽3~10mm，纸质，先端钝圆，具由中脉伸出的长齿尖，基部狭窄，楔形，边缘1/3以上具锯齿，上面无毛，深绿色，下面被贴伏柔毛，侧脉8~10对。花序总状或头状，长1~2.5cm，具花5~30朵；总花梗挺直，比叶长；苞片线状锥形，比花梗长或等长；花长6~12mm；花梗短，长约2mm；萼钟形，长3~5mm，萼齿线状锥形，比萼筒长，被贴伏柔毛；花冠各色：淡黄、深蓝至暗紫色，花瓣均具长瓣柄，旗瓣长圆形，先端微凹，明显较翼瓣和龙骨瓣长，翼瓣较龙骨瓣稍长；子房线形，具柔毛，花柱短阔，上端细尖，柱头点状，胚珠多数。荚果螺旋状紧卷2~6圈，中央无孔或近无孔，径5~9mm，被柔毛或渐脱落，脉纹细，不清晰，熟时棕色；有种子10~20粒。种子卵形，长1~2.5mm，平滑，黄色或棕色。花期5—7月，果期6—8月。

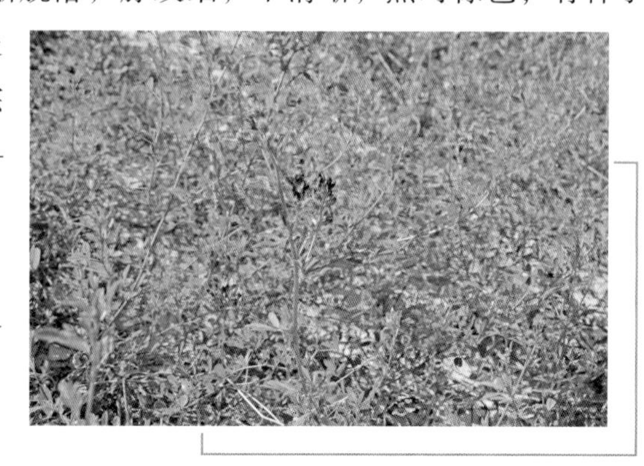

多生于田边、路旁、旷野、草原、河岸及沟谷等地。

天蓝苜蓿

Medicago lupulina L.

天蓝苜蓿，被子植物门，双子叶植物纲，蔷薇目，豆科，苜蓿属植物。别称天蓝、杂花苜蓿。

一、二年生或多年生草本，高15~60cm，全株被柔毛或有腺毛。主根浅，须根发达。茎平卧或上升，多分枝，叶茂盛。羽状三出复叶；托叶卵状披针形，长可达1cm，先端渐尖，基部圆或戟状，常齿裂；下部叶柄较长，长1~2cm，上部叶柄比小叶短；小叶倒卵形、阔倒卵形或倒心形，长5~20mm，宽4~16mm，纸质，先端多少截平或微凹，具细尖，基部楔形，边缘在上半部具不明显尖齿，两面均被毛，侧脉近10对，平行达叶边，几不分叉；顶生小叶较大，小叶柄长2~6mm，侧生小叶柄短。花序小头状，花10~20朵；总花梗细，挺直，比叶长，密被贴伏柔毛；苞片刺毛状，甚小；花长2~2.2mm；花梗短，长不到1mm；萼钟形，长2mm，密被毛，萼齿线状披针形，稍不等长，比萼筒略长或等长；花冠黄色，旗瓣近圆形，顶端微凹，冀瓣和龙骨瓣近等长，均比旗瓣短：子房阔卵形，被毛，花柱弯曲，胚珠1粒。荚果肾形，长3mm，宽2mm，表面具同心弧形脉纹，被稀疏毛，熟时变黑；有种子1粒。种子卵形，褐色，平滑。花期7—9月，果期8—10月。

多生于湿或稍湿草地、河岸、路旁或盐碱地。

百脉根

Lotus corniculatus Linn.

百脉根，被子植物门，双子叶植物纲，蔷薇目，豆科，百脉根属植物。别称五叶草、牛角花、黄金花、鸟距草、鸟足豆等。

多年生草本，高15~50cm，全株生稀疏白色柔毛或秃净。具主根。茎丛生，平卧或上升，实心，近四棱形。羽状复叶小叶5枚；叶轴4~8mm，疏被柔毛，顶端3小叶，基部2小叶呈托叶状，纸质，斜卵形至倒披针状卵形，长5~15mm，宽4~8mm，中脉不清晰；小叶柄短，长约1mm，密被黄色长柔毛。伞形花序；总花梗长3~10cm；花3~7朵集生于总梗顶端，长9~15mm；花梗短，基部有苞片3枚；苞片叶状，与萼等长，宿存；萼钟形，长5~7mm，宽2~3mm，无毛或稀被柔毛，萼齿近等长，狭三角形，渐尖，与萼筒等长；花冠黄色或金黄色，干后常变蓝色，旗瓣扁圆形，瓣片和瓣柄几等长，长10~15mm，宽6~8mm，翼瓣和龙骨瓣等长，均略短于旗瓣，龙骨瓣呈直角三角形弯曲，喙部狭尖；雄蕊两体，花丝分离部略短于雄蕊筒；花柱直，等长于子房成直角上指，柱头点状，子房线形，无毛，胚珠35~40粒。荚果直，线状圆柱形，长20~25mm，径2~4mm，褐色，二瓣裂，扭曲。种子细小，卵圆形，长1mm，灰褐色。花期5—9月，果期7—10月。

耐瘠、耐湿、耐阴，稍耐盐碱，本区多为栽培牧草。

细叶百脉根

Lotus tenuis

细叶百脉根，被子植物门，双子叶植物纲，蔷薇目，豆科，百脉根属植物。

多年生草本，高20~100cm，无毛或微被疏柔毛。茎细柔，直立，节间较长，中空。羽状复叶小叶5枚；叶轴长2~3mm；小叶线形至长圆状线形，长12~25mm，宽2~4mm，短尖头，大小略不等，中脉不清晰；小叶柄短，几无毛。伞形花序；总花梗纤细，长3~8cm；花1~3朵，顶生，长8~13mm；苞片1~3枚，叶状，比萼长1.5~2倍；花梗短；萼钟形，长5~6mm，宽3mm，几无毛，萼齿狭三角形渐尖，与萼筒等长；花冠黄色带细红脉纹，旗瓣圆形，稍长于翼瓣和龙骨瓣，翼瓣略短；雄蕊两体，上方离生1枚较短，其余9枚5长4短，分列成二组；花柱直，无毛，直角上指，子房线形，胚珠多数。荚果直，圆柱形，长2~4cm，径2mm；种子球形，径约1mm，橄榄绿色，平滑。花期5—8月，果期7—9月。

多生于潮湿的沼泽地边缘或湖旁草地。

铃铛刺

Halimodendron halodendron（Pall.）Voss

铃铛刺，被子植物门，双子叶植物纲，蔷薇目，豆科，铃铛刺属植物。别称盐豆木、耐碱树等。

灌木，高0.5~2m。树皮暗灰褐色；分枝密，具短枝；长枝褐色至灰黄色，有棱，无毛；当年生小枝密被白色短柔毛。叶轴宿存，呈针刺状；小叶倒披针形，长1.2~3cm，宽6~10mm，顶端圆或微凹，有凸尖，基部楔形，初时两面密被银白色绢毛，后渐无；小叶柄极短。总状花序生2~5花；总花梗长1.5~3cm，密被绢质长柔毛；花梗细，长5~7mm；花长1~1.6cm；小苞片钻状，长约1mm；花萼长5~6mm，密被长柔毛，基部偏斜，萼齿三角形；旗瓣边缘稍反折，翼瓣与旗瓣近等长，龙骨瓣较翼瓣稍短；子房无毛，有长柄。荚果长1.5~2.5cm，宽0.5~1.2cm，背腹稍扁，两侧缝线稍下凹，无纵隔膜，先端有喙，基部偏斜，裂瓣通常扭曲；种子小，微呈肾形。花果期7—8月。

常生于荒漠盐化沙土和河流沿岸的盐质土上。

苦马豆

Sphaerophysa salsula（Pall.）DC.

苦马豆，被子植物门，双子叶植物纲，蔷薇目，豆科，苦马豆属植物。别称羊尿泡、马尿泡、羊卵泡、尿泡草、泡泡豆、鸦食花、爆竹花、红苦豆、洪呼图—额布斯、苦黑子、红花苦豆子、羊吹泡。

半灌木或多年生草本，茎直立或下部匍匐，常高0.3~0.6m。枝开展，具纵棱脊，被疏至密的灰白色丁字毛。托叶线状披针形，三角形至钻形。叶轴长5~8.5cm，上面具沟槽；小叶11~21片，倒卵形至倒卵状长圆形，长5~15mm，宽3~10mm，先端微凹至圆，具短尖头，基部圆至宽楔形，上面疏被毛至无毛，侧脉不明显；小叶柄短，被白色细柔毛。总状花序常较叶长，长6.5~13cm，生6~16花；苞片卵状披针形；花梗长4~5mm，密被白色柔毛，小苞片线形至钻形；花萼钟状，萼齿三角形，上边2齿较宽短，外面被白色柔毛；花冠初呈鲜红色，后变紫红色，旗瓣瓣片近圆形，向外反折，先端微凹，基部具短柄，翼瓣较龙骨瓣短，先端圆，基部具微弯瓣柄及先端圆的耳状裂片，龙骨瓣长13mm，宽4~5mm，瓣柄长约4.5mm，裂片近成直角，先端钝；子房近线形，密被白色柔毛，花柱弯曲，仅内侧疏被纵列髯毛，柱头近球形。荚果椭圆形至卵圆形，膨胀，长1.7~3.5cm，直径1.7~1.8cm，先端圆，果颈长约10mm，果瓣膜质，外面疏被白色柔毛，缝线上较密；种子肾形至近半圆形，长约2.5mm，褐色，珠柄长1~3mm，种脐圆形凹陷。花期5—8月，果期6—9月。

多生于河边、沟旁、地埂、沙质土地和盐碱地上。

甘 草

Glycyrrhiza uralensis Fisch.

甘草，被子植物门，双子叶植物纲，蔷薇目，豆科，甘草属植物。别称甜草根、红甘草、粉甘草、乌拉尔甘草、国老、甜草、甜根子。

多年生草本，根与根状茎粗壮，直径1~3cm，外皮褐色，里面淡黄色，具甜味。茎直立，多分枝，高30~120cm，密被鳞片状腺点、刺毛状腺体及白色或褐色的绒毛。叶长5~20cm，托叶三角状披针形，长约5mm，宽约2mm，两面密被白色短柔毛；叶柄密被褐色腺点和短柔毛；小叶5~17枚，卵形、长卵形或近圆形，长1.5~5cm，宽0.8~3cm，上面暗绿色，下面绿色，两面密被黄褐色腺点及短柔毛，顶端钝，具短尖，基部圆，边缘全缘或微呈波状，多少反卷。总状花序腋生，总花梗短于叶，密生褐色的鳞片状腺点和短柔毛；苞片长圆状披针形，长3~4mm，褐色，膜质；花萼钟状，长7~14mm，基部偏斜并膨大呈囊状，萼齿5，与萼筒近等长，上部2齿大部分连合；花冠紫色、白色或黄色，长10~24mm，旗瓣长圆形，顶端微凹，基部具短瓣柄，翼瓣短于旗瓣，龙骨瓣短于翼瓣；子房密被刺毛状腺体。荚果弯曲呈镰刀状或呈环状，密集成球，密生瘤状突起和刺毛状腺体。种子3~11，暗绿色，圆形或肾形，长约3mm。花期6—8月，果期7—10月。

多生长在干旱、半干旱的荒漠草原、沙漠边缘和黄土丘陵地带。

圆果甘草

Glycyrrhiza squamulosa Franch.

圆果甘草，被子植物门，双子叶植物纲，蔷薇目，豆科，甘草属植物。

多年生草本；根与根状茎细长，外面灰褐色，里面淡黄色，无甜味。茎直立，多分枝，高30~60cm，密被黄色鳞片状腺点，无毛或疏被白色短柔毛。叶长5~15cm；托叶披针形，长2~3mm，疏被白色短柔毛及腺点；叶柄密被鳞片状腺点，疏被短柔毛；小叶9~13，长椭圆形至长圆状倒卵形，顶端圆，通常微凹，基部楔形，边缘具微小的刺毛状细齿，上面深绿色，下面灰绿色，两面均密被鳞片状腺点。总状花序腋生，具多数花；总花梗长于叶；苞片披针形，膜质；花萼钟状，长2.5~3.5mm；花萼与总花梗密被鳞片状腺点及疏生短柔毛；萼齿5，披针形，长1~1.5mm，上部的2齿稍连合；花冠白色，背面密被黄色腺点，旗瓣卵状长圆形，长57mm，宽2.5~3.5mm，瓣柄长约1mm，翼瓣长4~5mm，龙骨瓣直，稍短于翼瓣。荚果近圆形或圆肾形，长5~10mm，宽4~7mm，背面突，腹面平，顶端具小短尖，成熟时褐色，表面具瘤状突起，密被黄色鳞片状腺点。种子2枚，绿色，肾形，长约2mm，宽约1.5mm。花期5—7月，果期6—9月。

常生于河岸阶地、路边、荒地与盐碱地。

小花棘豆

Oxytropis glabra（Lam.）DC.

小花棘豆，被子植物门，双子叶植物纲，蔷薇目，豆科，棘豆属植物。别称马绊肠、醉马草、绊肠草等。

多年生草本，高20~80cm。根细而直伸。茎分枝多，直立或铺散。长30~70cm，无毛或疏被短柔毛，绿色。羽状复叶长5~15cm；托叶草质，卵形或披针状卵形，长5~10mm，无毛或微被柔毛；叶轴疏被开展或贴伏短柔毛；小叶11~19，披针形或卵状披针形，长5~25mm，宽3~7mm，先端尖或钝，基部宽楔形或圆形，上面无毛，下面微被贴伏柔毛。多花组成稀疏总状花序，长4~7cm；总花梗长5~12cm，常较叶长，被开展的白色短柔毛；苞片膜质，狭披针形，长约2mm，先端尖，疏被柔毛；花长6~8mm；花梗长1mm；花萼钟形，长42mm，萼齿披针状锥形，长1.5~2mm；花冠淡紫色或蓝紫色，旗瓣长7~8mm，瓣片圆形，先端微缺，翼瓣长6~7mm，先端全缘，龙骨瓣长5~6mm，喙长0.25~0.5mm；子房疏被长柔毛。荚果膜质，长圆形，膨胀，下垂，长10~20mm，宽3~5mm，喙长1~1.5mm，腹缝具深沟，背部圆形，疏被贴伏白色短柔毛或混生黑、白柔毛，后期无毛，1室；果梗长1~2.5mm。花期6—9月，果期7—9月。

多生于沟渠旁、荒地、田边及低洼盐碱地。

包头棘豆

Oxytropis glabra（Lam.）DC. var. *drakeana*（Franch.）C. W. Chang

包头棘豆，被子植物门，双子叶植物纲，蔷薇目，豆科，棘豆属植物。

多年生草本，高10~30cm。茎伸长，分枝呈弯曲的“之”字状，被贴伏柔毛，稀被短柔毛。小叶长圆形，先端渐尖，具小尖头，基部圆形，上面无毛，下面疏被柔毛。腋生总状花序，花排列稀疏；总花梗较叶长；花冠紫色，旗瓣倒卵形，先端近截形，微凹或具细尖。荚果长椭圆形，膨胀，密被柔毛。花期6—7月，果期7—8月。

常生于海拔800~2 700m的盐土草滩、沙海子、山坡及河流两岸的沙地。

盐生棘豆

Oxytropis salina Vass.

盐生棘豆，被子植物门，双子叶植物纲，蔷薇目，豆科，棘豆属植物。

多年生草本，密丛生，绿色。茎缩短，分枝极多，细弱，长5~10cm，被疏柔毛。羽状复叶长2~5cm；托叶草质，离生，披针形，被短硬毛；叶柄与叶轴被贴伏疏柔毛或近无毛；小叶15~25对，椭圆形或披针形，长3~6mm，宽1~2mm，先端尖，基部圆形，两面被贴伏疏柔毛。5~7花组成宽椭圆形或近头形总状花序，花排列较疏；总花梗细，长3~7cm，较叶长或等长；苞片线状披针形，与花梗等长，被疏柔毛；花长约7mm；花萼钟状，长3~4mm，被贴伏白色和黑色疏柔毛，萼齿线状披针形，稍短于萼筒；花冠蓝紫色，旗瓣长6~7mm，瓣片圆形，先端微缺，翼瓣短于旗瓣，龙骨瓣与冀瓣等长，喙长0.3~0.5mm。荚果近膜质，椭圆形，长10~12mm，宽3~4mm，喙长2mm，被贴伏短黑色疏柔毛；果梗长1~1.5mm。花果期7—8月。

常生于草甸盐土上。

二色棘豆

Oxytropis bicolor Bunge

二色棘豆，被子植物门，双子叶植物纲，蔷薇目，豆科，棘豆属植物。别称地角儿苗、鸡咀咀、猫爪花、地丁、人头草。

多年生草本。茎极短。羽状复叶长4~20cm；托叶卵状披针形，密被长柔毛，与叶柄连合；小叶7~17对，4片轮生，少有2片对生，披针形，长3~23mm，宽1.5~6.5mm，两面有密长柔毛，先端急尖，基部圆形。花多数，排列成或疏或密的总状花序；花萼筒状，长约9mm，宽2.5~3mm，密生长柔毛，萼齿三角形，长为筒部的1/5；花冠蓝色，旗瓣菱状卵形，干后有绿色斑，连爪长约16mm；子房有短柄。荚果矩圆形，长17mm，宽约5mm，密生长柔毛，2室。种子宽肾形，长约2mm，暗褐色。花果期4—9月。

多生于干燥坡地、沙地、堤坝或路旁。

砂珍棘豆

Oxytropis racemosa Turcz.

砂珍棘豆，被子植物门，双子叶植物纲，蔷薇目，豆科，棘豆属植物。别称砂棘豆、鸡嘴豆、泡泡豆、毛抓抓、泡泡草。

多年生草本，高5~15cm。全株被长柔毛。根淡褐色，圆柱形，较长。茎缩短，多头。轮生羽状复叶长5~14cm；托叶膜质，卵形，大部与叶柄贴生，分离部分先端尖，被柔毛；叶柄与叶轴有细沟纹。密被长柔毛；小叶轮生，6~12轮，每轮4~6片，有时为2小叶对生，长圆形、线形或披针形，长5~10mm，宽1~2mm，先端尖，基部楔形，边缘有时内卷，两面密被贴伏长柔毛。顶生头形总状花序；总花梗长6~15cm，被微卷曲绒毛；苞片披针形，比花萼短而宿存；花长8~12mm；花萼管状钟形，长5~7mm，萼齿线形，长1.5~3mm，被短柔毛；花冠红紫色或淡紫红色，旗瓣匙形，长12mm，先端圆或微凹，基部渐狭成瓣柄，翼瓣卵状长圆形，长11mm，龙骨瓣长9.5mm，喙长2~2.5mm；子房微被毛或无毛，花柱先端弯曲。荚果膜质，卵状球形，膨胀，长约10mm，先端具钩状短喙，腹缝线内凹，被短柔毛，隔膜宽约0.5mm，不完全2室。种子肾状圆形，长约1mm，暗褐色。花期5—7月，果期6—10月。

多生于沙滩、沙荒地、沙丘、沙质坡地及丘陵地区阳坡。

臭棘豆

Oxytropis chiliophylla Royle ex Benth.

臭棘豆，被子植物门，双子叶植物纲，蔷薇目，豆科，棘豆属植物。别称轮叶棘豆、多叶棘豆、密叶棘豆、达夏等。

多年生草本，植株高10~15cm。茎长2~3cm，基部被宿存的托叶和叶柄所包。叶长4~5cm；托叶披针形，膜质，密被淡黄色长柔毛和腺点；叶柄与叶轴疏被长柔毛和腺点；小叶多数，轮生，卵形或长圆形，长2~3cm，宽约1mm，边缘内卷，两面密被短柔毛和腺点。花3~6朵排成总状花序；总花梗短于叶，密被长柔毛和腺点；苞片卵形，长约1cm，密生腺点；花萼长约1.4cm，密被白色、黑色的长柔毛和腺点，萼齿长及萼管的1/4；花冠紫色，旗瓣长约2.4cm，翼瓣长约2cm，龙骨瓣与翼瓣近等长，先端的喙长约2mm；子房密被绢质长柔毛。荚果镰状长圆形，长2~3cm，宽5~7mm，被白色或与黑色混杂的长柔毛和疣状腺点。花果期5—8月。

常生于山坡碎石地、山顶、山坡草地、河滩、湖盆地等处。

猫头刺

Oxytropis aciphylla Ledeb.

猫头刺，被子植物门，双子叶植物纲，蔷薇目，豆科，棘豆属植物。别称刺叶柄棘豆、鬼见愁、老虎爪子。

矮小半灌木，高8~20cm。根粗壮发达。茎多分枝，开展，植丛呈球状。偶数羽状复叶；托叶膜质，彼此合生，下部与叶柄贴生，先端平截或呈二尖，后撕裂，被贴伏白色柔毛或无毛；叶轴宿存，木质化，长2~6cm，下部粗壮，先端尖锐呈硬刺状，老时淡黄色或黄褐色，嫩时灰绿色，密被贴伏绢状柔毛；小叶4~6对，线形或长圆状线形，长5~18mm，宽1~2mm，先端渐尖，基部楔形，边缘常内卷。1~2花组成腋生总状花序；总花梗长3~10mm，密被贴伏白色柔毛；苞片膜质，披针状钻形；花萼筒状，长8~15mm，宽3~5mm，花后稍膨胀，密被贴伏长柔毛，萼齿锥状，长约3mm；花冠红紫色、蓝紫色至白色，旗瓣倒卵形，长13~24mm，宽7~10mm，先端钝，基部渐狭成瓣柄，冀瓣长12~20mm，宽3~4mm，龙骨瓣长11~13mm，喙长1~1.5mm；子房圆柱形，花柱先端弯曲，无毛。荚果硬革质，长圆形，长10~20mm，宽4~5mm，腹缝线深陷，密被白色贴伏柔毛，隔膜发达，不完全2室。种子圆肾形，深棕色。花期5—6月，果期6—7月。

多生于砾石质平原、薄层沙地、丘陵坡地及沙荒地上。本区域内多见于鄂尔多斯高原。

斜茎黄耆

Astragalus adsurgens Pall.

斜茎黄耆，被子植物门，双子叶植物纲，蔷薇目，豆科，黄耆属植物。别称直立黄芪、沙打旺。

多年生草本，高20~100cm。根较粗壮，暗褐色。茎多数丛生，直立或斜上。羽状复叶有9~25片小叶，叶柄较叶轴短；托叶三角形，渐尖，基部稍合生或有时分离，长3~7mm；小叶长圆形、近椭圆形或狭长圆形，长10~25mm，宽2~8mm，基部圆形或近圆形，有时稍尖，上面疏被伏贴毛，下面较密。总状花序长圆柱状、穗状、稀头状，生多数花，排列密集，有时稀疏；总花梗生于茎上部，较叶长或与其等长；花梗极短；苞片狭披针形至三角形，先端尖；花萼管状钟形，长5~6mm，被黑褐色或白色毛或黑白混生毛，萼齿狭披针形，长为萼筒的1/3。花冠近蓝色或红紫色，旗瓣长11~15mm，倒卵圆形，先端微凹，基部渐狭，翼瓣较旗瓣短，瓣片长圆形，与瓣柄等长，龙骨瓣长7~10mm，瓣片较瓣柄稍短；子房被密毛，柄极短。荚果长圆形，长7~18mm，两侧稍扁，背缝凹入成沟槽，顶端具下弯的短喙，被黑色、褐色或黑白混生毛，假2室。花期6—8月，果期8—10月。

多生长于向阳山坡灌丛或林缘地带。

达乌里黄耆

Astragalus dahuricus（Pall.）DC.

达乌里黄耆，被子植物门，双子叶植物纲，蔷薇目，豆科，黄耆属植物。别称兴安黄耆。

一、二年生草本，被开展白色柔毛。茎直立，高达80cm，分枝，有细棱。奇数羽状复叶有11~19片小叶，长4~8cm；叶柄不足1cm；托叶分离，狭披针形或钻形，长4~8mm；小叶长圆形、倒卵状长圆形或长圆状椭圆形，长5~20mm，宽2~6mm，先端圆或略尖，基部钝或近楔形，小叶柄不足1mm。总状花序较密，生10~20花，长3.5~10cm；总花梗长2~5cm；苞片线形或刚毛状，长3~4.5mm。花梗长1~1.5mm；花萼斜钟状，萼筒长1.5~2mm，萼齿线形或刚毛状，上边2齿较简短，下边3齿较长。花冠紫色，旗瓣近倒卵形，先端微缺，基部宽楔形，翼瓣长约10mm，瓣片弯长圆形，长约7mm，宽1~1.4mm，先端钝，基部耳向外伸，瓣柄长约4.5mm；子房有柄，被毛，柄长约1.5mm。荚果线形，长1.5~2.5cm，宽2~2.5mm，先端凸尖喙状，直立，内弯具横脉，假2室，含20~30颗种子，果颈短。种子淡褐色或褐色，肾形，长1mm，宽1.5mm，有斑点，平滑。花期7—9月，果期8—10月。

常生于海拔400~2 500m的山坡和河滩草地。

灰叶黄耆

Astragalus discolor Bunge ex Maxim.

灰叶黄耆，被子植物门，双子叶植物纲，蔷薇目，豆科，黄耆属植物。

多年生草本，高30~50cm，全株灰绿色。根直伸，木质化，颈部增粗，数茎生出。茎直立或斜上，上部有分枝，具条棱，密被灰白色伏贴毛。羽状复叶有9~25片小叶；叶柄较叶轴短；托叶三角形，先端尖，离生；小叶椭圆形或狭椭圆形，长4~13mm，宽1~4mm，先端钝或微凹，基部宽楔形，上面疏被白色伏贴毛或近无毛，下面较密，灰绿色。总状花序较叶长；苞片小，卵圆形，较花梗稍长；花萼管状钟形，长4~5mm，被白色或黑色伏贴毛，萼齿三角形，不足1mm；花冠蓝紫色，旗瓣匙形，长12~14mm，先端微缺，基部渐狭成不明显的瓣柄，翼瓣较旗瓣稍短，瓣片狭长圆形，瓣柄较瓣片短，龙骨瓣较翼瓣短，瓣片半圆形；子房有柄，被伏贴毛。荚果扁平，线状长圆形，长17~30mm，基部有露出花萼的长果颈，被黑白色混生的伏贴毛。花期7—8月，果期8—9月。

多生于荒漠草原地带沙质土上。

乳白黄耆

Astragalus galactites Pall.

乳白黄耆，被子植物门，双子叶植物纲，蔷薇目，豆科，黄耆属植物。别称乳白黄芪、白花黄芪、白花黄耆。

多年生草本，高5~15cm。根粗壮。茎极短缩。羽状复叶有9~37片小叶；叶柄较叶轴短；托叶膜质，密被长柔毛，下部与叶柄贴生。小叶长圆形或狭长圆形，稀披针形或近椭圆形，长8~18mm，宽1.5~6mm，先端稍尖或钝，基部圆形或楔形，上面无毛，下面被白色伏贴毛。花生于基部叶腋。通常2花簇生；苞片披针形或线状披针形，长5~9mm，被白色长毛；花萼管状钟形。长8~10mm，萼齿线状披针形或近丝状，与萼筒等长或稍短；花冠乳白色或稍带黄色，旗瓣狭长圆形，长20~28mm，先端微凹，中部稍缢缩，下部渐狭成瓣柄，翼瓣较旗瓣稍短，先端有时2浅裂，瓣柄长为瓣片的2倍，龙骨瓣长17~20mm，瓣片约为瓣柄的一半；子房无柄，有毛，花柱细长。荚果小，卵形或倒卵形，先端有味，1室，长4~5mm，通常不外露，后期宿萼脱落，幼果有时密被白毛，后渐脱落。种子常2颗。花期5—6月，果期6—8月。

常生于海拔1 000~3 500m的草原沙质土上及向阳山坡。

多序岩黄耆

Hedysarum polybotrys Hand.-Mazz.

多序岩黄耆，被子植物门，双子叶植物纲，蔷薇目，豆科，岩黄耆属植物。

多年生草本，高100~120cm。直根系粗壮，深长，粗1~2cm，外皮暗红褐色。茎直立，丛生，多分枝；枝条坚硬、无毛，稍曲折。叶长5~9cm；托叶披针形，棕褐色干膜质，合生至上部；通常无明显叶柄；小叶11~19，具长约1mm的短柄；小叶片卵状披针形或卵状长圆形，长18~24mm，宽4~6mm，先端圆形或钝圆，通常具尖头，基部楔形，上面无毛，下面被贴伏柔毛。总状花序腋生，高度一般不超出叶；花多数，长12~14mm，具3~4mm长的丝状花梗；苞片钻状披针形，等于或稍短于花梗，被柔毛，常早落；花萼斜宽钟状，长4~5mm，被短柔毛，萼齿三角状钻形，上萼齿长约1mm，下萼齿为上萼齿的1倍；花冠淡黄色，长11~12mm，旗瓣倒长卵形，先端圆形、微凹，翼瓣线形，等于或稍长于旗瓣，龙骨瓣长于旗瓣2~3mm；子房线形，被短柔毛。荚果2~4节，被短柔毛，节荚近圆形或宽卵形，宽3~5mm，两侧微凹，具明显网纹和狭翅。花期7—8月，果期8—9月。

多生于山地石质山坡和灌丛、林缘等。

细枝岩黄耆

Hedysarum scoparium Fisch. et Mey.

细枝岩黄耆，被子植物门，双子叶植物纲，蔷薇目，豆科，岩黄耆属植物。别称花棒、花帽、花柴。

半灌木，高80~300cm。茎直立，多分枝，幼枝绿色或淡黄绿色，被疏长柔毛。托叶卵状披针形，褐色干膜质，长5~6mm，下部合生，易脱落。茎下部叶具小叶7~11，上部的叶通常具小叶3~5，最上部的叶轴完全无小叶或仅具1枚顶生小叶；小叶片灰绿色，线状长圆形或狭披针形，长15~30mm，宽3~6mm，无柄或近无柄，先端锐尖，具短尖头，基部楔形，表面被短柔毛或无毛，背面被较密的长柔毛。总状花序腋生，上部明显超出叶，总花梗被短柔毛；花少数，长15~20mm，外展或平展，疏散排列；苞片卵形，长1~1.5mm；具2~3mm的花梗；花萼钟状，长5~6mm，被短柔毛，萼齿长为萼筒的2/3，上萼齿宽三角形，稍短于下萼齿；花冠紫红色，旗瓣倒卵形或倒卵圆形，长14~19mm，顶端钝圆，微凹，翼瓣线形，长为旗瓣的1半，龙骨瓣通常稍短于旗瓣；子房线形，被短柔毛。荚果2~4节，节荚宽卵形，长5~6mm，宽3~4mm，两侧膨大，具明显细网纹和白色密毡毛；种子圆肾形，长2~3mm，淡棕黄色，光滑。花期6—9月，果期8—10月。

抗寒、抗旱、抗风沙、耐热、耐瘠薄能力很强，多生于半荒漠的沙丘或沙地以及荒漠前山冲沟中的沙地。

米口袋

Gueldenstaedtia verna（Georgi）Boriss. subsp. *multiflora*（Bunge）Tsui

米口袋，被子植物门，双子叶植物纲，蔷薇目，豆科，米口袋属植物。别称小米口袋、米布袋、甜地丁、莎勒吉日、响响米。

多年生草本，高4~20cm，全株被白色长绵毛，果期后渐稀少。主根圆锥或圆柱形，粗壮，上端具短缩的茎或根状茎。分茎极短，叶及总花梗于分茎上丛生。托叶宿存，下面的阔三角形，上面的狭三角形，基部合生，外面密被白色长柔毛；叶在早春时长仅2~5cm，夏秋间可达15~23cm，早生叶被长柔毛，后生叶毛稀疏或无毛；叶柄具沟；小叶7~21片，椭圆形、长圆形、卵形、长卵形或披针形，顶端小叶有时倒卵形，长10~14mm，宽5~8mm，基部圆，先端具细尖。伞形花序有2~6朵花；总花梗具沟，被长柔毛，花期较叶稍长，花后约与叶等长或短于叶；苞片三角状线形，长2~4mm，花梗长1~3.5mm；花萼钟状，长7~8mm，被贴伏长柔毛，上2萼齿与萼筒等长，下3萼齿较小；花冠紫堇色，旗瓣长13mm，宽8mm，倒卵形，全缘，先端微缺，基部渐狭成瓣柄，翼瓣长10mm，宽3mm，斜长倒卵形，具短耳，瓣柄长3mm，龙骨瓣长6mm，宽2mm，倒卵形，瓣柄长2.5mm；子房椭圆状，密被贴服长柔毛，花柱无毛，内卷，顶端膨大成圆形柱头。荚果圆筒状，长17~22mm，直径3~4mm，被长柔毛；种子三角状肾形，直径约1.8mm，具凹点。花期4月，果期5—6月。

多生长于海拔1 300m以下的山坡、路旁、田边等。

狭叶米口袋

Gueldenstaedtia stenophylla Bunge

狭叶米口袋，被子植物门，双子叶植物纲，蔷薇目，豆科，米口袋属植物。

多年生草本，主根细长。分茎较短，具宿存托叶。羽状复叶长1.5~15cm，被疏柔毛；叶柄约为叶长的2/5；托叶宽三角形至三角形，被稀疏长柔毛，基部合生；小叶7~19，早春生的小叶卵形，夏秋生的线形或长圆形，长0.2~3.5cm，钝头或截形，先端具细尖，两面被疏柔毛。伞形花序2~3花；花序梗纤细，较叶长，被白色疏柔毛；花梗极短或近无梗；苞片及小苞片披针形，密被长柔毛；花萼筒钟状，长4~5mm，上方2萼齿较大，长1.5~2.5mm，下方3萼齿较窄小；花冠粉红色，旗瓣椭圆形或近圆形，长6~8mm，先端微缺，基部渐窄成瓣柄，翼瓣窄楔形，先端斜截，长7mm，瓣柄长2mm，龙骨瓣长4.5mm；子房被疏柔毛。荚果圆筒形，长1.4~1.8cm，被疏柔毛。种子肾形，径1.5mm，具凹点。花期4月，果期5—6月。

多生于向阳的山坡、草地等处。

矮脚锦鸡儿

Caragana brachypoda Pojark.

矮脚锦鸡儿，被子植物门，双子叶植物纲，蔷薇目，豆科，锦鸡儿属植物。别称好伊日格—哈日嘎纳。

矮灌木，高20~30cm。根粗壮，深长。树皮黄褐色或灰褐色，剥裂，稍有光泽；小枝褐色或黄褐色，有条棱，短缩枝密。假掌状复叶有4片小叶；托叶在长枝者宿存并硬化成针刺，长2~4mm；叶柄宿存并硬化成针刺，长4~10mm，稍弯曲，短枝叶无轴，簇生；小叶倒披针形，长2~10mm，宽1~3mm，先端锐尖，有短刺尖，基部渐狭，两面有短柔毛，灰绿色或绿色。花单生，花梗短粗，长2~5mm，关节在中部以下或基部，被短柔毛；花萼管状，基部偏斜成囊状凸起，长9~11mm，宽约4mm，红紫色或带绿褐色，被粉霜或疏生短柔毛，萼齿卵状三角形或三角形，长约2mm；花冠黄色，旗瓣中部橙黄色或带紫色，长20~25mm，倒卵形，先端微凹，基部渐狭成瓣柄，翼瓣与旗瓣近等长，先端斜截平，瓣柄与瓣片近等长，耳短小，龙骨瓣与翼瓣近等长，具长瓣柄及短耳。荚果披针形，扁，长20~27mm，宽约5mm，先端渐尖，无毛。花期4—5月，果期6月。

多生于半荒漠地带的山前平原、低山坡和固定沙地。

狭叶锦鸡儿

Caragana stenophylla Pojark.

狭叶锦鸡儿，被子植物门，双子叶植物纲，蔷薇目，豆科，锦鸡儿属植物。别称皮溜刺、母猪刺。

矮灌木，高30~80cm。树皮灰绿色，黄褐色或深褐色；小枝细长，具条棱，嫩时被短柔毛。假掌状复叶有4片小叶；托叶在长枝者硬化成针刺，长2~3mm；长枝上叶柄硬化成针刺，宿存，长4~7mm，直伸或向下弯，短枝上叶无柄，簇生；小叶线状披针形或线形，长4~11mm，宽1~2mm，两面绿色或灰绿色，常由中脉向上折叠。花梗单生，长5~10mm，关节在中部稍下；花萼钟状管形，长4~6mm，宽约3mm，无毛或疏被毛，萼齿三角形，长约1mm，具短尖头；花冠黄色，旗瓣圆形或宽倒卵形，长14~17mm，中部常带橙褐色，瓣柄短宽，翼瓣上部较宽，瓣柄长约为瓣片的1/2，耳长圆形，龙骨瓣的瓣柄较瓣片长1/2，耳短钝；子房无毛。荚果圆筒形，长2~2.5cm，宽2~3mm。花期4—6月，果期7—8月。

常生于沙地、黄土丘陵、低山阳坡。

柠条锦鸡儿

Caragana korshinskii Kom.

柠条锦鸡儿，被子植物门，双子叶植物纲，蔷薇目，豆科，锦鸡儿属植物。别称柠条、白柠条、毛条、查干—哈日嘎纳。

灌木，有时小乔木状，高1~4m；老枝金黄色，有光泽；嫩枝被白色柔毛。羽状复叶有6~8对小叶；托叶在长枝者硬化成针刺，长3~7mm，宿存；叶轴长3~5cm，脱落；小叶披针形或狭长圆形，长7~8mm，宽2~7mm，先端锐尖或稍钝，基部宽楔形，灰绿色，两面密被白色伏贴柔毛。花梗长6~15mm，密被柔毛，关节在中上部；花萼管状钟形，长8~9mm，宽4~6mm，密被伏贴短柔毛，萼齿三角形或披针状三角形；花冠长20~23mm，旗瓣宽卵形或近圆形，先端截平而稍凹，宽约16mm，具短瓣柄，翼瓣瓣柄细窄，稍短于瓣片，耳短小，齿状，龙骨瓣具长瓣柄，耳极短；子房披针形，无毛。荚果扁，披针形，长2~2.5cm，宽6~7mm，有时被疏柔毛。花期5月，果期6月。

优良固沙和水土保持植物，多生于半固定和固定沙地。

阴山胡枝子

Lespedeza inschanica（Maxim.）Schindl.

阴山胡枝子，被子植物门，双子叶植物纲，豆目，豆科，胡枝子属植物。

灌木，高可达80cm。茎直立或斜升，下部近无毛，上部被短柔毛。托叶丝状钻形，长约2mm，背部具1~3条明显的脉，被柔毛；叶柄长3~10mm；羽状复叶，具3小叶；小叶长圆形或倒卵状长圆形，长1~2.5cm，宽0.5~1.5cm，先端钝圆或微凹，基部宽楔形或圆形，上面近无毛，下面密被伏毛，顶生小叶较大。总状花序腋生，与叶近等长，具2~6朵花；小苞片长卵形或卵形，背面密被伏毛，边有缘毛；花萼长5~6mm，5深裂，前方2裂片分裂较浅，裂片披针形，先端长渐尖，具明显3脉及缘毛，萼筒外被伏毛，向上渐稀疏；花冠白色，旗瓣近圆形，长7mm，宽5.5mm，先端微凹，基部带大紫斑，花期反卷，翼瓣长圆形，长5~6mm，宽1~1.5mm，龙骨瓣长6.5mm，通常先端带紫色。荚果倒卵形，长4mm，宽2mm，密被伏毛，短于宿存萼。花果期9—10月。

耐旱，耐瘠薄，耐轻微盐碱。常生路旁、山坡林下或近山脊的裸露砾石地段。

牛枝子

Lespedeza potaninii Vass.

牛枝子，被子植物门，双子叶植物纲，蔷薇目，豆科，胡枝子属植物。别称豆豆苗、枝儿条、牛筋子。

半灌木，高20~60cm。轴根系，粗壮坚实，垂直下伸，粗细均匀，两年后自主根、根须或茎基部可产生侧根及不定根。茎斜升或平卧，黄绿色或绿褐色，基部多分枝，有细棱，被粗硬毛。托叶刺毛状，长2~4mm；羽状复叶具3小叶，小叶狭长圆形，稀椭圆形至宽椭圆形，长8~15mm，宽3~5cm，先端钝圆或微凹，具小刺尖，基部稍偏斜，上面苍白绿色，无毛，下面被灰白色粗硬毛。总状花序腋生；总花梗长，明显超出叶；花疏生；小苞片锥形，长1~2mm；花萼密被长柔毛，5深裂，裂片披针形，长5~8mm，先端长渐尖，呈刺芒状；花冠黄白色，稍超出萼裂片，旗瓣中央及龙骨瓣先端带紫色，翼瓣较短；闭锁花腋生，无梗或近无梗。荚果倒卵形，长3~4mm，双凸镜状，密被粗硬毛，包于宿存萼内。花期7—9月，果期9—10月。

常生于荒漠草原、草原沙质地、砾石地、丘陵地、石质山坡及山麓。

兴安胡枝子

Lespedeza daurica（Laxm.）Schindl.

兴安胡枝子，被子植物门，双子叶植物纲，蔷薇目，豆科，胡枝子属植物。别称达呼尔胡枝子、毛果胡枝子。

小灌木，高达1m。茎通常稍斜升，单一或数个簇生；老枝黄褐色或赤褐色，幼枝绿褐色，有细棱，被白色短柔毛。羽状复叶具3小叶；托叶线形，长2~4mm；叶柄长1~2cm；小叶长圆形或狭长圆形，长2~5cm，宽5~16mm，先端圆形或微凹，有小刺尖，基部圆形，上面无毛，下面被贴伏的短柔毛；顶生小叶较大。总状花序腋生。较叶短或与叶等长；总花梗密生短柔毛；小苞片披针状线形，有毛；花萼5深裂，外面被白毛，萼裂片披针形，先端长渐尖，刺芒状，与花冠近等长；花冠白色或黄白色，旗瓣长圆形，长约1cm，中央稍带紫色，具瓣柄，翼瓣长圆形，先端钝，较短，龙骨瓣比翼瓣长，先端圆形；闭锁花生于叶腋，结实。荚果小，倒卵形或长倒卵形，长3~4mm，宽2~3mm，先端有刺尖，基部稍狭，两面凸起，有毛，包于宿存花萼内。花期7—8月，果期9—10月。

耐阴、耐寒、耐旱、耐瘠薄，生于干山坡、草地、路旁及沙质地上。

截叶铁扫帚

Lespedeza cuneata G. Don

截叶铁扫帚，被子植物门，双子叶植物纲，蔷薇目，豆科，胡枝子属植物。别称夜关门、千里光、绢毛胡枝子、小叶胡枝子、三叶公母草、鱼串草、铁马鞭等。

小灌木，高达1m。茎直立或斜升，被毛，上部分枝，分枝斜上举。叶密集，柄短；小叶楔形或线状楔形，长1~3cm，宽2~5mm，先端截形或近截形，具小刺尖，基部楔形，上面近无毛，下面密被伏毛。总状花序腋生，具2~4朵花；总花梗极短；小苞片卵形或狭卵形，长1~1.5mm，先端渐尖，背面被白色伏毛；花萼狭钟形，密被伏毛，5深裂，裂片披针形；花冠淡黄色或白色，旗瓣基部有紫斑，有时龙骨瓣先端带紫色，冀瓣与旗瓣近等长，龙骨瓣稍长；闭锁花簇生于叶腋。荚果宽卵形或近球形，被伏毛，长2.5~3.5mm，宽约2.5mm。花期7—8月，果期9—10月。

常生于山坡、旷野地上。

白车轴草

Trifolium repens L.

白车轴草，被子植物门，双子叶植物纲，蔷薇目，豆科，车轴草属植物。别称白花三叶草、白三叶、荷兰翘摇、白花苜蓿等。

多年生草本，高10~30cm。主根短，侧根和须根发达。茎匍匐蔓生，上部稍上升，节上生根，全株无毛。掌状三出复叶；托叶卵状披针形，膜质，基部抱茎成鞘状，离生部分锐尖；叶柄长10~30cm；小叶倒卵形至近圆形，长8~20mm，宽8~16mm，先端凹头至钝圆，基部楔形渐窄至小叶柄，中脉在下面隆起，侧脉约13对，两面均隆起，近叶边分叉并伸达锯齿齿尖；小叶柄长1.5mm，微被柔毛。花序球形，顶生，直径15~40mm；总花梗比叶柄长近1倍，具花20~50朵，密集；无总苞；苞片披针形，膜质，锥尖；花长7~12mm；花梗比花萼稍长或等长，开花立即下垂；萼钟形，具脉纹10条，萼齿5，披针形，稍不等长，短于萼筒，萼喉开张，无毛；花冠白色、乳黄色或淡红色，具香气。旗瓣椭圆形，比翼瓣和龙骨瓣长近1倍，龙骨瓣比翼瓣稍短；子房线状长圆形，花柱比子房略长，胚珠3~4粒。荚果长圆形；种子通常3粒，阔卵形。花果期5—10月。

常生长于湿润草地、河岸、路边等处。

毛苕子

Vicia villosa Roth

毛苕子，被子植物门，双子叶植物纲，蔷薇目，豆科，野豌豆属植物。别称柔毛苕子、毛叶苕子、蓝花草、冬巢菜、长柔毛野豌豆。

一年生或越年生草本植物。根系发达，主根明显，深1~2m；侧根分枝多，深20~30cm；根瘤扇形，姜形或鸡冠状，单株根瘤数50~100个。茎四棱中空，匍匐蔓生，长2~3m，自然高度40~60cm，基部有3~6个分枝节，每节有3~4个分枝，每株分枝20~30个，全株密生银灰色白茸毛。偶数羽状复叶，有狭长小叶5~10对，顶端有卷须3~5个。总状花序，花梗上部一侧聚生小花10~30朵，花柱上部被长柔毛，花冠紫蓝色；花萼斜钟状，萼齿较长，有茸毛；雄蕊二体，九合一离；雌蕊一枚，柱头周缘被茸毛。荚果短矩形，两侧稍扁，长2~3cm，宽0.6~1cm，具不明显网脉，色淡黄，光滑、易爆裂，每荚含种子2~8粒；种子圆形，黑褐色，种脐色略淡，千粒重30~40g。

适应性强，多分布在草地、河滩、路边、盐碱地、贫瘠地等处。

本科共收录1种植物。分属1属。

牻牛儿苗属*Erodium*

牻牛儿苗

牻牛儿苗

Erodium stephanianum Willd.

牻牛儿苗，被子植物门，双子叶植物纲，牻牛儿苗目，牻牛儿苗科，牻牛儿苗属植物。别称太阳花。

多年生草本，高15~50cm。直根粗壮，少分枝。茎多数，仰卧或蔓生，具节，被柔毛。叶对生；托叶三角状披针形，分离，被疏柔毛，边缘具缘毛；基生叶和茎下部叶具长柄，长为叶片的1.5~2倍，被开展长柔毛和倒向短柔毛；叶片卵形或三角状卵形，基部心形，长5~10cm，宽3~5cm，二回羽状深裂，小裂片卵状条形，全缘或具疏齿，表面被疏伏毛，背面被疏柔毛，沿脉被毛较密。伞形花序腋生，总花梗被开展长柔毛和倒向短柔毛，每梗具2~5花；苞片狭披针形，分离；花梗等于或稍长于花，花期直立，果期开展，上部向上弯曲；萼片矩圆状卵形，长6~8mm，宽2~3mm，先端具长芒，被长糙毛，花瓣紫红色，倒卵形，等于或稍长于萼片，先端圆形或微凹；雄蕊稍长于萼片，花丝紫色，中部以下扩展，被柔毛；雌蕊被糙毛，花柱紫红色。蒴果长约4cm，密被短糙毛。种子褐色，具斑点。花期6—8月，果期8—9月。

多生于干山坡、农田边、沙质河滩地和草原凹地、沟边等。

亚麻科
Linaceae

本科共收录1种植物。分属1属。

亚麻属*Linum*

宿根亚麻

宿根亚麻

Linum perenne L.

宿根亚麻，被子植物门，双子叶植物纲，牻牛儿苗目，亚麻科，亚麻属植物。别称多年生亚麻、豆麻、蓝亚麻。

多年生草本，高20~90cm。直根粗壮，根颈木质化，基部多分枝。茎丛生、直立而细长，多数直立或仰卧，中部以上多分枝，基部木质化，具密集狭条形叶的不育枝。叶互生，狭条形或条状披针形，长8~25mm，全缘内卷，先端锐尖，基部渐狭，1~3脉。聚伞花序，花多数，蓝色、蓝紫色或淡蓝色，直径约2cm；花梗细长，1~2.5cm，直立或稍向一侧弯曲。萼片5，卵形，长3.5~5mm，外面3片先端急尖，内面2片先端钝，全缘，5~7脉，稍凸起；花瓣5，倒卵形，长1~1.8cm，顶端圆形，基部楔形；雄蕊5，花丝中部以下稍宽，基部合生；退化雄蕊5，与雄蕊互生；子房5室，花柱5，分离，柱头头状。蒴果近球形，直径3.5~7mm，草黄色，开裂。种子椭圆形，褐色，长4mm，宽约2mm。花期6—7月，果期8—9月。

多生于干旱草原、沙砾质干河滩、干旱的山地阳坡疏灌丛或草地。

本科共收录9种植物。分属4属。

白刺属*Nitraria*

小果白刺

白刺

大白刺

驼蹄瓣属*Zygophyllum*

粗茎驼蹄瓣

翼果驼蹄瓣

蝎虎驼蹄瓣

骆驼蓬属*Peganum*

骆驼蓬

多裂骆驼蓬

蒺藜属*Tribulus*

蒺藜

小果白刺

Nitraria sibirica Pall.

小果白刺，被子植物门，双子叶植物纲，牻牛儿苗目，蒺藜科，白刺属植物。别称白刺、西伯利亚白刺、酸胖、哈莫儿、卡蜜、旁白日布、哈日木格等。

灌木，高0.5~1.5m，弯，多分枝，枝铺散，少直立。小枝灰白色，不孕枝先端刺针状。叶近无柄，在嫩枝上4~6片簇生，倒披针形，长6~15mm，宽2~5mm，先端锐尖或钝，基部渐窄成楔形，无毛或幼时被柔毛。聚伞花序长1~3cm，被疏柔毛；萼片5，绿色，花瓣黄绿色或近白色，矩圆形，长2~3mm。果椭圆形或近球形，两端钝圆，长6~8mm，熟时暗红色，果汁暗蓝色，带紫色，味甜而微咸；果核卵形，先端尖，长4~5mm。花期5—6月，果期7—8月。

多生于湖盆边缘沙地、盐渍化沙地、盐碱化低地及干旱山坡。

白　刺

Nitraria tangutorum Bobr.

白刺，被子植物门，双子叶植物纲，牻牛儿苗目，蒺藜科，白刺属植物。别称酸胖、哈尔马格、唐古拉白刺、甘青白刺。

灌木，高1~2m。分枝多而密集，呈丛生状，具有很强固沙、阻沙能力。分枝弯、平卧或开展；不孕枝先端刺针状；嫩枝白色。叶在嫩枝上2~4片簇生，宽倒披针形，长18~30mm，宽6~8mm，先端圆钝，基部渐窄成楔形，全缘，稀先端齿裂。花排列较密集。核果卵形，有时椭圆形，熟时深红色，果汁玫瑰色，长8~12mm，直径6~9mm。果核狭卵形，长5~6mm，先端短渐尖。花期5—6月，果期7—8月。

多生于沙漠、荒草地、盐碱地等处。

大白刺

Nitraria roborowskii Kom.

大白刺，双子叶植物纲，牻牛儿苗目，蒺藜科，白刺属植物。别称齿叶白刺、罗氏白刺。

灌木，高1~2m，枝平卧，有时直立；不育枝先端刺针状，嫩枝白色。叶2~3片簇生，矩圆状匙形或倒卵形，长25~40mm，宽7~20mm，先端圆钝，有时平截，全缘或先端具不规则2~3齿裂。花较其他种稀疏。核果卵形，长12~18mm，直径8~15mm，熟时深红色，果汁紫黑色。果核狭卵形，长8~10mm，宽3~4mm。花期6月，果期7—8月。

多生于湖盆边缘、绿洲外围沙地、荒草地、盐碱地等处。

骆驼蓬

Peganum harmala L.

骆驼蓬，被子植物门，双子叶植物纲，牻牛儿苗目，蒺藜科，骆驼蓬属植物。别称臭古朵等。

多年生草本，高30~70cm，无毛。全株有特殊臭味。根多数，肥厚而长，粗达2cm。茎直立或开展，由基部多分枝，分枝铺地散生，下部平卧，上部斜生，茎枝圆形有棱，光滑无毛。叶互生，卵形，全裂为3~5条形或披针状条形裂片，裂片长1~3.5cm，宽1.5~3mm。花单生枝端，与叶对生；萼片5，裂片条形，长1.5~2cm，有时仅顶端分裂；花瓣黄白色，倒卵状矩圆形，长1.5~2cm，宽6~9mm；雄蕊15，花丝近基部宽展；子房3室，花柱3。蒴果近球形，种子三棱形，稍弯，黑褐色、表面被小瘤状突起。花期7—8月，9—10月种子成熟。

多生于荒漠地带干旱草地、绿洲边缘轻盐渍化沙地、壤质低山坡或河谷沙丘等处。

多裂骆驼蓬

Peganum multisectum（Maxim.）Bobr.

多裂骆驼蓬，被子植物门，双子叶植物纲，牻牛儿苗目，蒺藜科，骆驼蓬属植物。别称匐根骆驼蓬、裂叶骆驼蓬等。

多年生草本，嫩时被毛。根粗壮，褐色。茎直立或斜升，分枝多，分枝铺地散生。茎长30~80cm。叶2~3回深裂，基部裂片与叶轴近垂直，裂片长6~12mm，宽1~1.5mm。萼片3~5深裂。托叶条形，长约4mm。花瓣5，白色或淡黄色，倒卵状矩圆形，长10~15mm，宽5~6mm；雄蕊15，花丝中下部宽扁，短于花瓣，基部宽展。子房3室，花柱3。蒴果近球形，黄褐色，3瓣裂，顶部稍平扁。种子多数，略呈三角形，长2~3mm，稍弯，黑褐色，表面有小瘤状突起。花期5—7月，果期6—9月。

多生于半荒漠带沙地、黄土山坡、荒地等处。

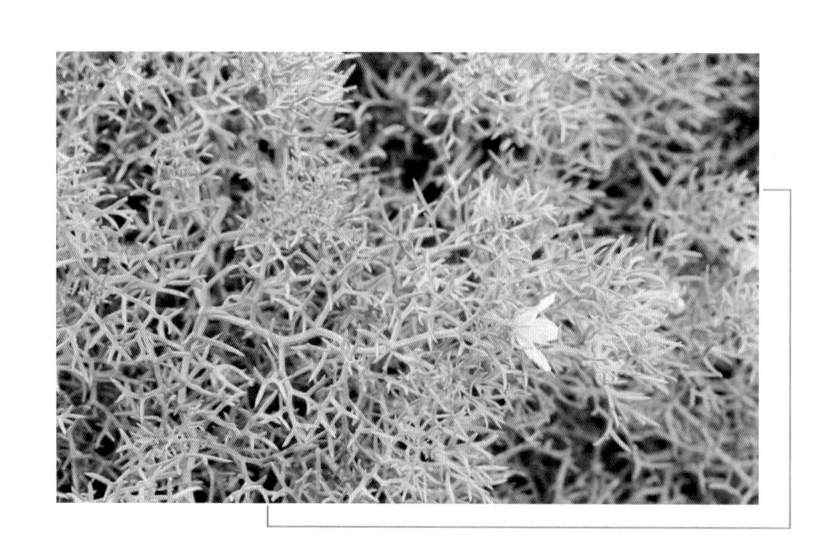

粗茎驼蹄瓣

Zygophyllum loczyi Kanitz

粗茎驼蹄瓣，被子植物门，双子叶植物纲，牻牛儿苗目，蒺藜科，驼蹄瓣属植物。别称粗茎霸王。

一、二年生草本，高5~25cm。茎开展或直立，由基部多分枝。托叶膜质或草质，上部的托叶分离，三角状，基部的结合为半圆形；叶柄短于小叶，具翼；茎上部的小叶常1对，中下部的2~3对，椭圆形或斜倒卵形，长6~25mm，宽4~15mm，先端圆钝。花梗长2~6mm，1~2腋生；萼片5，椭圆形，长5~6mm，绿色，具白色膜质缘；花瓣近卵形，橘红色，边缘白色，短于萼片或近等长；雄蕊短于花瓣。蒴果圆柱形，长16~25mm，宽5~6mm，先端锐尖或钝，果皮膜质。种子多数，卵形，长3~4mm，先端尖，表面密被凹点。花期4—7月，果期6—8月。

常生于低山、洪积平原、沙质戈壁、盐化沙地。本区域内多见于鄂尔多斯高原。

翼果驼蹄瓣

Zygophyllum pterocarpum Bunge

翼果驼蹄瓣，被子植物门，双子叶植物纲，牻牛儿苗目，蒺藜科，驼蹄瓣属植物。别称翼果霸王。

多年生草本，高10~20cm。根粗壮，木质。茎多数，细弱，开展。托叶卵形，生上部者披针形，长1~2mm，叶柄长4~6mm，扁平，具翼；小叶2~3对，条状矩圆形或披针形，长5~15mm，宽2~5mm，先端锐尖或稍钝，灰绿色。花1~2朵生于叶腋；花梗长4~8mm，花后伸长；萼片椭圆形，长5~7mm，宽约4mm，先端钝，基部楔形；雄蕊不伸出花瓣，鳞片长为花丝的1/3。蒴果矩圆状卵形，两端常圆钝，长10~20mm，宽6~15mm，翅宽2~3mm。花期5—6月，果期6—8月。

多生于石质山坡、洪积扇、盐化沙土等处。本区域内偶见于鄂尔多斯高原西部。

蝎虎驼蹄瓣

Zygophyllum mucronatum Maxim.

蝎虎驼蹄瓣，被子植物门，双子叶植物纲，牻牛儿苗目，蒺藜科，驼蹄瓣属植物。别称蝎虎霸王、蝎虎草、念念、鸡大腿。

多年生草本，高15~25cm。根木质。茎多数，多分枝，细弱，平卧或开展，具沟棱和粗糙皮刺。托叶小，三角状，边缘膜质，细条裂；叶柄及叶轴具翼，翼扁平，有时与小叶等宽；小叶2~3对，条形或条状矩圆形，长约1cm，顶端具刺尖，基部稍钝。花1~2朵腋生，花梗长2~5mm；萼片5，狭倒卵形或矩圆形，长5~8mm，宽3~4mm；花瓣5，倒卵形，稍长于萼片，上部近白色，下部橘红色，基部渐窄成爪；雄蕊长于花瓣，花药矩圆形，橘黄色，鳞片长为花丝之半。蒴果披针形、圆柱形，稍具5棱，先端渐尖或锐尖，下垂，5心皮，每室有1~4种子。种子椭圆形或卵形，黄褐色，表面有密孔。花期6—8月，果期7—9月。

常生于低山山坡、山前平原、冲积扇、河流阶地、黄土山坡。

蒺　藜

Tribulus terrester L.

蒺藜，被子植物门，双子叶植物纲，蔷薇亚纲，牻牛儿苗目，蒺藜科，蒺藜属植物。别称白蒺藜、名茨、旁通、屈人、止行、休羽、升推。

一年生草本。茎平卧，枝长20~60cm。偶数羽状复叶，长1.5~5cm；小叶对生，3~8对，矩圆形或斜短圆形，长5~10mm，宽2~5mm，先端锐尖或钝，基部稍偏斜，被柔毛，全缘。花为腋生，花梗短于叶，黄色；萼片5，宿存；花瓣5；雄蕊10，生于花盘基部，基部有鳞片状腺体，子房5棱，柱头5裂，每室3~4胚珠。果有分果瓣5，硬，长4~6mm，无毛或被毛，中部边缘有锐刺2枚，下部常有小锐刺2枚，其余部位常有小瘤体。花期5—8月，果期6—9月。

多生于田野、荒地、山坡、路旁及河边草丛。

本科共收录1种植物。分属1属。

臭椿属*Ailanthus*

臭椿

臭　椿

Ailanthus altissima（Mill.）Swingle

臭椿，被子植物门，双子叶植物纲，芸香目，苦木科，臭椿属植物。别称椿树、木砻树、臭椿皮、大果臭椿。

落叶乔木，高可达20余米，树皮平滑而有直纹，灰色至灰黑色，叶基部腺点发散臭味；嫩枝有髓，幼时被黄色或黄褐色柔毛，后脱落。奇数羽状复叶，长40~60cm，叶柄长7~13cm，有小叶13~27；小叶对生或近对生，纸质，卵状披针形，长7~13cm，宽2.5~4cm，先端长渐尖，基部偏斜，截形或稍圆，两侧各具1或2个粗锯齿，齿背有腺体1个，叶面深绿色，背面灰绿色，柔碎后具臭味。圆锥花序长10~30cm；花淡绿色，花梗长1~2.5mm；萼片5，覆瓦状排列，裂片长0.5~1mm；花瓣5，长2~2.5mm，基部两侧被硬粗毛；雄蕊10，花丝基部密被硬粗毛，雄花中的花丝长于花瓣，雌花中的花丝短于花瓣；花药长圆形，长约1mm；心皮5，花柱黏合，柱头5裂。翅果长椭圆形，长3~4.5cm，宽1~1.2cm；种子位于翅的中间，扁圆形。花期4—5月，果期8—10月。

喜光，耐微碱，适应性强。多生于向阳山坡、灌丛或住家周围。

远志科 Polygalaceae

本科共收录1种植物。分属1属。

远志属*Polygala*

远志

远　志

Polygala tenuifolia Willd.

远志，被子植物门，双子叶植物纲，芸香目，远志科，远志属植物。别称葽绕、蕀莞、小草、细草、线儿茶、神砂草、红籽细草。

多年生草本，高20~40cm。根圆柱形，长达40cm，肥厚，淡黄白色，具少数侧根。茎直立或斜上，丛生，上部多分枝。叶互生，狭线形或线状披针形，长1~4cm，宽1~3mm，先端渐尖，基部渐窄，全缘，无柄或近无柄。总状花序长2~14cm，偏侧生于小枝顶端，细弱，通常稍弯曲；花淡蓝紫色，长6mm；花梗细弱，长3~6mm；苞片3，易脱落；萼片的外轮3片较小，线状披针形，长约2mm，内轮两片呈花瓣状，呈稍弯的长圆状倒卵形，长5~6mm，宽2~3mm；花瓣的两侧瓣倒卵形，长约4mm，中央花瓣呈龙骨瓣状，背面顶端有撕裂成条的鸡冠状附属物；雄蕊8，花丝连合成鞘状；子房倒卵形，扁平，花柱线形，弯垂，柱头二裂。蒴果扁平，卵圆形，边有狭翅，长宽均4~5mm，绿色，光滑。种子卵形，微扁，长约2mm，棕黑色，密被白色细绒毛，上端有发达的种阜。花期5—7月，果期7—9月。

多生于草原、山坡草地、灌丛中以及杂木林下。

本科共收录4种植物。分属2属。

大戟属*Euphorbia*

乳浆大戟

地锦

泽漆

地构叶属*Speranskia*

地构叶

乳浆大戟

Euphorbia esula L.

乳浆大戟，被子植物门，双子叶植物纲，大戟目，大戟科，大戟属植物。别称猫眼草、烂疤眼、猫儿眼、打碗花、打碗棵、耳叶大戟、华北大戟、松叶乳汁大戟、宽叶乳浆大戟、乳浆草等。

多年生草本。根圆柱状，长20cm以上，直径3~5mm，常曲折，褐色或黑褐色。茎单生或丛生，单生时自基部多分枝，高30~60cm，直径3~5mm；不育枝常发自基部，较矮，有时发自叶腋。叶线形至卵形，长2~7cm，宽4~7mm，先端尖或钝尖，基部楔形至平截；无叶柄；不育枝叶常为松针状，长2~3cm，直径约1mm；无柄；总苞叶3~5枚，与茎生叶同形；伞幅3~5，长2~4cm；苞叶2枚，常为肾形，稀卵形或三角状卵形，长4~12mm，宽4~10mm，先端渐尖或近圆，基部近平截。花序单生于二歧分枝的顶端，基部无柄；总苞钟状，高约3mm，直径2.5~3.0mm，边缘5裂，裂片半圆形至三角形，边缘及内侧被毛；腺体4，新月形，两端具角，褐色。雄花多枚，苞片宽线形，无毛；雌花1枚，子房柄明显伸出总苞之外；子房光滑无毛；花柱3，分离；柱头2裂。蒴果三棱状球形，长与直径均5~6mm，具3个纵沟；花柱宿存。种子卵球状，长2.5~3.0mm，直径2.0~2.5mm，成熟时黄褐色；种阜盾状，无柄。花期4—6月，果期6—8月。

常生于山坡、山谷、河岸、路旁、杂草丛、林下及沙丘等处。

地 锦

Euphorbia humifusa Willd. ex Schlecht.

地锦，被子植物门，双子叶植物纲，大戟目，大戟科，大戟族，大戟属植物。别称田代氏大戟、血见愁、红丝草、奶浆草、铺地锦。

一年生草本。根纤细，长10~18cm，直径2~3mm，常不分枝。茎匍匐，自基部以上多分枝，偶尔先端斜向上伸展，基部常红色或淡红色，长达20cm，直径1~3mm，被柔毛或疏柔毛。叶对生，矩圆形或椭圆形，长5~10mm，宽3~6mm，先端钝圆，基部偏斜，边缘常于中部以上具细锯齿；叶面绿色，背面淡绿色，有时淡红色，两面被疏柔毛；叶柄长1~2mm。花序单生于叶腋，基部具1~3mm的短柄；总苞陀螺状，高与直径各约1mm，边缘4裂，裂片三角形；腺体4，矩圆形，边缘具白色或淡红色附属物。雄花数枚，近与总苞边缘等长；雌花1枚，子房柄伸出至总苞边缘；子房三棱状卵形，光滑无毛；花柱3，分离；柱头2裂。蒴果三棱状卵球形，长约2mm，直径约2.2mm，成熟时分裂为3个分果爿，花柱宿存。种子三棱状卵球形，长约1.3mm，直径约0.9mm，灰色。花果期5—10月。

多生于原野荒地、路旁、田间、沙丘、河滩、山坡等地。

泽　漆

Euphorbia helioscopia L.

泽漆，被子植物门，双子叶植物纲，大戟目，大戟科，大戟属植物。别称五朵云、五灯草、五风草、五凤草。

一年生草本。根纤细，长7~10cm，直径3~5mm，下部分枝。茎直立，单一或自基部多分枝，分枝斜展向上，高10~30cm，直径3~5mm，光滑无毛。叶互生，倒卵形或匙形，长1~3.5cm，宽5~15mm，先端具牙齿，中部以下渐狭或呈楔形；总苞叶5枚，倒卵状长圆形，长3~4cm，宽8~14mm，先端具牙齿，基部渐狭，无柄；总伞幅5枚，长2~4cm；苞叶2枚，卵圆形，先端具牙齿，基部呈圆形。花序单生；总苞钟状，高约2.5mm，直径约2mm，光滑无毛，边缘5裂，裂片半圆形，边缘和内侧具柔毛；腺体4，盘状，中部内凹，基部具短柄，淡褐色。雄花数枚，明显伸出总苞外；雌花1枚，子房柄略伸出总苞边缘。蒴果三棱状阔圆形，光滑，无毛；具明显的三纵沟，长2.5~3.0mm，直径3~4.5mm；成熟时分裂为3个分果片。种子卵状，长约2mm，直径约1.5mm，暗褐色，具明显的脊网；种阜扁平状，无柄。花果期4—10月。

多生于沟边、路旁、田野等处。

地构叶

Speranskia tuberculata（Bunge）Baill.

地构叶，被子植物门，双子叶植物纲，大戟目，大戟科，地构叶属植物。别称珍珠透骨草、瘤果地构叶。

多年生草本。茎直立，高25~50cm，分枝多，被伏贴短柔毛。叶纸质，披针形或卵状披针形，长1.8~5.5cm，宽0.5~2.5cm，顶端渐尖，稀急尖，尖头钝，基部阔楔形或圆形，边缘具疏离圆齿或有时深裂，齿端具腺体；叶柄长不及5mm或近无柄；托叶卵状披针形，长约1.5mm。总状花序长6~15cm，上部有雄花20~30朵，下部有雌花6~10朵，位于花序中部的雌花的两侧有时具雄花1~2朵；苞片卵状披针形或卵形，长1~2mm；雄花2~4朵生于苞腑，花梗长约1mm；共萼裂片卵形，长约1.5mm，外面疏被柔毛；共瓣倒心形，具爪，长约0.5mm，被毛；雄蕊8~12，花丝被毛；雌花1~2朵生于苞腋，花梗长约1mm，长果时可达5mm，且常下弯；花萼裂片卵状披针形，长约1.5mm，顶端渐尖，疏被长柔毛，花瓣与雄花相似，但较短，疏被柔毛和缘毛，具脉纹；花柱3，各2深裂，裂片呈羽状撕裂。蒴果扁球形，长约4mm，直径约6mm，被柔毛和具瘤状突起；种子卵形，长约2mm，顶端急尖，灰褐色。花果期5—9月。

常生于海拔800~1 900m的山坡草丛或灌丛中。

本科共收录1种植物。分属1属。

文冠果属*Xanthoceras*

文冠果

文冠果

Xanthoceras sorbifolium Bunge

文冠果，被子植物门，双子叶植物纲，无患子目，无患子科，文冠果属植物。别称文冠木、土木瓜、文冠花、崖木瓜、文光果等。

落叶灌木或小乔木，高2~5m；小枝粗壮，褐红色，无毛，顶芽和侧芽有覆瓦状排列的芽鳞。叶连柄长15~30cm；小叶4~8对，膜质或纸质，披针形或近卵形，两侧稍不对称，长2.5~6cm，宽1.2~2cm，顶端渐尖，基部楔形，边缘有锐利锯齿，顶生小叶通常3深裂，腹面深绿色，无毛或中脉上有疏毛，背面鲜绿色，嫩时被绒毛和成束的星状毛；侧脉纤细，两面略凸起。花序先叶或与叶同时抽出，两性花的花序顶生，雄花序腋生，长12~20cm，直立，总花梗短，基部常有残存芽鳞；花梗长1.2~2cm；苞片长0.5~1cm；萼片长6~7mm，两面被灰色绒毛；花瓣白色，基部紫红色或黄色，有清晰的脉纹，长约2cm，宽7~10mm，爪两侧有须毛；花盘的角状附属体橙黄色，长4~5mm；雄蕊长约1.5cm，花丝无毛；子房被灰色绒毛。蒴果长达6cm；种子长达1.8cm，黑色而有光泽。花期春季，果期秋初。

耐干旱、耐瘠薄、耐盐碱，常生长于丘陵山坡、石质山地、黄土丘陵、石灰性冲积土壤、固定或半固定的沙区等处。

鼠李科
Rhamnaceae

本科共收录1种植物。分属1属。

鼠李属*Rhamnus*

柳叶鼠李

柳叶鼠李

Rhamnus erythroxylon Pall.

柳叶鼠李柳，被子植物门，双子叶植物纲，鼠李目，鼠李科，鼠李属植物。别称黑格铃、黑疙瘩、红木鼠李。

灌木，稀乔木，高达2m。幼枝红褐色或红紫色，平滑无毛，小枝互生，顶端具针刺。叶纸质，互生或在短枝上簇生，条形或条状披针形，长3~8cm，宽3~10mm，顶端锐尖或钝，基部楔形，边缘有疏细锯齿，两面无毛，侧脉每边4~6条，中脉上面平，下面明显凸起；叶柄长3~15mm，无毛或有微毛；托叶钻状，早落。花单性，雌雄异株，黄绿色，有花瓣；花梗长5mm，无毛；雄花数个至20余个簇生于短枝端，宽钟状，萼片三角形，与萼筒近等长；雌花萼片狭披针形，长约为萼筒的2倍，有退化雄蕊，子房2~3室，每室有1胚珠，花柱长，2浅裂或近半裂，稀3浅裂。核果球形，直径5~6mm，成熟时黑色，通常有2分核，稀3个，基部萼筒宿存；果梗6~8mm；种子倒卵圆形，长3~4mm，淡褐色，背面有上宽下窄的纵沟。花期5月，果期6—7月。

多生于干旱沙丘、荒坡或山坡灌丛中。

本科共收录2种植物。分属2属。

木槿属*Hibiscus*

野西瓜苗

苘麻属*Abutilon*

苘麻

野西瓜苗

Hibiscus trionum Linn.

野西瓜苗，被子植物门，双子叶植物纲，锦葵目，锦葵科，木槿属植物。别称秃汉头、野芝麻、和尚头、山西瓜秧、小秋葵、香铃草、打瓜花、灯笼花、黑芝麻、尖炮草、天泡草。

一年生直立或平卧草本，高25~70cm。茎柔软，被白色星状粗毛。下部叶圆形，不分裂，上部叶掌状3~5深裂，直径3~6cm，中裂片较长，两侧裂片较短，裂片倒卵形至长圆形，通常羽状全裂，上面疏被粗硬毛或无毛，下面疏被星状粗刺毛；叶柄长2~4cm，被星状粗硬毛和星状柔毛；托叶线形，长约7mm。花单生于叶腋，花梗长约2.5cm，果时长达4cm；小苞片12，线形，长约8mm，被粗长硬毛，基部合生；花萼钟形，淡绿色，长1.5~2cm，被粗长硬毛或星状粗长硬毛，裂片5，膜质，三角形，具纵向紫色条纹，中部以上合生；花淡黄色，内面基部紫色，直径2~3cm，花瓣5，倒卵形，长约2cm，外面疏被极细柔毛；雄蕊柱长约5mm，花丝纤细，长约3mm，花药黄色；花柱枝5，无毛。蒴果长圆状球形，直径约1cm，被粗硬毛，果片5，果皮薄，黑色；种子肾形，黑色，具腺状突起。花期7—10月。

常生于平原、山野、丘陵或田梗。

苘　麻

Abutilon theophrasti Medicus

苘麻，被子植物门，双子叶植物纲，锦葵目，锦葵科，苘麻属植物。别称磨盘草、椿麻、塘麻、桐麻、车轮草、青麻、葵子、白麻、野麻、八角乌、孔麻、野苎麻等。

一年生亚灌木草本植物。株高0.3~2m，全株绿色，密被星状绒毛。直根系。茎直立，外被细短柔嫩的茸毛，茎色有青、红紫三种，分枝多集中在上部。单叶互生，圆心形，直径4~18cm，先端长尖，短尾尖或短尖，基部深心形，边缘具粗圆齿，两面密被星状绒毛，叶脉基出，掌状；叶柄长3~12cm，有绒毛。花单生于叶脉，花梗长1~3cm，近端处有节；花萼杯状，长约8mm，5裂，绿色，裂片卵形，略短于花瓣，密被短绒毛；花瓣各5片，呈钟形，花冠橙黄色，长1~1.3cm，顶端平截或微凹，基部与雄蕊筒靠合生；雄蕊多数，花丝基部联合成短筒；心皮15~20，环列成扁球状，先端突出如芒。蒴果呈半磨盘形，密生短茸毛，成熟时呈黄褐色，不完全开裂，只部分散落种子。种子三角状肾形，一端较尖，长3.5~4.0mm，宽约2mm，表面黑色，散有灰棕色短毛，边缘凹陷处有淡棕色线性种脐，种皮硬。

分布极为广泛，多生长于草地、田边、路旁等处。

本科共收录1种植物。分属1属。

瓣鳞花属*Frankenia*

瓣鳞花

瓣鳞花

Frankenia pulverulenta Linn.

瓣鳞花，被子植物门，双子叶植物纲，侧膜胎座目，瓣鳞花科，瓣鳞花属植物。

一年生草本，高5~16cm，稀达30cm；多分枝或少分枝，上升或斜展，有白色短柔毛。叶通常4片轮生，倒卵形或窄倒卵形，长2~6mm，宽1~2mm，先端钝或微缺，基部渐窄成1~2mm长的短柄，全缘，上面无毛，下面疏生柔毛。花两性，辐射对称，形小，无梗，单生叶腋或于茎和枝的上部集成聚伞花序；萼合生，宿存，萼筒长2~5mm，萼齿5，长0.5~1mm；花瓣5，粉红色，长披针形或长倒卵形，长3~4mm，具有长4~6mm的舌状附属物或爪；雄蕊6，分离，花丝下部连合；子房上位，1室，胚珠多数，侧膜胎座。蒴果包藏于宿萼内，卵圆形，长约2mm，3瓣裂；种子长椭圆形。

常生于海拔1 200~1 450m的河滩、湖边等盐化草甸中。

本科共收录14种植物。分属2属。

红砂属*Reaumuria*

红砂

柽柳属*Tamarix*

长穗柽柳

短穗柽柳

白花柽柳

翠枝柽柳

甘肃柽柳

盐地柽柳

刚毛柽柳

细穗柽柳

多花柽柳

柽柳

甘蒙柽柳

多枝柽柳

水柏枝属*Myricaria*

宽苞水柏枝

红　砂

Reaumuria songarica（Pall.）Maxim.

红砂，被子植物门，双子叶植物纲，侧膜胎座目，柽柳科，红砂属植物。别称枇杷柴。

小灌木，高10~30cm，多分枝，老枝灰褐色，树皮为不规则的波状剥裂，小枝多拐曲，皮灰白色，粗糙，纵裂。叶肉质，短圆柱形，鳞片状，上部稍粗，长1~5mm，宽0.5~1mm，常微弯，先端钝，浅灰蓝绿色，具点状的泌盐腺体，常4~6枚簇生在叶腋缩短的枝上，花期有时变紫红色。小枝常淡红色。花单生叶腋，或在幼枝上端集为少花的总状花序状；无梗；苞片3，披针形，先端尖，长0.5~0.7mm；花萼钟形，下部合生，长1.5~2.5mm，裂片5，三角形，边缘白膜质，具点状腺体；花瓣5，白色略带淡红，长圆形，长约4.5mm，先端钝，基部楔状变狭，张开，上部向外反折，下半部内侧的2附属物倒披针形，薄片状，顶端穗状。着生在花瓣中脉的两侧；雄蕊6~8，分离，花丝基部变宽，几与花瓣等长；子房椭圆形，花柱3，柱头狭尖。蒴果长椭圆形、纺锤形或三棱锥形，长4~6mm，宽2mm，高出花萼2~3倍，具3棱，3瓣裂，稀4，通常具3~4枚种子。种子长圆形，长3~4mm，先端渐尖，基部变狭，全部被黑褐色毛。花期7—8月，果期8—9月。

多生于盐碱土壤，分布于荒漠地区的山前冲积、洪积平原上和戈壁，亦生于低地边缘和盐渍草原。

长穗柽柳

Tamarix elongata Ledeb.

长穗柽柳，被子植物门，双子叶植物纲，侧膜胎座目，柽柳科，柽柳属植物。

大灌木，高1~3m，枝短而粗壮，挺直，末端粗钝，老枝灰色。生长枝叶披针形、线状披针形或线形，长4~9mm，宽1~3mm，渐尖或急尖，向外伸，下面扩大，基部宽心形，背面隆起，半抱茎，具耳，营养小枝叶心状披针形或披针形，半抱茎，短下延，微具耳。秋天在生长枝的叶腋内生出5mm的浅黄色花芽。总状花序侧生在上年生枝上，于发叶前或发叶时出现，单生，粗壮，长6~15cm，通常长约12cm，粗0.4~0.8cm，基部有具苞片的总花梗，长1~2cm，苞片线状披针形或宽线形，渐尖，淡绿色或膜质，长3~6mm，明显长于花萼或等长，宽0.3~0.7mm，花时略外倾，花末向外反折；花梗比花萼略短或等长。花较大，4数，花萼深钟形，萼片卵形，钝或急尖，边缘膜质，具牙齿；花瓣卵状椭圆形或长圆状倒卵形，两侧不等，先端圆钝，长2~2.5mm，宽1~1.3mm，盛花时充分张开向外折，粉红色，花后即落；假顶生花盘薄，4裂；雄蕊4，偶有6~7个，与花瓣等长或略长，花丝基部变宽，逐渐过渡到花盘裂片；花药钝或顶端具小突起，粉红色；子房卵状圆锥形，长1.3~2mm，几无花柱，柱头3枚。蒴果形为子房，长4~6mm，宽2mm，果皮枯草质，淡红色或橙黄色。花期4—5月。

常生于荒漠地区、河谷阶地、干河床和沙丘上。

短穗柽柳

Tamarix laxa Willd.

短穗柽柳，被子植物门，双子叶植物纲，侧膜胎座目，柽柳科，柽柳属植物。

灌木，高1.5~3m，树皮灰色，幼枝灰色、淡红灰色或棕褐色。小枝短而直伸，脆而易折。叶黄绿色，披针形、卵状长圆形至菱形，长1~2mm，宽约0.5mm，渐尖或急尖，先端具短尖头，基部变狭而略下延，边缘狭膜质。总状花序侧生在上年生的老枝上，早春绽发，长达4cm，粗5~8mm，着花稀疏，有稀疏长圆形的棕色鳞被；苞片卵形、长椭圆形，先端钝，边缘膜质，上半部软骨质，常向内弯，淡棕色或淡绿色，长不足花梗一半；花梗长约2mm；花4数；花萼长约1mm，萼片4，卵形，钝，渐尖，果时外弯，边缘宽膜质，外面两片具龙骨状突起；花瓣4，粉红色，稀淡白粉红色，略呈长圆状椭圆形至长圆状倒卵形，长约2mm，充分开展，并向外反折，花后脱落；花盘4裂，肉质，暗红色；雄蕊4，与花瓣等长或略长，花丝基部变宽，生花盘裂片顶端，花药红紫色，钝，有小头或突尖。花柱3，柱头头状。蒴果狭，长3~4mm，草质。花期4—5月，偶见秋季花，5数。

多生于荒漠河流阶地、湖盆和沙丘边缘的盐碱土上。

白花柽柳

Tamarix androssowii Litw.

白花怪柳，被子植物门，双子叶植物纲，侧膜胎座目，柽柳科，柽柳属植物。

灌木或小乔木状，高2~4m，茎直立，暗棕红色或紫红色，光亮；当年生木质生长枝直伸，高1.5m以上，淡红绿色，营养小枝几从生长枝上直角伸出。生长枝叶淡绿色，几抱茎，微具耳，营养枝叶卵形，有内弯的尖头，边缘膜质，叶基钝下延，全叶 2/3贴茎生。总状花序长2~3cm，宽3~4mm，单生或1~3朵簇生，侧生在上年生的生长枝上，营养小枝同时成簇生出，基部有总梗长0.5~1cm，疏生鳞片状苞叶；苞片长圆状卵形，先端钝，有软骨质钻状尖头，略向内弯，长0.7~1mm，比花梗短或等长；花梗长1~1.5mm；花4数；花萼长0.7~1mm，比花瓣短1/3，萼片卵形，突尖，具龙骨突起，边缘膜质，具细裂齿，花后开展；花瓣白色或淡白色，倒卵形，长1~1.5mm，宽0.7mm，果时大多宿存；花盘小，肥厚，紫红色，4裂，裂片向上渐收缩为花丝的基部；雄蕊4，花丝与花瓣等长或略长，基部变宽，生花盘裂片顶，花药暗紫红色或黄色，先端具尖突，果时宿存；子房狭圆锥形，花柱3，稀4，棍棒状，长为子房的1/3~1/4。蒴果小，狭圆锥形，长4~5mm，基部宽1mm；种子黄褐色。花期4~5，偶见秋季花，5数。

多生于荒漠河谷沙地，流沙边缘。

翠枝柽柳

Tamarix gracilis Willd.

翠枝柽柳，被子植物门，双子叶植物纲，侧膜胎座目，柽柳科，柽柳属植物。

灌木，高1.5~3m，枝粗壮，树皮灰绿色或棕栗色，老枝具淡黄色木栓质斑点。生长枝叶较大，长超过4mm，披针形，抱茎；营养枝叶长1~4mm，披针形至卵状披针形或卵圆形，渐尖，下延，抱茎，具耳，覆瓦状排列。春季总状花序侧生在去年生枝上，长1~4cm，宽约9mm，夏季总状花序长2~5cm，生当年生长枝顶部，组成稀疏的圆锥花序；春季花4数，夏季花5数，春夏之交，同一花序上兼有4数花和5数花；花冠直径4~5mm，春季花略大；春季花苞片为匙形至狭铲形，渐尖，基部变宽，背面向外略隆起，长1.5~2mm，约与花梗等长或略长，花梗长0.5~2mm；萼片三角状卵形，长约1mm，基部略连合，外面2片较大，绿色，边缘膜质，具细牙齿，钝，稀近尖；花瓣倒卵圆形或椭圆形，长2.5~3mm，花盛开时充分开展并向外弯，鲜粉红或淡紫色，花后脱落；花盘肥厚，紫红色，4或5裂；雄蕊4或5，花丝与花瓣等长或较长，宽线形，向基部渐变宽，生花盘裂片顶端，偶见生于花盘裂片间，花药紫色或粉红色，具小短尖头，钝或微缺；花柱3，长为子房的1/5~1/2。蒴果较大，长4~7mm，宽约2mm，果皮薄纸质，常发亮。花期5—8月。

多生于荒漠、干旱草原、河湖岸边、盐渍化滩地、沙地等处。

甘肃柽柳

Tamarix gansuensis H. Z. Zhang

甘肃柽柳，被子植物门，双子叶植物纲，侧膜胎座目，柽柳科，柽柳属植物。

灌木，高2~3m，茎和老枝紫褐色或棕褐色，枝条稀疏。叶披针形，长2~6mm，宽0.5~1mm，基部半抱茎，具耳。总状花序侧生于去年生枝条上，单生，长6~8cm，宽约5mm；苞片卵状披针形或阔披针形，渐尖，长1.5~2.5mm，薄膜质，易脱落；花梗长1.2~2mm；花5数为主，混生有4数花；花萼基部略结合，萼片卵圆形，先端渐尖，长约1mm，宽约0.5mm，边缘膜质；花瓣淡紫色或粉红色，卵状长圆形，先端钝，长约2mm，宽1~1.5mm，花后半落；花盘紫棕色，5裂，裂片钝或微凹；雄蕊5，花丝细长，达3mm，多超出花冠，着生于花盘裂片间，或裂片顶端，4数花之花盘4裂，花丝着生于花盘裂片顶端；子房狭圆锥状瓶形，花柱3，柱头头状，伸出花冠之外。蒴果圆锥形，内有种子25~30粒。花期4—5月。

耐旱、抗风、耐盐碱，多生于荒漠河岸、湖边滩地、沙丘边缘。

盐地柽柳

Tamarix karelinii Bunge

盐地柽柳，被子植物门，双子叶植物纲，侧膜胎座目，柽柳科，柽柳属植物。

大灌木或乔木状，高2~4m，秆粗壮，树皮紫褐色，当年生木质化枝灰紫色或淡红棕色；枝光滑，偶微具糙毛，具不明显的乳头状突起。叶卵形，长1~1.5mm，宽0.5~1mm，急尖，内弯，几半抱茎，基部钝，稍下延。总状花序长5~15cm，宽2~4mm，生于当年生枝顶，集成开展的大型圆锥花序；苞片披针形，急尖呈钻状，基部扩展，长1.7~2mm，与花萼几相等或长；花梗长0.5~0.7mm；花萼长约1mm，萼片5，近圆形，钝，边缘膜质半透明，近全缘，长0.75 mm；花瓣倒卵状椭圆形，长约1.5mm，钝，直出或靠合，上部边缘向内弯，背部向外隆起，深红色或紫红色，花后部分脱落；花盘小，薄膜质，5裂，裂片逐渐变为宽的花丝基部；雄蕊5，伸出花冠之外或与花冠等长，花丝基部具退化的蜜腺组织，花药有短尖头；花柱3，长圆状棍棒形。蒴果长5~6mm，高出花萼。花期6—9月。

常生长于荒漠地区盐碱化土质沙漠、沙丘边缘、河湖沿岸等地。

刚毛柽柳

Tamarix hispida Willd.

刚毛柽柳，被子植物门，双子叶植物纲，侧膜胎座目，柽柳科，柽柳属植物。别称毛红柳。

灌木或小乔木状，高1.5~4m，老枝树皮红棕色或浅红黄灰色，幼枝淡红或赭灰色，全体密被短直毛。木质化生长枝叶卵状披针形或狭披针形，渐尖，基部宽而钝圆，背面向外隆起，耳发达，抱茎达一半，淡灰黄色；绿色营养枝叶阔心状卵形至阔卵状披针形，长0.8~2.2mm，宽0.5~0.7mm。总状花序长2~7cm，宽3~5mm，夏秋生当年枝顶，集成顶生圆锥花序；苞片狭三角状披针形，渐尖，全缘，基部背面圆丘状隆起，向上变宽，尖端为狭披针形，长1~1.5mm，几等于或略长于花萼；花梗0.5~0.7mm，比花萼短或几相等；花5数，花萼5深裂，长约为花瓣的1/3，萼片卵圆形，长0.7~1mm，宽0.5mm，稍钝或近尖，边缘膜质半透明，具细牙齿，外面两片急尖，背面微有龙骨状隆起；花瓣5，紫红色或鲜红色，常倒卵形至长圆状椭圆形，长1.5~2mm，宽0.6~1mm，开张，上半部向外反折，早落；花盘5裂，渐变为花丝基部；雄蕊5，伸出花冠之外，花丝基部变粗，有蜜腺，花药心形，顶端钝，常具小尖头；子房下粗上细，长瓶状，花柱3，长约为子房的1/3，柱头极短。蒴果狭长锥形瓶状，长4~5mm，宽1mm，壁薄，金黄色、淡红色、鲜红色以至紫色，含种子约15粒。花期7—9月。

多生于荒漠区域、河漫滩、湖盆边缘、盐碱化草甸和沙丘等处。

细穗柽柳

Tamarix leptostachys Bunge

细穗柽柳，被子植物门，双子叶植物纲，侧膜胎座目，柽柳科，柽柳属植物。

灌木，高1~3m，老枝树皮淡棕色，青灰色或火红色；当年生木质化生长枝灰紫色或火红色，小枝略紧靠。叶狭卵形、卵状披针形，急尖；生长枝叶半抱茎，略下延，营养枝叶长1~4mm，宽0.5~3mm，下延。总状花序细长，长4~12cm，宽2~3mm；总花梗长0.5~2.5cm，生于当年生幼枝顶端，球形或卵状大型圆锥花序；苞片钻形，渐尖，直伸，长1.15mm；花梗与花萼等长或略长。花数5，小；花萼长0.7~0.9mm，萼片卵形，长0.5~0.6mm，宽0.4mm，钝渐尖，边缘窄膜质；花瓣倒卵形，钝，长约1.5mm，宽0.5mm，长于花萼约1倍，淡紫红色或粉红色，一半向外弯，早落；花盘5裂，偶各再2裂成10裂片；雄蕊5，花丝细长，伸出花冠之外，较花瓣长2倍，花丝基部变宽，着生在5个花盘裂片的顶端，偶见每一花盘裂片再2裂，雄蕊生于花盘裂片间，花药心形，无尖突；子房细圆锥形，花柱3；蒴果细，长1.8mm，宽0.5mm，高出花萼2倍以上。花期6—7月。

多生长于荒漠地区、丘间低地、河湖沿岸、河漫滩地等盐碱地上。

多花柽柳

Tamarix hohenackeri Bunge

多花柽柳，被子植物门，双子叶植物纲，侧膜胎座目，柽柳科，柽柳属植物。

灌木或小乔木，高1~3m；老枝树皮灰褐色，二年生枝条暗红紫色。绿色营养枝叶小，线状披针形或卵状披针形，长2~3.5mm，长渐尖或急尖，具短尖头，向内弯，边缘干膜质，略具齿，半抱茎；木质化生长枝叶几抱茎，卵状披针形，渐尖。春夏季均开花，春季开花，总状花序侧生在去年生的木质化生长枝上，长1.5~9cm，宽3~5mm，多为数个簇生；夏季开花，总状花序顶生在当年生幼枝顶端，短圆锥花序；苞片条状长圆形、条形或倒卵状狭长圆形，略具龙骨状肋，突尖，常呈干薄膜质，长1~2mm，比花梗略长或与花萼等长；花梗与花萼等长或略长；花5数，萼片卵圆形，长1mm，先端钝尖，边缘膜质，齿牙状，内面三片比外面二片略钝；花瓣卵形、卵状椭圆形或近圆形，长1.5~2.5mm，宽0.7~1mm，比花萼长1倍，玫瑰色或粉红色，常互相靠合致花冠呈鼓形或球形，果时宿存；花盘肥厚，暗紫红色，5裂，裂片顶端钝圆或微凹；雄蕊5，与花瓣等长或略长，花丝渐狭细，着生在花盘裂片间，花药心形，钝或具短尖头；花柱3，棍棒状匙形。蒴果长4~5mm。春季花期5—6月，夏季开花直到秋季。

多生于荒漠河、湖沿岸沙地、林中等轻度盐渍化土壤上。

柽 柳

Tamarix chinensis Lour.

柽柳，被子植物门，双子叶植物纲，侧膜胎座目，柽柳科，柽柳属植物。别称垂丝柳、西湖柳、红柳、阴柳、三春柳、观音柳、红荆条等。

乔木或灌木，高3~6m；深根性，主侧根均发达；老枝直立，暗褐红色，光亮，幼枝稠密细弱，常开展而下垂，红紫色或暗紫红色，有光泽；嫩枝繁密纤细，悬垂。叶鲜绿色，从生木质化生长枝上生出的绿色营养枝叶长圆状披针形或长卵形，长1.5~1.8mm，稍开展，先端尖，基部背面有龙骨状隆起，常薄膜质；上部绿色营养枝叶钻形或卵状披针形，半贴生，先端渐尖而内弯，基部变窄，长1~3mm，背面有龙骨状突起。总状花序侧生在木质化小枝上，长3~6cm，宽5~7mm，花大而少，较稀疏而纤弱下垂，小枝亦下倾；有短总花梗或近无梗，梗生有少数苞叶或无；苞片线状长圆形或长圆形，渐尖，与花梗等长或稍长；花梗纤细，较萼短；花数5；萼片5，狭长卵形，具短尖头，略全缘，外面2片，背面具隆脊，长0.75~1.25mm，较花瓣略短；花瓣5，粉红色，通常卵状椭圆形或椭圆状倒卵形，长约2mm，较花萼略长，果时宿存；花盘5裂，裂片先端圆或微凹，紫红色，肉质；雄蕊5，长于或略长于花瓣，花丝着生在花盘裂片间；子房圆锥状瓶形，花柱3，棍棒状，长约为子房之半。蒴果圆锥形。花期4—9月。

常生于河流冲积平原、滩头、潮湿盐碱地和沙荒地。

甘蒙柽柳

Tamarix austromongolica Nakai

甘蒙柽柳，被子植物门，双子叶植物纲，侧膜胎座目，山茶亚目，柽柳科，柽柳属植物。

灌木或乔木，高1.5~4m，树干和老枝栗红色，枝直立；幼枝及嫩枝质硬直伸而不下垂。叶灰蓝绿色，木质化生长枝上基部叶阔卵形，上部叶卵状披针形，均急尖，长2~3mm，先端呈尖刺状，基部向外鼓胀；绿色嫩枝叶长圆形或长圆状披针形，渐尖，基部亦向外鼓胀。春和夏秋均开花；春季花为总状花序，侧生于去年生的木质化枝，花序轴质硬而直伸，长3~4cm，宽0.5cm，着花较密，有短总花梗或无梗；有苞叶或无，苞叶蓝绿色，宽卵形，突渐尖，基部渐狭；苞片线状披针形，浅白或带紫蓝绿色；花梗极短。夏秋季花的总状花序较春季狭细，组成顶生大型圆锥花序，生当年幼枝上，多挺直向上；花5数，萼片5，卵形，急尖，绿色，边缘膜质透明；花瓣5，倒卵状长圆形，淡紫红色，顶端向外反折，花后宿存。花盘5裂，顶端微缺，紫红色；雄蕊5，伸出花瓣之外，花丝丝状，着于花盘裂片间，花药红色；子房三棱状卵圆形，红色，柱头3，下弯。蒴果长圆锥形，长5mm。花期5—9月。

常生于盐渍化河漫滩、盐碱沙荒地或灌溉盐碱地边。

多枝柽柳

Tamarix ramosissima Ledeb.

多枝柽柳，被子植物门，双子叶植物纲，侧膜胎座目，山茶亚目，柽柳科，柽柳属植物。别称红柳。

灌木或小乔木状，高1~3m，老枝树皮暗灰色，当年生木质化生长枝淡红或橙黄色，长而直伸，有分枝，第二年生枝颜色渐变淡。木质化生长枝叶披针形，基部短，半抱茎，微下延；绿色营养枝叶短卵圆形或三角状心脏形，长2~5mm，急尖，略向内倾，几抱茎，下延。总状花序生当年枝顶，集成顶生圆锥花序，长短不一，长0.5~8cm，宽3~5mm，总花梗长0.2~1cm；苞片披针形、卵状披针形、条状钻形或卵状长圆形，渐尖，长1.5~2.8mm，与花萼等长或超出；花梗长0.5~0.7mm；花5数；花萼长0.5~1mm，萼片广椭圆状卵形或卵形，渐尖或钝，内面三片比外面二片宽，长0.5~0.7mm，宽0.3~0.5mm，边缘窄膜质，有不规则的齿牙；花瓣粉红色或紫色，倒卵形至阔椭圆状倒卵形，顶端微缺，长1~1.7mm，宽0.7~1mm，比花萼长1/3，直伸，靠合形成闭合的酒杯状花冠，果时宿存；花盘5裂，裂片顶端有凹缺；雄蕊5，与花冠等长或超出1.5倍，花丝着生在花盘裂片间边缘略下方，花药钝或在顶端具钝凸起；子房锥形瓶状，具三棱，花柱3，棍棒状，为子房长的1/3~1/4。蒴果三棱圆锥形瓶状，长3~5mm。花期5—9月。

常生于河漫滩、河谷阶地、沙土或沙丘、或盐碱化草地等处。

宽苞水柏枝

Myricaria bracteata Royle

宽苞水柏枝，被子植物门，双子叶植物纲，侧膜胎座目，柽柳科，水柏枝属植物。别称河柏、水柽柳、臭红柳等。

灌木，高0.5~3m，多分枝；老枝灰褐色或紫褐色，多年生枝红棕色或黄绿色，有光泽和条纹。叶密生于当年生绿色小枝上，卵形、卵状披针形、线状披针形或狭长圆形，长2~4mm，宽0.5~2mm，先端钝或锐尖，基部略扩展或不扩展，常具狭膜质的边。总状花序顶生于当年生枝条上，密集呈穗状；苞片通常宽卵形或椭圆形，有时呈菱形，长7~8mm，宽4~5mm，先端渐尖，边缘为膜质，后膜质边缘脱落，露出中脉而呈突尖头或尾状长尖，伸展或向外反卷，基部狭缩，具宽膜质的啮齿状边缘，中脉粗厚；易脱落，基部残留于花序轴上常呈龙骨状脊；花梗长约1mm；萼片披针形，长圆形或狭椭圆形，长约4mm，宽1~2mm，先端钝或锐尖，常内弯，具宽膜质边；花瓣倒卵形或倒卵状长圆形，长5~6mm，宽2~2.5mm，先端圆钝，常内曲，基部狭缩，具脉纹，粉红色、淡红色或淡紫色，果时宿存；雄蕊略短于花瓣，花丝1/2或2/3部分合生；子房圆锥形，长4~6mm，柱头头状。蒴果狭圆锥形，长8~10mm。种子狭长圆形或狭倒卵形，长1~1.5mm，顶端芒柱一半以上被白色长柔毛。花期6—7月，果期8—9月。

生于河谷沙质河滩，湖边沙地以及山前冲积扇沙砾质戈壁上。

本科共收录4种植物。分属1属。

堇菜属*Viola*

早开堇菜

紫花地丁

蒙古堇菜

七星莲

早开堇菜

Viola prionantha Bunge

早开堇菜，被子植物门，双子叶植物纲，侧膜胎座目，堇菜科，堇菜属植物。别称光瓣堇菜。

多年生草本，无地上茎，花期高3~20cm。根状茎垂直，短而粗壮，长4~20mm，常有旧年残叶。根数条，带灰白色，通常由根状茎发出。叶多数，基生；叶片在花期呈长圆状卵形、卵状披针形或狭卵形，长1~4.5cm，宽6~20mm，先端稍尖或钝，幼叶两侧常向内卷折，边缘密生细圆齿，两面无毛或被细毛；果期叶片显著增大；叶柄粗，花期长1~5cm，果期达13cm，上部有狭翅；托叶苍白色或淡绿色，干后呈膜质，与叶柄合生。花大，紫堇色或淡紫色，喉部色淡并有紫色条纹，直径1.2~1.6cm，无香；花梗较粗壮，具棱，在近中部处有2枚线形小苞片；萼片披针形或卵状披针形，长6~8mm，先端尖，具白色狭膜质边缘，基部附属物长1~2mm，末端具不整齐牙齿或近全缘，无毛或具纤毛；上方花瓣倒卵形，长8~11mm，侧方花瓣长圆状倒卵形，长8~12mm，下方花瓣连距长14~21mm，末端钝圆且微向上弯；药隔顶端附属物长约1.5mm，花药长1.5~2mm，下方2枚雄蕊，末端尖；子房长椭圆形，花柱棍棒状，上部增粗，柱头顶部平或微凹。蒴果长椭圆形，长5~12mm，无毛，顶端钝，常具宿存花柱。种子多数，卵球形，长约2mm，深褐色常有棕色斑点。花果期4—9月。

常生于山坡草地、沟边、宅旁等处。

紫花地丁

Viola philippica

紫花地丁，被子植物门，双子叶植物纲，侧膜胎座目，堇菜科，堇菜属植物植物。别称辽堇菜、野堇菜、光萼堇菜等。

多年生草本，无地上茎，高4~20cm。根状茎短，垂直，淡褐色，长4~13mm，粗2~7mm，节密生，有数条淡褐色或近白色的细根。叶多数，基生，莲座状；叶片下部者常较小，呈三角状卵形或狭卵形，上部者较长，呈长圆形、狭卵状披针形或长圆状卵形，长1.5~4cm，宽0.5~1cm，边缘具较平的圆齿，两面无毛或被细短毛，果期叶片增大；叶柄在花期通常长于叶片1~2倍，上部具极狭的翅，果期长可达10余厘米，无毛或被细短毛；托叶膜质，苍白色或淡绿色，长1.5~2.5cm，与叶柄合生，离生部分线状披针形，边缘疏生具腺体的流苏状细齿或近全缘。花中等大，紫堇色或淡紫色，稀呈白色，喉部色较淡并带有紫色条纹；花梗通常多数细弱，无毛或有短毛，中部附近有2枚线形小苞片；萼片卵状披针形或披针形，长5~7mm，先端渐尖，基部附属物短，长1~1.5mm，边缘具膜质白边；花瓣倒卵形或长圆状倒卵形，1~1.2cm，下方花瓣连距长1.3~2cm，里面有紫色脉纹；花药长约2mm，药隔顶部附属物长约1.5mm，下方2枚雄蕊背部的距细管状，长4~6mm，末端稍细；子房卵形，无毛，花柱棍棒状，基部稍膝曲，柱头三角形顶部略平，前方具短喙。蒴果长圆形，长5~12mm，无毛；种子卵球形，长1.8mm，淡黄色。花果期4—9月。

适应性极强，多生于田间、荒地、山坡草丛、林缘或灌丛中。

蒙古堇菜

Viola mongolica Franch.

蒙古堇菜，被子植物门，双子叶植物纲，侧膜胎座目，堇菜科，堇菜属植物植物。别称白花堇菜。

多年生草本，无地上茎，高5~9cm，果期高可达17cm，花期通常宿存去年残叶。根状茎稍粗壮，垂直或斜生，生多条白色细根。叶基生；叶片卵状心形、心形或椭圆状心形，长1.5~3cm，宽1~2cm，果期叶片长2.5~6cm，宽2~5cm，先端钝或急尖，基部浅心形或心形，边缘具钝锯齿，两面疏生短柔毛，下面有时几无毛；叶柄具狭翅，长2~7cm，无毛；托叶1/2与叶柄合生，离生部分狭披针形，边缘疏生细齿。花白色；花梗细，通常高于叶，无毛，近中部有2枚线形小苞片；萼片椭圆状披针形或狭长圆形，先端钝或尖，基部附属物长2~2.5mm，末端浅齿裂，具缘毛；侧方花瓣里面近基部稍有须毛，下方花瓣连距长1.5~2cm，中下部有时具紫色条纹，距管状，长6~7mm，稍向上弯，末端钝圆；子房无毛，花柱基部稍向前曲，向上渐增粗，柱头两侧及后方具较宽的缘边，前方具短喙，喙端具微上向的柱头孔。蒴果卵形，长6~8mm，无毛。花果期5—8月。

常生于林下及林缘、石砾地等处。本区内多见于河套平原。

七星莲

Viola diffusa Ging.

七星莲，被子植物门，双子叶植物纲，侧膜胎座目，堇菜科，堇菜属植物。别称蔓茎堇菜、茶匙黄。

一年生草本，全体被糙毛或白色柔毛，或近无毛，花期生出地上匍匐枝。匍匐枝先端具莲座状叶丛，通常生不定根。根状茎短，具多条白色细根及纤维状根。基生叶丛生呈莲座状，或于匍匐枝上互生；叶片卵形或卵状长圆形，长1.5~3.5cm，宽1~2cm，先端钝或稍尖，基部宽楔形或截形，稀浅心形，明显下延于叶柄，边缘具钝齿及缘毛，幼叶两面密被白色柔毛，后渐稀疏，但叶脉上及两侧边缘仍较密；叶柄长2~4.5cm，具翅；托叶基部与叶柄合生，2/3离生，线状披针形，长4~12mm，先端渐尖，边缘具稀疏的细齿或疏生流苏状齿。花较小，淡紫色或浅黄色，具长梗，生于基生叶或匍匐枝叶丛的叶腋间；花梗纤细，长1.5~8.5cm，无毛或被疏柔毛，中部有1对线形苞片；萼片披针形，长4~5.5mm，先端尖，基部附属物短，末端圆或具稀疏细齿，边缘疏生睫毛；侧方花瓣倒卵形或长圆状倒卵形，长6~8mm，无须毛，下方花瓣连距长约6mm，较短；距极短，长仅1.5mm，稍露出萼片附属物之外；下方2枚雄蕊背部的距短而宽，呈三角形；子房无毛，花柱棍棒状，基部稍膝曲，上部渐增粗，柱头两侧及后方具肥厚的缘边，中央部分稍隆起，前方具短喙。蒴果长圆形，直径约3mm，长约1cm，无毛，顶端常具宿存花柱。花期3—5月，果期5—8月。

常生于山地林下、林缘、草坡、溪谷旁、岩石缝隙中。

瑞香科
Thymelaeaceae

本科共收录1种植物。分属1属。

狼毒属*Stellera*

狼毒

狼　毒

Stellera chamaejasme Linn.

狼毒花，被子植物门，双子叶植物纲，桃金娘目，瑞香科，狼毒属植物。别称续毒、馒头花、狗蹄花、断肠草、拔萝卜、燕子花等。

多年生草本，高20~50cm。根茎木质，粗壮，圆柱形，表面棕色，内面淡黄色。茎直立，丛生，不分枝，纤细，绿色有时带紫色，无毛，草质，基部木质化，有时具棕色鳞片。叶散生，稀对生或近轮生，薄纸质，披针形或长圆状披针形，长12~28mm，宽3~10mm，先端渐尖或急尖，基部圆形至钝形或楔形，上面绿色，下面淡绿色至灰绿色，边缘不反卷或微反卷，中脉在上面扁平，下面隆起，侧脉4~6对；叶柄短，长约1.1mm，基部具关节，上面扁平或微具浅沟。花白色、黄色至带紫色，芳香，多花的头状花序，顶生，圆球形；具绿色叶状总苞片；无花梗；花萼筒细瘦，长9~11mm，具明显纵脉，基部略膨大，无毛，裂片5，卵状长圆形，长2~4mm，宽约2mm，顶端圆形，稀截形，常具紫红色的网状脉纹；雄蕊10，2轮，花药黄色，微伸出，花丝极短，线状椭圆形，长约1.5mm；花盘一侧发达，线形，长约1.8mm，宽约0.2mm，顶端微2裂；子房椭圆形，几无柄，长约2mm，直径1.2mm，上部被淡黄色丝状柔毛，花柱短，柱头头状，顶端微被黄色柔毛。果实圆锥形，长5mm，直径约2mm，上部或顶部有灰白色柔毛，为宿存花萼筒包围；种皮膜质，淡紫色。花期4—6月，果期7—9月。

生于干燥向阳的高山草坡、草坪或河滩台地等处。

胡颓子科
Elaeagnaceae

本科共收录3种植物。分属2属。

胡颓子属*Elaeagnus*

沙枣

东方沙枣

沙棘属*Hippophae*

沙棘

沙　枣

Elaeagnus angustifolia Linn.

沙枣，被子植物门，双子叶植物纲，桃金娘目，胡颓子科，胡颓子属植物。别称银柳、桂香柳、香柳、银芽柳、棉花柳、七里香、刺柳等。

落叶乔木或小乔木，高5~10m，无刺或具刺，刺长30~40mm，棕红色，发亮；幼枝密被银白色鳞片，老枝鳞片脱落，红棕色，光亮。叶薄纸质，矩圆状披针形至线状披针形，长3~7cm，宽1~1.3cm，顶端钝尖或钝形，基部楔形，全缘，上面幼时具银白色圆形鳞片，成熟后部分脱落，带绿色，下面灰白色，密被白色鳞片，有光泽；叶柄长5~10mm。花银白色，直立或近直立，密被银白色鳞片，芳香，常1~3花簇生新枝基部最初5~6片叶的叶腋；花梗长2~3mm；萼筒钟形，长4~5mm，在裂片下面不收缩或微收缩，在子房上骤收缩，裂片宽卵形或卵状矩圆形，长3~4mm，顶端钝渐尖，内面被白色星状柔毛；雄蕊几无花丝，花药淡黄色，矩圆形，长2.2mm；花柱直立，无毛，上端甚弯曲；花盘明显，圆锥形，包围花柱的基部，无毛。果实椭圆形，长9~12mm，直径6~10mm，粉红色，密被银白色鳞片；果肉乳白色，粉质；果梗短，粗壮，长3~6mm。花期5—6月，果期9月。

抗旱，抗风沙，耐盐碱，常分布于山地、平原、沙滩、荒漠等地。

东方沙枣

Elaeagnus angustifolia Linn. var. *orientalis*（L.）Kuntze

东方沙枣，被子植物门，双子叶植物纲，桃金娘目，胡颓子科，胡颓子属植物。

落叶乔木或小乔木，高5~10m，无刺或具刺，刺长30~40mm，棕红色，发亮；幼枝密被银白色鳞片，老枝鳞片脱落，红棕色，光亮。叶薄纸质，矩圆状披针形至线状披针形，长3~7cm，宽10~13mm，顶端钝尖或钝形，基部楔形，全缘，上面幼时具银白色圆形鳞片，成熟后部分脱落，带绿色，下面灰白色，密被白色鳞片，有光泽；叶柄长5~10mm；花枝下部叶阔椭圆形，宽18~32mm，两端钝形或顶端圆形，上部叶披针形或椭圆形；花银白色，直立或近直立，密被银白色鳞片，芳香，常1~3花簇生新枝基部最初5~6片叶的叶腋；花梗长2~3mm；萼筒钟形，长4~5mm，在裂片下面不收缩或微收缩，在子房上骤收缩，裂片宽卵形或卵状矩圆形，长3~4mm，顶端钝渐尖，内面被白色星状柔毛；雄蕊几无花丝，花药淡黄色，矩圆形，花柱直立，无毛，上端弯曲；花盘圆锥形，包围花柱基部，无毛或微被小柔毛。果实阔椭圆形，长15~25mm，栗红色或黄色，密被银白色鳞片；果肉乳白色，粉质；果梗短，粗壮，长3~6mm。花期5—6月，果期9月。

多生于荒坡、沙漠潮湿地方和田边等处。

沙　棘

Hippophae rhamnoides L.

沙棘，被子植物门，双子叶植物纲，桃金娘目，胡颓子科，沙棘属植物。别称醋柳、黄酸刺、酸刺柳、黑刺、酸刺。

落叶灌木或乔木，高1.5m，生长在高山沟谷中可达18m，棘刺较多，粗壮，顶生或侧生；嫩枝褐绿色，密被银白色而带褐色鳞片或有时具白色星状柔毛，老枝灰黑色，粗糙；芽大，金黄色或锈色。单叶通常近对生，与枝条着生相似，纸质，狭披针形或矩圆状披针形，长30~80mm，宽4~10mm，两端钝形或基部近圆形，基部最宽，上面绿色，初被白色盾形毛或星状柔毛，下面银白色或淡白色，被鳞片，无星状毛；叶柄极短，几无或长1~1.5mm。果实圆球形，直径4~6mm，橙黄色或橘红色；果梗长1~2.5mm；种子小，阔椭圆形至卵形，有时稍扁，长3~4.2mm，黑色或紫黑色，具光泽。花期4—5月，果期9—10月。

喜光，耐寒，耐酷热，耐风沙及干旱，耐盐碱，常生长于山嵴、谷地、干涸河床地、山坡、砾石地、沙地或黄土上。

本科共收录1种植物。分属1属。

柳叶菜属*Epilobium*

柳叶菜

柳叶菜

Epilobium hirsutum L.

柳叶菜，被子植物门，双子叶植物纲，桃金娘目，柳叶菜科，柳叶菜属植物。别称鸡脚参、水丁香、菜籽灵、通经草、水兰花等。

多年生粗壮草本，有时近基部木质化，在秋季自根颈常平卧生出地下葡匐根状茎，茎上疏生鳞片状叶，先端常生莲座状叶芽。茎高25~250cm，粗3~22mm，中上部常多分枝，周围密被伸展长柔毛，常混生较短而直的腺毛。叶草质，对生，茎上部的互生，无柄；茎生叶披针状椭圆形至狭倒卵形或椭圆形，长4~20cm，宽0.3~5cm，先端锐尖至渐尖，基部近楔形，边缘每侧具20~50枚细锯齿，两面被长柔毛，有时在背面混生短腺毛，每侧侧脉7~9条。总状花序直立；苞片叶状。花蕾卵状长圆形，长4.5~9mm；子房灰绿色至紫色，长2~5cm，密被长柔毛与短腺毛；花梗长0.3~1.5cm；花管长1.3~2mm，在喉部有一圈长白毛；萼片长圆状线形，背面隆起成龙骨状；花瓣常玫瑰红色，或粉红、紫红色，宽倒心形，先端凹缺；花药乳黄色，长圆形；花丝外轮长5~10mm，内轮长3~6mm；花柱直立，长5~12mm，白色或粉红色；柱头白色，4深裂，裂片长圆形，长2~3.5mm，初时直立合生，开放时展开下弯，外面无毛或有稀疏的毛，长稍高过雄蕊。蒴果长2.5~9cm；果梗长0.5~2cm。种子倒卵状，长0.8~1.2mm，径0.35~0.6mm，顶端具很短的喙，深褐色，表面具粗乳突；种缨长7~10mm，黄褐色或灰白色，易脱落。花期6—8月，果期7—9月。

常生于灌丛、荒坡、路旁等处。

本科共收录1种植物。分属1属。

锁阳属*Cynomorium*

锁阳

锁 阳

Cynomorium songaricum Rupr.

锁阳，被子植物门，双子叶植物纲，桃金娘目，锁阳科，锁阳属植物。别称羊锁不拉、不老药、地毛球、黄骨狼、锈铁棒等。

多年生肉质寄生草本，无叶绿素，全株红棕色，高15~100cm，大部分埋于沙中。寄生根上着生大小不等的芽体，初近球形，后变椭圆形或长柱形，径6~15mm，具多数须根与脱落的鳞片叶。茎圆柱状，直立、棕褐色，径3~6cm，埋于沙中的茎具有细小须根。茎上着生螺旋状排列脱落性鳞片叶，向上渐疏；鳞片叶卵状三角形，长0.5~1.2cm，宽0.5~1.5cm，先端尖。肉穗花序生于茎顶，伸出地面，棒状，长5~16cm、径2~6cm；其上着生密集小花，有香气，花序中散生鳞片状叶。雄花长3~6mm；花被片常4，离生或稍合生，倒披针形或匙形，下部白色，上部紫红色；蜜腺近倒圆形，亮鲜黄色，长2~3mm，顶端有4~5钝齿，半抱花丝；雄蕊1，花丝粗，深红色，当花盛开时超出花冠，长达6mm；花药丁字形着生，深紫红色，矩圆状倒卵形，长约1.5mm；雌蕊退化。雌花长约3mm；花被片5~6，条状披针形；花柱棒状，长约2mm，上部紫红色；柱头平截；子房半下位，内含1顶生下垂胚珠；雄花退化。两性花少见。果为小坚果状，多数小，1株约产2万~3万粒，近球形或椭圆形，长0.6~1.5mm，直径0.4~1mm，果皮白色，顶端有宿存浅黄色花柱。种子近球形，径约1mm，深红色，种皮坚硬而厚。花期5—7月，果期6—7月。

常生于荒漠草原地带的河边、湖边、池边等盐碱地区。

本科共收录7种植物。分属6属。

蛇床属*Cnidium*

碱蛇床

阿魏属*Ferula*

硬阿魏

葛缕子属*Carum*

田葛缕子

葛缕子

柴胡属*Bupleurum*

小叶黑柴胡

防风属*Saposhnikovia*

防风

窃衣属*Torilis*

小窃衣

碱蛇床

Cnidium salinum Turcz.

碱蛇床，被子植物门，双子叶植物纲，伞形目，伞形科，蛇床属植物。

根茎发达，稀可呈结节状膨大。茎直立，多分枝，具细条纹。基生叶具长柄，长10cm；叶长圆状卵形，长6cm，宽3cm，1~2回羽状全裂，基部羽片具3~5mm的短柄，上部者无柄，长1~1.5cm，宽0.8~1.2cm，末回裂片长圆状卵形，先端具短尖。茎下部叶具柄，柄长2~10cm，基部扩大成鞘，叶鞘边缘白色膜质；叶片三角状卵形，长12cm，宽10cm，2~3回羽状全裂，末回裂片线状披针形至弯镰形，先端具短尖。茎上部叶柄短，全部鞘状，叶片简化。复伞形花序具长梗；总苞片线形，长6~10mm，早落；伞辐10~15，长2~3cm，显著具棱，粗糙；小总苞片4~6，线形，长5~7mm，边缘略粗糙；萼齿不明显；花瓣白色或带粉红色，宽卵形，先端具内折小舌片；花柱基平垫状，花柱2，向下反曲。分生果长圆状卵形，长3mm，宽1.5mm，主棱5，均扩大成翅，边缘常为白色膜质；每棱槽内有油管1，合生面油管2；胚乳腹面平直或微凹。花期7—8月，果期8—9月。

多生长于盐碱滩、草甸和沟渠边等潮湿地段。

硬阿魏

Ferula bungeana Kitagawa

硬阿魏，被子植物门，双子叶植物纲，伞形目，伞形科，阿魏属植物。别称沙茴香、沙椒、花条、野茴香。

多年生草本，高30~60cm，被密集的短柔毛，蓝绿色。根圆柱形，根颈上残存枯萎的棕黄色叶鞘纤维。茎细，单一，从下部向上分枝呈伞房状，二至三回分枝，下部枝互生，上部枝对生或轮生，枝上的小枝互生或对生。基生叶莲座状，有短柄，柄基部扩展成鞘；叶片广卵形至三角形，二至三回羽状全裂，末回裂片长椭圆形或广椭圆形，再羽状深裂，小裂片楔形至倒卵形，长1~3mm，宽1~2mm，常3裂，形似角状齿，顶端具细尖，被密集的短柔毛，灰蓝色，肥厚。茎生叶少，向上简化，叶片一至二回羽状全裂，裂片细长，至上部无叶片，叶鞘披针形，草质，早枯。复伞形花序生于茎枝顶端，直径4~12cm，果期达25cm，总苞片缺或有1~3片，锥形；伞辐4~5；开展，不等长；无侧生花序；小伞形花序有花5~12，小总苞片3~5，线状披针形；萼齿卵形；花瓣黄色，椭圆形或广椭圆形，顶端渐尖，向内弯曲，沿中脉稍凹入，长2.5~3mm；花柱基扁圆锥形，边缘增宽，花柱延长，柱头增粗。分生果广椭圆形，背腹扁压，果棱突起，长10~15mm，宽4~6mm。果梗不等长；每棱槽中有油管1，合生面油管2。花期5—6月，果期6—7月。

多生长于沙丘、沙地、戈壁滩冲沟、旱田、路边以及砾石质山坡上。

田葛缕子

Carum buriaticum Turcz.

田葛缕子，被子植物门，双子叶植物纲，伞形目，伞形科，葛缕子属植物。

多年生草本，高50~80cm。根圆柱形，长达18cm，直径0.5~2cm。茎通常单生，稀2~5，基部有叶鞘纤维残留物，自茎中下部以上分枝。基生叶及茎下部叶有柄，长6~10cm，叶片长圆状卵形或披针形，长8~15cm，宽5~10cm，3~4回羽状分裂，末回裂片线形，长2~5mm，宽0.5~1mm；茎上部叶通常2回羽状分裂，末回裂片细线形，长5~10mm，宽约0.5mm。总苞片2~4，线形或线状披针形；伞辐10~15，长2~5cm；小总苞片5~8，披针形；小伞形花序有花10~30，无萼齿，花瓣白色。果实长卵形，长3~4mm，宽1.5~2mm，每棱槽内油管1，合生面油管2。花果期5—10月。

多生于田边、路旁、河岸、林下及山地草丛中。

葛缕子

Carum carvi L. f. *carvi*

葛缕子，被子植物门，双子叶植物纲，伞形目，伞形科，葛缕子属植物。

多年生草本，高30~70cm。根圆柱形，长4~25cm，径5~10mm，表皮棕褐色。茎通常单生，稀2~8。基生叶及茎下部叶，叶柄与叶片近等长或略短于叶片，叶片长圆状披针形，长5~10cm，宽2~3cm，2~3回羽状分裂，末回裂片线形或线状披针形，长3~5mm，宽约1mm，茎中上部叶与基生叶同形，较小，无柄或有短柄。无总苞片或稀1~3，线形；伞辐5~10，不等长，长1~4cm，无小总苞或偶有1~3片，线形；小伞形花序有花5~15，花杂性，无萼齿，花瓣白色或带淡红色，花柄不等长，花柱长约为花柱基的2倍。果实长卵形，长4~5mm，宽约2mm，成熟后黄褐色，果棱明显，每棱槽内油管1，合生面油管2。花果期5—8月。

常生于河滩草丛中、林下或高山草甸。

小叶黑柴胡

Bupleurum smithii Wolff var. *parvifolium* Shan et Y. Li

小叶黑柴胡，被子植物门，双子叶植物纲，伞形目，伞形科，柴胡属植物。

多年生草本，植株矮小，高15~40cm。茎丛生，密，细而微弯成弧形，下部微触地。叶窄小，长6~11cm，宽3~7mm。小伞形花序小，直径8~11mm；小总苞有时减少至5片，长3.5~6mm，宽2.5~3.5mm，稍超过小伞形花序。果棕色，卵形，长3.5~4mm，宽2~2.5mm，棱薄，狭翼状；每棱槽内油管3，合生面油管3~4。花期7—8月，果期8—9月。

多生长于山坡草地，偶见于林下。

防　风

Saposhnikovia divaricata（Trucz.）Schischk.

防风，被子植物门，双子叶植物纲，伞形目，伞形科，防风属植物。别称北防风、关防风、哲里根呢等。

多年生草本，高30~80cm。根粗壮，细长圆柱形，分歧，淡黄棕色。根颈有纤维状叶残基及明显的环纹。茎单生，自基部多分枝，斜上升，与主茎近等长，有细棱。基生叶丛生，叶柄扁长，基部有宽叶鞘。叶片卵形或长圆形，长14~35cm，宽6~8cm，二回或近于三回羽裂，第一回裂片卵形或长圆形，有柄，长5~8cm，第二回裂片下部具短柄，末回裂片狭楔形，长2.5~5cm，宽1~2.5cm。茎生叶较基生叶小，顶生叶简化，有宽叶鞘。复伞形花序多数，生于茎和分枝，顶端花序梗长2~5cm；伞辐5~7，长3~5cm，无毛；小伞形花序有花4~10；无总苞片；小总苞片4~6，线形或披针形，先端长，长约3mm，萼齿短三角形；花瓣倒卵形，白色，长约1.5mm，无毛，先端微凹，具内折小舌片。双悬果狭圆形或椭圆形，长4~5mm，宽2~3mm，幼时有疣状凸起，成熟时渐平滑；每棱槽内通常有油管1，合生面油管2；胚乳腹面平坦。花期8—9月，果期9—10月。

常生长于草原、丘陵、多砾石山坡等处。

小窃衣

Torilis japonica（Houtt.）DC.

小窃衣，被子植物门，双子叶植物纲，伞形目，伞形科，窃衣属植物。别称破子草、小叶芹、大叶山胡萝卜、假芹菜、鹤虱、细虱妈头。

一年生或多年生草本，高10~70cm。全株有贴生短硬毛。茎单生，有分枝，有细直纹和刺毛。叶卵形，一至二回羽状分裂，小叶片披针状卵形，羽状深裂，末回裂片披针形至长圆形，长2~10mm，宽2~5mm，边缘有条裂状粗齿至缺刻或分裂。复伞形花序顶生和腋生，花序梗长2~8cm；总苞片3~6；伞辐4~12；小伞形花序有花4~12；萼齿细小，三角状披针形，花瓣白色，倒圆卵形，先端内折；花柱基圆锥状，花柱向外反曲。果实圆卵形，长1.5~4mm，宽1.5~2.5mm。花果期4—10月。

多生于杂木林下、林缘、路旁、沟边及溪边草丛中。

报春花科
Primulaceae

本科共收录1种植物。分属1属。

珍珠菜属*Lysimachia*

虎尾草

虎尾草

Lysimachia barystachys Bunge

虎尾草，被子植物门，双子叶植物纲，报春花目，报春花科，珍珠菜属植物。别称狼尾花、重穗排草、野鸡脸、珍珠菜。

多年生草本，具横走根茎，全株密被卷曲柔毛。茎直立，高30~100cm。叶互生或近对生，长圆状披针形、倒披针形至线形，长4~10cm，宽6~22mm，先端钝或锐尖，基部楔形，近无柄。总状花序顶生，花密集，常转向一侧；花序轴长4~6cm，后渐伸长，果时可达30cm；苞片线状钻形，花梗长4~6mm，通常稍短于苞片；花萼长3~4mm，分裂近达基部，裂片长圆形，周边膜质，顶端圆形，略呈啮蚀状；花冠白色，长7~10mm，基部合生部分长约2mm，裂片舌状狭长圆形，宽约2mm，先端钝或微凹，常有暗紫色短腺条；雄蕊内藏，花丝基部约1.5mm，连合并贴生于花冠基部，分离部分长约3mm，具腺毛；花药椭圆形，长约1mm；花粉粒具3孔沟，长球形，表面近平滑；子房无毛，花柱短，长3~3.5mm。蒴果球形，直径2.5~4mm。花期5—8月，果期8—10月。

常生于草甸、山坡路旁灌丛间。

本科共收录3种植物。分属1属。

补血草属*Limonium*

二色补血草

细枝补血草

黄花补血草

二色补血草

Limonium bicolor（Bag.）Kuntze

二色补血草，被子植物门，双子叶植物纲，白花丹目，白花丹科，补血草属植物。别称燎眉蒿、补血草、扫帚草、匙叶草、血见愁、秃子花、苍蝇架、苍蝇花、二色矶松、二色匙叶草、矶松。

多年生草本，高20~50cm，全株除萼外无毛，茎丛生。叶基生，偶花序轴下部1~3节上有叶，花期叶常存，匙形至长圆状匙形，长3~15cm，宽0.5~3cm，先端通常圆或钝，基部渐狭成平扁柄。花序圆锥状；花序轴单生，或2~5枚各由不同的叶丛中生出，通常有3~4棱，有时具沟槽；主轴圆柱状，常自中部以上作数回分枝，末级小枝二棱形；不育枝少，位于分枝下部或单生于分叉处；穗状花序有柄至无柄，排列在花序分枝的上部至顶端，由3~5个小穗组成；小穗常含2~3花，含4~5花时则被第一内苞的1~2花不开放；外苞长2.5~3.5mm，长圆状宽卵形，第一内苞长6~6.5mm；萼长6~7mm，漏斗状，萼筒径约1mm，全部或下半部沿脉密被长毛，萼檐初时淡紫红或粉红色，后来变白，开张幅径与萼的长度相等，裂片宽短而先端常圆，偶可有一易落的软尖，间生裂片明显，沿脉被微柔毛或变无毛；花冠黄色。花期5—7月，果期6—8月。

盐碱土指示植物，常分布于沙质草原、内陆盐碱地、荒漠等地。

细枝补血草

Limonium tenellum（Turcz.）Kuntze

细枝补血草，被子植物门，双子叶植物纲，白花丹目，白花丹科，补血草属植物。别称纤叶匙叶草。

多年生草本，高5~30cm，全株除萼和第一内苞外无毛。根粗壮；皮黑褐色，易开裂脱落，露出内层红褐色至黄褐色发状纤维。茎基木质，肥大而具多头，被白色膜质芽鳞和残存的叶柄基部。叶基生，匙形、长圆状匙形至线状披针形，小，长5~15mm，宽1~3.5mm，先端圆、钝或急尖，基部渐狭成扁柄。花序伞房状，花序轴常多数，细弱，由下部作数回叉状分枝，其中多数分枝不具花。穗状花序位于部分小枝的顶端，有2~4小穗；小穗含2~3花；外苞长1.5~3mm，宽卵形，先端常圆或钝，第一内苞长6~7mm，初时密被白色长毛，后渐脱落无毛；萼长8~9mm，漏斗状，萼筒径约1~1.3mm，全部沿脉密被长毛，萼檐淡紫色，干后逐渐变白，裂片先端钝或急尖，脉伸至裂片顶缘，沿脉被毛；常有间生小裂片；花冠淡紫红色。花期5—7月，果期7—9月。

常生于荒漠、半荒漠干燥多石场所和盐渍化滩地上。本区内多见于鄂尔多斯高原。

黄花补血草

Limonium aureum（L.）Hill

黄花补血草，被子植物门，双子叶植物纲，白花丹目，白花丹科，补血草属植物。别称黄花苍蝇架、黄里子白、干活草、石花子、金佛花、金匙叶草、黄花矶松、金色补血草等。

多年生草本，高4~35cm，全株除萼外无毛。茎基常有残存叶柄和红褐色芽鳞。叶基生，常早凋，长圆状匙形至倒披针形，长1.5~3cm，宽2~5mm，先端圆或钝。有时急尖，下部渐狭成平扁柄。花序圆锥状，花序轴2至多数，绿色，密被疣状突起，有时仅上部嫩枝具疣，由下部作数回叉状分枝，下部多数分枝成为不育枝，末级不育枝短而略弯；穗状花序位于上部分枝顶端，由3~5个小穗组成；小穗含2~3花；外苞长2.5~3.5mm，宽卵形，先端钝或急尖，第一内苞长5.5~6mm；萼长5.5~6.5mm，漏斗状，萼筒径约1mm，基部偏斜，沿脉和脉间密被长毛，萼檐金黄色，干后有时变橙黄色，裂片正三角形，脉伸出裂片先端成一芒尖或短尖，沿脉常疏被微柔毛，间生裂片常不明显；花冠橙黄色。花期6—8月，果期7—8月。

常生于土质含盐的砾石滩、黄土坡和砂土地上。本区内多见于鄂尔多斯高原西部。

马钱科
Loganiaceae

本科共收录1种植物。分属1属。

醉鱼草属*Buddleja*

互叶醉鱼草

互叶醉鱼草

Buddleja alternifolia

互叶醉鱼草，被子植物门，双子叶植物纲，捩花目，龙胆亚目，马钱科，醉鱼草属植物。别称白箕稍、白芨、泽当醉鱼草、小叶醉鱼草等。

灌木，高1~4m。长枝对生或互生，细弱，上部常弧状弯垂，短枝簇生，常被星状短绒毛至几无毛；小枝四棱形或近圆柱形。叶在长枝上互生，在短枝上簇生，长枝叶披针形或线状披针形，长3~10cm，宽2~10mm，顶端急尖或钝，基部楔形，通常全缘或有波状齿，上面深绿色，下面密被灰白色星状短绒毛；叶柄1~2mm；花枝或短枝叶小，椭圆形或倒卵形，长5~15mm，宽2~10mm。花多朵组成簇生状或圆锥状聚伞花序；花序短，密集，长1~4.5cm，宽1~3cm；花序梗极短；花梗长3mm；花芳香；花萼钟状，长2.5~4mm，具四棱，外面密被灰白色星状绒毛和一些腺毛，花萼裂片三角状披针形，长0.5~1.7mm，宽0.8~1mm，内面被疏腺毛；花冠紫蓝色，花冠管长6~10mm，直径1.2~1.8mm，喉部被腺毛，后变无毛，花冠裂片近圆形或宽卵形；雄蕊着生于花冠管内壁中部，花丝极短，花药长圆形，长1~1.8mm，顶端急尖，基部心形；子房长卵形，长约1.2mm，直径约0.7mm，无毛，花柱长约1mm，柱头卵状。蒴果椭圆状，长约5mm，直径约2mm，无毛；种子多颗，狭长圆形，长1.5~2mm，灰褐色，周围边缘有短翅。花期5—7月，果期7—10月。

常生于干旱山地灌木丛中或河滩边灌木丛中。

本科共收录1种植物。分属1属。

梣属*Fraxinus*

白蜡树

白蜡树

Fraxinus chinensis Roxb.

白蜡树，被子植物门，双子叶植物纲，捩花目，木犀科，梣属植物。别称青榔木、白荆树。

落叶乔木，高10~12m；树皮灰褐色，纵裂。芽阔卵形或圆锥形，被棕色柔毛或腺毛。小枝黄褐色，粗糙，无毛或疏被长柔毛，后秃净，皮孔小。羽状复叶15~25cm；叶柄4~6cm；叶轴挺直，上面具浅沟，初时疏被柔毛，后秃净；小叶5~7枚，硬纸质，卵形、倒卵状长圆形至披针形，长3~10cm，宽2~4cm，顶生小叶与侧生小叶近等大或稍大，先端锐尖至渐尖，基部钝圆或楔形，叶缘具整齐锯齿，上面无毛，中脉在上面平坦，侧脉8~10对，下面凸起，细脉在两面凸起，明显网结；小叶柄长3~5mm。圆锥花序顶生或腋生枝梢，长8~10cm；花序梗长2~4cm，无毛或被细柔毛，光滑；花雌雄异株；雄花密集，花萼小，钟状，长约1mm，无花冠，花药与花丝近等长；雌花疏离，花萼大，桶状，长2~3mm，4浅裂，花柱细长，柱头2裂。翅果匙形，长3~4cm，宽4~6mm，上中部最宽，先端锐尖，常呈犁头状，基部渐狭，翅平展，下延至坚果中部，坚果圆柱形，长约1.5cm；宿存萼紧贴于坚果基部，常在一侧开口深裂。花期4—5月，果期7—9月。

较耐轻度盐碱土，多见于平原或河谷地带。

龙胆科
Gentianaceae

本科共收录1种植物。分属1属。

獐牙菜属*Swertia*

北方獐牙菜

北方獐牙菜

Swertia diluta（Turcz.）Benth. et Hook. f.

北方獐牙菜，被子植物门，双子叶植物纲，捩花目，龙胆科，獐牙菜属植物。别称兴安獐牙菜、獐牙菜、水黄莲、当药等。

一年生草本，高20~70cm。根黄色。茎直立，四棱形，棱上具窄翅，基部直径2~4mm，多分枝，枝细瘦，斜升。叶无柄，线状披针形至线形，长10~45mm，宽1.5~9mm，两端渐狭，下面中脉明显突起。圆锥状复聚伞花序具多数花；花梗直立，四棱形，长至1.5cm；花5数，直径1~1.5cm；花萼绿色，长于或等于花冠，裂片线形，长6~12mm，先端锐尖，背面中脉明显；花冠浅蓝色，裂片椭圆状披针形，长6~11mm，先端急尖，基部有2个腺窝，窄矩圆形，沟状，周缘具长柔毛状流苏；花丝线形，长达6mm，花药狭矩圆形，长约1.6mm；子房无柄，椭圆状卵形至卵状披针形，花柱粗短，柱头2裂，裂片半圆形。蒴果卵形，长至1.2cm；种子深褐色，矩圆形，长0.6~0.8mm，表面具小瘤状凸起。花果期8—10月。

多生于阴湿山坡、山坡林下、田边、谷地等处。

萝藦科
Asclepiadaceae

本科共收录4种植物。分属2属。

鹅绒藤属*Cynanchum*

鹅绒藤

地梢瓜

华北白前

杠柳属*Periploca*

杠柳

鹅绒藤

Cynanchum chinense R. Br.

鹅绒藤，被子植物门，双子叶植物纲，捩花目，萝藦科，鹅绒藤属植物。别称羊奶角角、牛皮消、祖子花、祖马花、趋姐姐叶、老牛肿。

缠绕草本，主根圆柱状，长约20cm，干后灰黄色；全株被短柔毛。叶对生，薄纸质，宽三角状心形，长4~9cm，宽4~7cm，顶端锐尖，基部心形，叶面深绿色，叶背苍白色，两面均被短柔毛，脉上较密；侧脉约10对，在叶背略为隆起。伞形聚伞花序腋生，两歧，着花约20朵；花萼外面被柔毛；花冠白色，裂片长圆状披针形；副花冠二形，杯状，上端裂成10个丝状体，分为两轮，外轮约与花冠裂片等长，内轮略短；花粉块每室1个，下垂；花柱头略为突起，顶端2裂。蓇葖双生或仅有1个发育，细圆柱状，向端部渐尖，长11cm，直径5mm；种子长圆形；种毛白色绢质。花期6—8月，果期8—10月。

多生于山坡向阳灌木丛中或路旁、河畔、田梗边等处。

地梢瓜

Cynanchum thesioides（Freyn）K. Schum.

地梢瓜，被子植物门，双子叶植物纲，捩花目，萝藦科，鹅绒藤属植物。别称地梢花、女青、蒿瓜、地瓜飘、羊角、奶瓜、羊不奶棵、小丝瓜、浮瓢棵、地瓜瓢、驴奶头等。

多年生草本，高10~30cm；地下茎单轴横生，地上茎多自基部分枝，铺散或倾斜，密被白色短硬毛。叶对生或近对生，线形，先端尖，基部楔形，全缘，向背面反卷，两面被短硬毛，中脉在背面明显隆起，近无柄；长3~5cm，宽2~5mm。伞形聚伞花序腋生，密被短硬毛；花萼外面被柔毛，5深裂，裂片披针形，先端尖；花冠绿白色，5深裂，裂片椭圆状披针形，先端钝，外面疏被短硬毛；副花冠杯状，5深裂，裂片三角状披针形，渐尖，高过药隔的膜片，柱头扁平。蓇葖果单生，狭卵状纺锤形，被短硬毛，先端渐尖，中部膨大，长5~6cm，直径2cm；种子卵形，扁平，暗褐色，长8mm；顶端具白色绢质种毛，长2cm。花期5—8月，果期8—10月。

适应性很强，常生长于林缘、草丛、石坡、砂石滩等处。

华北白前

Cynanchum hancockianum（Maxim.）Al. Iljinski

华北白前，被子植物门，双子叶植物纲，捩花目，萝藦科，鹅绒藤属植物。别称老瓜头、牛心朴子。

多年生直立草本，高达50cm。根须状。茎被有单列柔毛及幼嫩部分有微毛，单茎或略有分枝。叶对生，薄纸质，卵状披针形，长3~10cm，宽1~3cm，顶端渐尖，基部宽楔形；侧脉约4对，在边缘网结，有时有边毛；叶柄长约5mm，顶端腺体成群。伞形聚伞花序腋生，长约2cm，着花不到10朵；花萼5深裂，内面基部有小腺体5个；花冠紫红色，裂片卵状长圆形；花粉块每室1个，下垂；副花冠肉质、裂片龙骨状，在花药基部贴生；柱头圆形，略为突起。蓇葖双生，狭披针形，向端部长渐尖，基部紧窄，外果皮有细直纹，长约7cm，直径5mm；种子黄褐色，扁平，长圆形，长5mm，宽3mm；种毛白色绢质，长2cm。花期5—7月，果期6—8月。

多生长于山岭旷野。

杠　柳

Periploca sepium Bunge

杠柳，被子植物门，双子叶植物纲，捩花目，萝藦科，杠柳属植物。别称羊奶条、山五加皮、香加皮、北五加皮、羊角桃、羊桃、羊角叶、臭加皮、狭叶萝藦、羊角梢、立柳、阴柳、钻墙柳、桃不桃柳不柳等。

落叶蔓性灌木，可达1.5m。根系较深，常丛生。主根圆柱状，外皮灰棕色，内皮浅黄色。具乳汁，除花外全株无毛。茎皮灰褐色；小枝常对生，有细条纹，具皮孔。叶卵状长圆形，长5~9cm，宽1.5~2.5cm，顶端渐尖，基部楔形，叶面深绿色，叶背淡绿色；中脉在叶面扁平，在叶背微凸起，侧脉纤细，两面扁平，每边20~25条；叶柄长约3mm。聚伞花序腋生，花数朵；花序梗和花梗柔弱；花萼裂片卵圆形，顶端钝，花萼内面基部有10个小腺体；花冠紫红色，辐状，张开直径1.5cm，花冠筒短，约长3mm，裂片长圆状披针形，中间加厚呈纺锤形，反折，内面被长柔毛，外面无毛；副花冠环状，10裂，其中5裂延伸丝状，被短柔毛，顶端向内弯；雄蕊着生在副花冠内面，并与其合生，花药彼此粘连并包围柱头，背面被长柔毛；心皮离生，每心皮有胚珠多个，柱头盘状凸起；花粉器匙形，黏盘粘连在柱头上。蓇葖2，圆柱状，长7~12cm，直径约5mm，无毛，具纵条纹；种子长圆形，长约7mm，宽约1mm，黑褐色，顶端具白色绢质3cm种毛。花期5—6月，果期7—9月。

喜光、耐旱、耐寒、耐盐碱。多生长于干旱山坡、沙质地、灌丛中、河滩、荒地、林缘、路边或田边等处。

旋花科
Convolvulaceae

本科共收录3种植物。分属2属。

旋花属*Convolvulus*

田旋花

银灰旋花

菟丝子属*Cuscuta*

菟丝子

田旋花

Convolvulus arvensis L.

田旋花，被子植物门，双子叶植物纲，管状花目，旋花科，旋花属植物。别称小旋花、中国旋花、箭叶旋花、野牵牛、拉拉菀、扶田秧、白花藤、面根藤、三齿草藤、燕子草、田福花。

多年生草质藤本。根状茎横走。茎平卧或缠绕，有棱。叶柄长1~2cm；叶片戟形或箭形，长2.5~6cm，宽1~3.5cm，全缘或3裂，先端近圆或微尖，有小突尖头；中裂片卵状椭圆形、狭三角形、披针状椭圆形或线性；侧裂片开展或呈耳形。花1~3朵腋生；花梗细弱；苞片线性，与萼远离；萼片倒卵状圆形，无毛或被疏毛；缘膜质；花冠漏斗形，粉红色、白色，长约2cm，外面有柔毛，褶上无毛，有不明显5浅裂；雄蕊花丝基部肿大，有小鳞毛；子房2室，有毛，柱头2，狭长。蒴果球形或圆锥状，无毛；种子椭圆形。花期5—8月，果期7—9月。

多生长于荒地、荒坡、耕地边、草地或村边路旁。

银灰旋花

Convolvulus ammannii Desr.

银灰旋花，被子植物门，双子叶植物纲，管状花目，旋花科，旋花属植物。别称小旋花、亚氏旋花、彩木。

多年生草本，根状茎短，木质化，全株密被银灰色长毛。茎高2~10cm，平卧或上升，枝和叶密被贴生稀半贴生银灰色绢毛。叶互生，线形或狭披针形，长1~2cm，宽1~4mm，先端锐尖，基部狭，无柄。花腋生，单生枝端，具细花梗，长0.5~7cm；萼片5，长4~7mm，外萼片长圆形或长圆状椭圆形，近锐尖或稍渐尖，内萼片较宽，椭圆形，渐尖，密被贴生银色毛；花冠小，漏斗状，长9~15mm，淡玫瑰色或白色带紫色条纹，有毛，5浅裂；雄蕊5，较花冠短一半，基部稍扩大；雌蕊无毛，较雄蕊稍长，子房2室，每室2胚珠；花柱2裂，柱头2，线形。蒴果球形，2裂，长4~5mm。种子2~3粒，卵圆形，光滑，具喙，淡褐红色。花期6—8月，果期7—9月。

典型旱生兼性盐生植物，多生于干旱山坡草地、盐碱草原或路旁。

菟丝子

Cuscuta chinensis Lam.

菟丝子，被子植物门，双子叶植物纲，管状花目，旋花科，菟丝子属植物。别称豆寄生、无根草、黄丝、禅真、豆阎王、鸡血藤、龙须子、山麻子、无叶藤、无根藤、无娘藤、金丝藤等。

一年生寄生草本。茎缠绕，黄色，纤细，直径约1mm，无叶。花序侧生，少花或多花簇生成小伞形或小团伞花序，近于无总花序梗；苞片及小苞片小，鳞片状；花梗稍粗壮，长约1mm；花萼杯状，中部以下连合，裂片三角状，长约1.5mm，顶端钝；花冠白色，壶形，长约3mm，裂片三角状卵形，顶端锐尖或钝，向外反折，宿存；雄蕊着生花冠裂片弯缺微下处；鳞片长圆形，边缘长流苏状；子房近球形，花柱2，柱头球形。蒴果球形，直径约3mm，几乎为宿存花冠包围，成熟时整齐的周裂。种子淡褐色，卵形，长约1mm，表面粗糙。

多生于田边、山坡阳处、路边灌丛或海子边沙丘，常寄生于豆科、菊科、蒺藜科等多种植物上。

本科共收录4种植物。分属4属。

砂引草属*Messerschmidia*

砂引草

斑种草属*Bothriospermum*

狭苞斑种草

鹤虱属*Lappula*

异刺鹤虱

紫筒草属*Stenosolenium*

紫筒草

砂引草

Messerschmidia sibirica L.

砂引草，被子植物门，双子叶植物纲，管状花目，紫草科，砂引草属植物。

多年生草本，高10~30cm，根状茎细长。茎单一或数条丛生，直立或斜升，常分枝，密生糙伏毛或白色长柔毛。叶披针形、倒披针形或长圆形，长1~5cm，宽6~10mm，先端渐尖或钝，基部楔形或圆，密生糙伏毛或长柔毛，中脉明显，上面凹陷，下面凸起，侧脉不明显，无柄或近无柄。花序顶生，直径1.5~4cm；萼片披针形，长3~4mm，密生向上糙伏毛；花冠黄白色，钟状，长1~1.3cm，裂片卵形或长圆形，外弯，花冠筒较裂片长，外面密生向上糙伏毛；花药长圆形，长2.5~3mm，先端具短尖，花丝极短，着生花筒中部；子房无毛，略现4裂，长0.7~0.9mm，花柱细，柱头浅2裂，下部环状膨大。核果椭圆形或卵球形，长7~9mm，直径5~8mm，粗糙，密生伏毛，先端凹陷，核具纵肋，成熟时分裂为2个各含2粒种子的分核。花果期5—7月。

多生长于沙地、干旱荒漠及山坡道旁。

狭苞斑种草

Bothriospermum kusnezowii Bge.

狭苞斑种草，被子植物门，双子叶植物纲，管状花目，紫草科，斑种草属植物。

一年生草本，高15~40cm。茎数条丛生，直立或平卧，被开展的硬毛及短伏毛，下部多分枝。基生叶莲座状，倒披针形或匙形，长4~7cm，宽0.5~1cm，先端钝，基部渐狭成柄，边缘有波状小齿，两面疏生硬毛及伏毛；茎生叶无柄，长圆形或线状倒披针形，长2~5cm，宽0.5~1cm。花序长5~20cm；苞片线形或线状披针形，长1.5~3cm，宽2~5mm，密生硬毛及伏毛；花梗长1~2.5mm，果期增长；花萼长2~3mm，果期增大至5mm，外面密生开展的硬毛及短硬毛，内面中部以上被向上的伏毛，裂片线状披针形或卵状披针形，先端尖，裂至近基部；花冠淡蓝色、蓝色或紫色，钟状，长3.5~4mm，檐部直径约5mm，裂片圆形，有明显的网脉，喉部有5个梯形附属物，先端浅2裂；花药椭圆形或卵圆形，长0.7mm，花丝极短，着生花筒基部以上1mm处；花柱短，长约为花萼1/2，柱头头状。小坚果椭圆形，长2~2.5mm，密生疣状突起，腹面的环状凹陷圆形。花果期5—7月。

多生长于山坡道旁、干旱农田及山谷林缘等处。

异刺鹤虱

Lappula heteracantha（Ledeb.）Gurke

异刺鹤虱，被子植物门，双子叶植物纲，管状花目，紫草科，鹤虱属植物。别称东北鹤虱。

一年生草本。茎直立，高30~50cm，上部有分枝，被开展或近贴伏的灰色柔毛，茎下部毛渐脱落。基生叶常莲座状，长圆形，长2~7cm，宽3~8mm，全缘，先端钝，基部渐狭成叶柄，两面被开展或近开展的灰色糙毛；茎生叶似基生叶，但较小而狭，无叶柄。花序疏松，果期强烈伸长；苞片线形，下方者比果实长，上方者比果实短；花梗短，果期伸长，下方者长3~5mm，中部者长2~3mm，直立而粗壮，基部渐细；花萼深裂至基部，裂片线形，花期直立，长2~3mm，果期增大，长约5mm，常星状开展；花冠淡蓝色，钟状，长3~3.5mm，檐部直径2~4mm，喉部白色或淡黄色，附属物梯形。小坚果卵形，长3~3.5mm，背面长圆状披针形，有小疣状突起，边缘有2行锚状刺，内行刺黄色，长1.5~2mm，基部扩展相互连合成狭翅，外行刺比内行刺短，通常生于小坚果腹面的中下部；花柱隐藏于锚状刺中。花果期6—9月。

常生于草地或山坡等处。

紫筒草

Stenosolenium saxatile（Pall.）Turcz.

紫筒草，被子植物门，双子叶植物纲，管状花目，紫草科，紫筒草属植物。别称白毛草、伏地蜈蚣草。

多年生草本；根细锥形，根皮紫褐色，稍含紫红色物质。茎直立或斜升，高10~25cm，不分枝或上部有少数分枝，密生开展的长硬毛和短伏毛。基生叶和下部叶匙状线形或倒披针状线形，近花序的叶披针状线形，长1.5~4.5cm，宽3~8mm，两面密生硬毛，先端钝或微钝，无柄。花序顶生，渐延长，密生硬毛；苞片叶状。花具长约1mm的短花梗；花萼长约7mm，密生长硬毛，裂片钻形，果期直立，基部包围果实；花冠蓝紫色，紫色或白色，长1~1.4cm，外面有稀疏短伏毛，花冠筒细，明显较檐部长，通常稍弧曲，檐部直径5~7mm，裂片开展；雄蕊螺旋状着生花冠筒中部之上，内藏；花柱长约为花冠筒的1/2，先端2裂，柱头球形。小坚果的短柄长约0.5mm，着生面居短柄的底面。花果期5—9月。

常生于低山丘陵、平原草地或沙漠地区的固定沙丘、沙质地上。

本科共收录1种植物。分属1属。

莸属*Caryopteris*

蒙古莸

蒙古莸

Caryopteris mongholica Bunge

蒙古莸，被子植物门，双子叶植物纲，管状花目，马鞭草科，莸属植物。别称白沙蒿、山狼毒、兰花茶。

落叶小灌木，常自基部分枝，高0.3~1.5m；嫩枝紫褐色，圆柱形，有毛，老枝毛渐脱。叶片厚纸质，线状披针形或线状长圆形，全缘，少有稀齿，长0.8~4cm，宽2~7mm，表面深绿色，稍被细毛，背面密生灰白色绒毛；叶柄长约3mm。聚伞花序腋生，无苞片和小苞片；花萼钟状，长约3mm，外面密生灰白色绒毛，深5裂，裂片阔线形至线状披针形，长约1.5mm；花冠蓝紫色，长约1cm，外面被短毛，5裂，下唇中裂片较大，边缘流苏状，花冠管长约5mm，管内喉部有细长柔毛；雄蕊4枚，几等长，与花柱均伸出花冠管外；子房长圆形，无毛，柱头2裂。蒴果椭圆状球形，无毛，果瓣具翅。花果期8—10月。

耐旱、耐寒、耐沙埋。多生长在干旱坡地、沙丘荒野及干旱碱质土壤上。本区内多见于鄂尔多斯高原。

本科共收录3种植物。分属3属。

益母草属*Leonurus*

益母草

风轮菜属*Clinopodium*

风车草

脓疮草属*Panzeria*

脓疮草

益母草

Leonurus artemisia（Laur.）S. Y. Hu

益母草，被子植物门，双子叶植物纲，管状花目，唇形科，益母草属植物。别称益母蒿、益母艾、红花艾、玉米草、灯笼草、铁麻干、坤草、九重楼、云母草、野麻、溪麻、六角天麻、野故草、三角小胡麻、爱母草、燕艾、地落艾、假青麻草、黄木草、地母草。

一、二年生草本，主根密生须根。茎直立，常高30~120cm，钝四棱形，有倒向糙伏毛，在节及棱上尤密，基部近无毛，多分枝。茎下部叶卵形，基部宽楔形，掌状3裂，裂片长圆状菱形至卵圆形，裂片上再分裂，上面绿色，有糙伏毛，下面淡绿色，被疏柔毛及腺点，叶脉突出，叶柄纤细；茎中部叶菱形，较小，通常分裂成3个或偶有多个长圆状线形的裂片，叶柄长0.5~2cm。花序上部苞叶近无柄，线形或线状披针形，全缘或具稀少牙齿。轮伞花序腋生，8~15花，圆球形；小苞片刺状，向上伸出，基部略弯曲，长约5mm，贴生微柔毛；花梗无。花萼管状钟形，长6~8mm，外面贴生微柔毛，5脉，显著，齿5。花冠粉红至淡紫红色，1~1.2cm，伸出萼筒部分被柔毛，冠筒内面在离基部1/3处有近水平向的不明显鳞毛毛环，冠檐二唇形，上唇直伸，内凹，长圆形，下唇略短于上唇，内面在基部疏被鳞状毛。雄蕊4枚，花丝丝状，扁平，疏被鳞状毛，花药卵圆形，二室。雌蕊花柱丝状，无毛，先端相等2浅裂。花盘平顶。子房褐色，无毛。小坚果长圆状三棱形，长2.5mm，顶端截平而略宽大，基部楔形，淡褐色，光滑。花期6—9月，果期9—10月。

多生长在野荒地、路旁、田埂、山坡草地、河边等处。

风车草

Clinopodium urticifolium（Hance）C. Y. Wu et Hsuan

风车草，被子植物门，双子叶植物纲，管状花目，唇形科，风轮菜属植物。别称紫苏。

多年生直立草本，根茎木质。茎高25~80cm，钝四棱形，具细条纹，坚硬，基部半木质，常带紫红色，有时近圆柱形，疏被向下短硬毛，上部常具分枝。叶卵圆形、卵状长圆形至卵状披针形，长3~5.5cm，宽1.2~3cm，先端钝或急尖，基部近平截至圆形，边缘锯齿状，坚纸质，上面榄绿色，被极疏短硬毛，下面略淡，各级脉上被稀疏贴生具节疏柔毛，侧脉6~7对；下部叶叶柄长1~1.2cm，向上渐短，腹凹背凸。轮伞花序多花密集，半球形；苞叶叶状；苞片线形，常染紫红色，明显具肋，被白色缘毛；总梗长3~5mm，分枝多数；花梗长1.5~2.5mm，与总梗及序轴密被腺微柔毛。花萼狭管状，长约8mm，上部染紫红色，13脉，果时基部稍一边膨胀，上唇3齿，下唇2齿。花冠紫红色，长约1.2cm，外被微柔毛，内面在下唇下方喉部具二列毛茸，冠筒伸出，冠檐二唇形，上唇直伸，先端微缺，下唇3裂，中裂片稍大。雄蕊4枚，前对稍长，几不露出或微露出，花药2室，室略叉开。花柱微露出，先端不相等2浅裂，裂片扁平。花盘平顶。子房无毛。小坚果倒卵形，长约1mm，宽约0.8mm，褐色，无毛。花期6—8月，果期8—10月。

多生于山坡、草地、路旁、林下等处。

脓疮草

Panzeria alaschanica Kupr.

脓疮草，被子植物门，双子叶植物纲，管状花目，唇形科，脓疮草属植物。别称白龙昌菜、白龙串彩、野芝麻等。

多年生草本，高15~35cm。木质主根粗大。茎由基部发，高30~35cm，基部近木质，多分枝，四棱形，密被白色短绒毛。叶宽卵圆形，宽3~5cm，茎生叶掌状5裂，裂片常达基部，狭楔形，宽2~4mm，小裂片线状披针形，苞叶较小，3深裂，叶片上面密被贴生短毛，下面被白色紧密绒毛，叶脉在上面下陷，下面不明显突出，叶柄细长，扁平，被绒毛。轮伞花序多花，多数密集排列成顶生长穗状花序；小苞片钻形，先端刺尖，被绒毛。花萼管状钟形，外面密被绒毛，内面无毛，萼筒长1.2~1.5cm，齿5，稍不等大，前2齿稍长，宽三角形，先端骤然短刺尖。花冠淡黄或白色，下唇有红条纹，长33~40mm，外被丝状长柔毛，内面无毛，冠檐二唇形，上唇直伸，盔状，长圆形，基部收缩，下唇直伸，浅3裂，中裂片较大，心形，侧裂片卵圆形。雄蕊4，前对稍长，花丝丝状，略被微柔毛，花药黄色，卵圆形，2室，室平行，横裂。花柱丝状，略短于雄蕊，先端相等2浅裂。花盘平顶。小坚果卵圆状三棱形，具疣点，顶端圆，长约3mm。花期7—9月。

本科共收录5种植物。分属3属。

枸杞属*Lycium*

黑果枸杞

枸杞

宁夏枸杞

曼陀罗属*Datura*

曼陀罗

茄属*Solanum*

龙葵

黑果枸杞

Lycium ruthenicum Murr.

黑果枸杞，被子植物门，双子叶植物纲，管状花目，茄科，枸杞属植物。别称甘枸杞、乔诺英—哈尔马格、旁玛。

多棘刺灌木，常高20~50cm，多分枝；分枝斜升或横卧于地面，白色或灰白色，坚硬，常成之字形曲折，有不规则的纵条纹，小枝顶端渐尖呈棘刺状，节间短缩，每节有长0.3~1.5cm的短棘刺；短枝位于棘刺两侧，在幼枝上不明显，在老枝成瘤状，生有簇生叶或花、叶同时簇生，更老的枝成不生叶的瘤状凸起。叶2~6枚簇生于短枝上，在幼枝上则单叶互生，肥厚肉质，近无柄，条形、条状披针形或条状倒披针形，顶端钝圆，基部渐狭，两侧有时稍向下卷，中脉不明显，长0.5~3cm，宽2~7mm。花1~2朵生于短枝上；花梗细瘦，长0.5~1cm。花萼狭钟状，长4~5mm，果时膨大成半球状，包围果实中下部，不规则2~4浅裂，裂片膜质，边缘有稀疏缘毛；花冠漏斗状，浅紫色，长约1.2cm，筒部向檐部扩大，5浅裂，裂片矩圆状卵形，无缘毛，耳片不明显；雄蕊稍伸出花冠，着生于花冠筒中部，花丝离基部上处有疏绒毛；花柱与雄蕊近等长。浆果紫黑色，球状，有时顶端稍凹陷，直径4~9mm。种子肾形，褐色，长1.5mm，宽2mm。花果期5—10月。

耐盐碱，耐干旱，多生长于高山沙林、盐化沙地、河湖沿岸、干河床、荒漠河岸林中等处。

枸　杞

Lycium chinense Mill.

枸杞，被子植物门，双子叶植物纲，管状花目，茄科，枸杞属植物。别称枸杞菜、红珠仔刺、牛吉力、狗牙子、狗牙根、狗奶子等。

多分枝灌木，常高0.5~1m；枝条细弱，弓状弯曲或俯垂，淡灰色，有纵条纹，棘刺长0.5~2cm，生叶和花者较长，小枝顶端锐尖呈棘刺状。叶纸质，单叶互生或2~4枚簇生，卵形、卵状菱形、长椭圆形、卵状披针形，顶端急尖，基部楔形，长1.5~5cm，宽0.5~2.5cm，栽培者较大；叶柄长0.4~1cm。花在长枝上单生或双生于叶腋，在短枝上则同叶簇生；花梗长1~2cm，向顶端渐增粗。花萼长3~4mm，通常3中裂或4~5齿裂，裂片多少有缘毛；花冠漏斗状，长9~12mm，淡紫色，筒部向上骤然扩大，稍短于或近等于檐部裂片，5深裂，裂片卵形，顶端圆钝，平展或稍向外反曲，边缘有缘毛，基部耳显著；雄蕊较花冠稍短，或因花冠裂片外展而伸出花冠，花丝在近基部处密生一圈绒毛并交织成椭圆状的毛丛，花冠筒内壁亦密生一环绒毛；花柱稍伸出雄蕊，上端弓弯，柱头绿色。浆果红色，卵状，栽培者可成长矩圆状或长椭圆状，顶端尖或钝，长7~15mm，栽培者长可达2.2cm，直径5~8mm。种子扁肾脏形，长2.5~3mm，黄色。花果期6—11月。

常生于山坡、荒地、丘陵地、盐碱地、路旁及村边宅旁。

宁夏枸杞

Lycium barbarum L.

被子植物门，双子叶植物纲，管状花目，茄科，枸杞属植物植物。别称中宁枸杞、津枸杞、山枸杞。

灌木，常高0.8~2m；分枝细密，野生时多开展而略斜升或弓曲，栽培时小枝弓曲而树冠多呈圆形，有纵棱纹，灰白色或灰黄色，无毛而微有光泽，有不生叶的短棘刺和生叶、花的长棘刺。叶互生或簇生，披针形或长椭圆状披针形，顶端短渐尖或急尖，基部楔形，长2~3cm，宽4~6mm，栽培时更大，略带肉质，叶脉不明显。花在长枝上1~2朵生于叶腋，在短枝上2~6朵同叶簇生；花梗长1~2cm，向顶端渐增粗。花萼钟状，长4~5mm，通常2中裂，裂片有小尖头或顶端又2~3齿裂；花冠漏斗状，紫堇色，筒部长8~10mm，自下部向上渐扩，明显长于檐部裂片，裂片长5~6mm，卵形，顶端圆钝，基部有耳，边缘无缘毛，花开放时平展；雄蕊的花丝基部稍上处及花冠筒内壁生一圈密绒毛；花柱稍伸出花冠。

浆果红色或在栽培类型中也有橙色，果皮肉质，多汁液，广椭圆状、矩圆状、卵状或近球状，顶端有短尖头或平截、有时稍凹陷，长8~20mm，直径5~10mm。种子常20余粒，略成肾脏形，扁压，棕黄色，长约2mm。花果期5—10月。

多生于盐碱地、路旁等处，本区内多为栽培作物。

曼陀罗

Datura stramonium Linn.

曼陀罗，被子植物门，双子叶植物纲，管状花目，茄科，曼陀罗属植物。别称曼茶罗、醉心花、狗核桃、满达、曼扎、洋金花、枫茄花、万桃花、闹羊花、大喇叭花、野麻子、山茄子。

直立木质一年生草本植物，或半灌木状，高0.5~1.5m，全体近于平滑或在幼嫩部分被短柔毛。茎粗壮，圆柱状，淡绿色或带紫色，下部木质化。叶互生，上部呈对生状，叶片卵形或宽卵形，顶端渐尖，基部不对称楔形，有不规则波状浅裂，裂片顶端急尖，有时亦有波状牙齿，侧脉每边3~5条，直达裂片顶端，长8~17cm，宽4~12cm；叶柄长3~5cm。花单生于枝叉间或叶腋，直立，有短梗；花萼筒状，长4~5cm，筒部有5棱角，两棱间稍向内陷，基部稍膨大，顶端紧围花冠筒，5浅裂，裂片三角形，花后自近基部断裂，宿存部分随果实而增大并向外反折；花冠漏斗状，下半部带绿色，上部白色或淡紫色，檐部5浅裂，裂片有短尖头，长6~10cm，檐部直径3~5cm；雄蕊不伸出花冠，花丝长约3cm，花药长约4mm；子房密生柔针毛，花柱长约6cm。蒴果直立生，卵状，长3~4.5cm，直径2~4cm，表面生有坚硬针刺或有时无刺，成熟后淡黄色，规则4瓣裂。种子卵圆形，稍扁，长约4mm，黑色。花期6—10月，果期7—11月。

常生于荒地、旱地、宅旁、向阳山坡、林缘、草地等处。

龙 葵

Solanum nigrum L.

龙葵，被子植物门，双子叶植物纲，管状花目，茄科，茄属植物。别称野辣虎、野海椒、石海椒、野伞子、灯龙草、山辣椒、野茄秧、小果果、白花菜、地泡子、飞天龙、天茄菜、谷奶子等。

一年生直立草本植物，高0.25~1m，茎直立，多分枝，无棱或棱不明显，绿色或紫色，近无毛或被微柔毛。叶卵形，长2.5~10cm，宽1.5~5.5cm，先端短尖，基部楔形至阔楔形而下延至叶柄，全缘或每边具不规则的波状粗齿，光滑或两面均被稀疏短柔毛，叶脉每边5~6条，叶柄长约1~2cm。蝎尾状花序腋外生，常有3~6花，总花梗长1~2.5cm，花梗长约5mm，近无毛或具短柔毛；萼小，浅杯状，直径约1.5~2mm，齿卵圆形，先端圆；花冠白色，筒部隐于萼内，长不及1mm，冠檐长约2.5mm，5深裂，裂片卵圆形，长约2mm；花丝短，长约0.3mm，花药黄色，长约1.2mm，顶孔向内；子房卵形，直径约0.5mm，花柱长约1.5mm，中部以下被白色绒毛，柱头小，头状。浆果球形，直径约8mm，熟时黑色。种子多数，近卵形，直径1.5~2mm，两侧压扁。

常生长于田边、荒地及村庄附近。

本科共收录2种植物。分属2属。

野胡麻属*Dodartia*

野胡麻

芯芭属*Cymbaria*

蒙古芯芭

野胡麻

Dodartia orientalis L.

野胡麻，被子植物门，双子叶植物纲，管状花目，玄参科，野胡麻属植物。别称倒打草、道爪草、牛含水、牛哈水。

多年生直立草本，高15~50cm，无毛或幼嫩时疏被柔毛。根粗壮，长可达20余cm，带肉质，须根少。茎单一或束生，近基部被棕黄色鳞片，茎多回分枝，枝伸直，细瘦，具棱角，扫帚状。叶疏生，茎下部叶对生或近对生，上部叶常互生，宽条形，长1~4cm，全缘或有疏齿。总状花序顶生，伸长，花常3~7朵，稀疏；花梗短，长0.5~1mm；花萼近革质，长约4mm，萼齿宽三角形，近相等；花冠紫色或深紫红色，长1.5~2.5cm，花冠筒长筒状，上唇短而伸直，卵形，端2浅裂，下唇褶襞密被多细胞腺毛，侧裂片近圆形，中裂片突出，舌状；雄蕊花药紫色，肾形；子房卵圆形，长1.5mm，花柱伸直，无毛。蒴果圆球形，直径约5mm，褐色或暗棕褐色，具短尖头；种子卵形，长0.5~0.7mm，黑色。花果期5—9月。

多生长于山坡、田野、低洼地、盐化草甸等处。

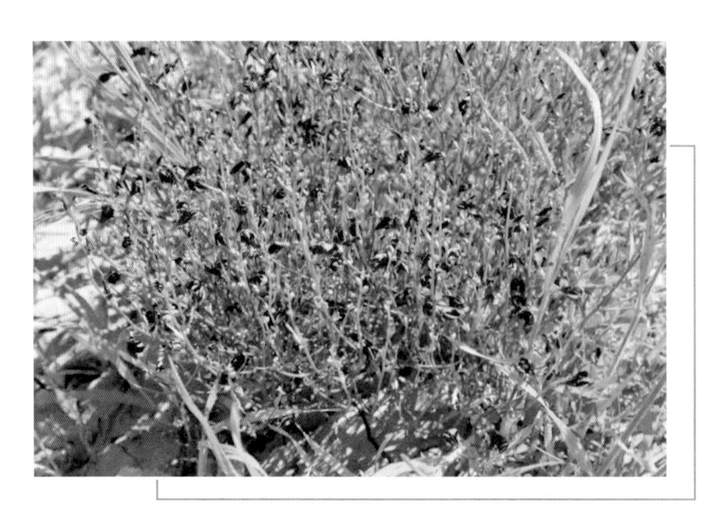

蒙古芯芭

Cymbaria mongolica Maxim.

蒙古芯芭，被子植物门，双子叶植物纲，管状花目，玄参科，芯芭属植物。别称光药大黄花。

多年生草本，丛生，高5~20cm。根茎垂直向下或作不规则之字形弯曲，节间短，节上对生膜质鳞片，有片状剥落，顶端常多头。茎数条，大都自根茎顶部发出，基部被鳞片。叶无柄，对生，或在茎上部近于互生，被短柔毛，先端有一小凸尖，位于茎基者长圆状披针形，常长12mm，宽3~4mm，向上渐增长，呈线状披针形，长23~25mm，宽3~4mm。花少数，腋生，每茎1~4枚，具长3~10mm短梗；小苞片2枚，草质，长8~15mm，全缘或有1~2枚小齿。萼长15~30mm，被柔毛，萼齿5枚有时6枚，基部狭三角形，向上渐细成线形，各齿之间具1~2枚偶有3枚长短不等的线状小齿；花冠黄色，长25~35mm，外面被短细毛，二唇形，上唇略作盔状，裂片向前而外侧反卷，下唇三裂，开展，倒卵形；雄蕊4枚，二强，花丝着生于管的近基处，着生处有一粗短凸起，其上及花丝基部均被柔毛，花药外露，倒卵形，药室上部联合，下部分离，端有刺尖，纵裂；子房长圆形；花柱细长，与上唇近于等长。先端弯向前方。蒴果革质，长卵圆形，长10~11mm，宽5mm，厚2~3mm，室背开裂；种子长卵形，扁平，有时略带三棱形，长4~4.5mm，宽2mm，密布小网眼，有一圈狭翅。花期4—8月。

多生长于干山坡地带。

本科共收录1种植物。分属1属。

角蒿属*Incarvillea*

角蒿

角 蒿

Incarvillea sinensis Lam.

角蒿，被子植物门，双子叶植物纲，管状花目，紫葳科，角蒿属植物。别称莪蒿、萝蒿、大一枝蒿、冰耘草、羊角草、羊角蒿。

一年生至多年生草本，具分枝的茎，高达80cm。根近木质而分枝。叶互生，不聚生于茎基部，2~3回羽状细裂，形态多变，长4~6cm，小叶不规则细裂，末回裂片线状披针形，具细齿或全缘。顶生总状花序，疏散，长达20cm；花梗长1~5mm；小苞片绿色，线形，长3~5mm。花萼钟状，绿色带紫红色，长和宽均约5mm，萼齿钻状，萼齿间皱褶2浅裂。花冠淡玫瑰色或粉红色，有时带紫色，钟状漏斗形，基部收缩成细筒，长约4cm，直径2.5cm，花冠裂片圆形。雄蕊4，2强，着生于花冠筒近基部，花药成对靠合。花柱淡黄色。蒴果淡绿色，细圆柱形，顶端尾状渐尖，长3.5~5.5cm，粗约5mm。种子扁圆形，细小，直径约2mm，四周具透明的膜质翅，顶端具缺刻。花期5—9月，果期10—11月。

常生于海拔500~2 500m的山坡、田野等处。

列当科 Orobanchaceae

本科共收录1种植物。分属1属。

肉苁蓉属*Cistanche*

盐生肉苁蓉

盐生肉苁蓉

Cistanche salsa（C. A. Mey.）G. Beck

盐生肉苁蓉，被子植物门，双子叶植物纲，管状花目，列当科，肉苁蓉属植物。

植株高10~45cm，偶见具少数绳束状须根。一茎不分枝或稀自基部分2~3枝，基部直径3cm，向上渐变窄。叶卵状长圆形，长3~6mm，宽4~5mm，两面无毛，生于茎上部者渐狭，卵形或卵状披针形，长1.4~1.6cm，宽6~8mm。穗状花序长8~20cm，直径5~7cm；苞片卵形或长圆状披针形，长1~1.5cm，宽6~8mm，外面疏被柔毛，边缘密被黄白色长柔毛，稀近无毛；小苞片2枚，长圆状披针形，与花萼等长或稍长，外面及边缘被稀疏柔毛。花萼钟状，淡黄色或白色，顶端5浅裂，裂片卵形或近圆形，近等大；花冠筒状钟形，长2.5~4cm，筒近白色或淡黄白色，顶端5裂，裂片淡紫色或紫色，近圆形，长、宽均为5~7mm。雄蕊4，花丝着生于距筒基部3~4mm处，长1.2~1.4cm，花药长卵形，长约2.5mm，基部具小尖头，连同花丝基部密被白色皱曲长柔毛。子房卵形，花柱长1.6~2cm，无毛，柱头近球形。蒴果卵形或椭圆形，具宿存花柱基部，长1~1.4cm，直径8~9mm。种子近球形，直径0.4~0.5mm。花期5—6月，果期7—8月。

常生于荒漠草原带、荒漠区的湖盆低地及盐碱较重的地方。

车前科
Plantaginaceae

本科共收录3种植物。分属1属。

车前属*Plantago*

车前

盐生车前

小车前

车　前

Plantago asiatica L.

车前，被子植物门，双子叶植物纲，车前目，车前科，车前属植物。别称车前草、车轮草、猪耳草、牛耳朵草、车轱辘菜、蛤蟆草等。

二年生或多年生草本。须根多数。根茎短，稍粗。基生叶莲座状，平卧、斜展或直立；叶片薄纸质或纸质，宽卵形至宽椭圆形，长4~12cm，宽2.5~6.5cm，先端钝圆至急尖，边缘波状、全缘或中部以下有锯齿、牙齿或裂齿，基部宽楔形或近圆形，多少下延，两面疏生短柔毛；脉5~7条；叶柄长2~15cm，基部扩大成鞘，疏生短柔毛。花序3~10个，直立或弓曲上升；花序梗长5~30cm，有纵条纹，疏生白色短柔毛；穗状花序细圆柱状，长3~40cm，紧密或稀疏，下部常间断；苞片狭卵状三角形或三角状披针形，长过于宽，龙骨突宽厚，无毛或先端疏生短毛。花具短梗；花萼长2~3mm，萼片先端钝圆或钝尖，龙骨突不延至顶端。花冠白色，无毛，冠筒与萼片约等长，裂片狭三角形，长约1.5mm，先端渐尖或急尖，具明显中脉，于花后反折。雄蕊着生于冠筒内面近基部，与花柱明显外伸，花药卵状椭圆形，长1~1.2mm，顶端具宽三角形突起，白色，干后变淡褐色。胚珠7~15。蒴果纺锤状卵形、卵球形或圆锥状卵形，长3~4.5mm，于基部上方周裂。种子5~6，卵状椭圆形或椭圆形，长1.5~2mm，具角，黑褐色至黑色，背腹面微隆起；子叶背腹向排列。花期4—8月，果期6—9月。

常生于草地、沟边、河岸湿地、田边、路旁或村边空旷处。

盐生车前

Plantago maritima L. subsp. *ciliata* Printz.

盐生车前，被子植物门，双子叶植物纲，车前目，车前科，车前属植物。

多年生草本。直根粗长。根茎粗，长可达5cm，常有分枝，顶端具叶鞘残基及枯叶。叶簇生呈莲座状，平卧、斜展或直立，稍肉质，干后硬革质，线形，长7~32cm，宽2~8mm，先端长渐尖，边缘全缘，平展或略反卷，基部渐狭并下延，脉3~5条，有时仅1条明显；无明显叶柄，基部扩大成三角形叶鞘，无毛或疏生短糙毛。花序1至多个；花序梗直立或弓曲上升，长10~30 cm，无沟槽，贴生白色短糙毛；穗状花序圆柱状，长5~17cm，紧密或下部间断，穗轴密生短糙毛；苞片三角状卵形或披针状卵形，长2~2.5mm，先端短渐尖，边缘有短缘毛。花萼长2.2~3mm，龙骨突厚，前对萼片狭椭圆形，稍不对称，后对萼片宽椭圆形。花冠淡黄色，冠筒约与萼片等长，外面散生短毛，裂片宽卵形至长圆状卵形，长约1.5mm，于花后反折，边缘疏生短缘毛。雄蕊与花柱明显外伸，花药椭圆形，先端具三角状小突起，长1.8~2mm，干后淡黄色。胚珠3~4。蒴果圆锥状卵形，长2.7~3mm。种子1~2，椭圆形或长卵形，黄褐色至黑褐色，长1.6~2.3mm，腹面平坦；子叶左右向排列。花期6—7月，果期7—8月。

多生于戈壁、盐湖边、盐碱地、河漫滩、盐化草甸等处。

小车前

Plantago minuta Pall.

小车前，被子植物门，双子叶植物纲，车前目，车前科，车前属植物。别称条叶车前、细叶车前。

一年生或多年生小草本，叶、花序梗及花序轴常密被灰白色或灰黄色长柔毛。直根细长。根茎短。叶基生呈莲座状，平卧或斜展；叶片硬纸质，线形、狭披针形或狭匙状线形，长3~8cm，宽1.5~8mm，先端渐尖，边缘全缘，基部渐狭并下延，叶柄不明显，脉3条，基部扩大成鞘状。花序2至多数；花序梗直立或弓曲上升，长2~12cm，纤细；穗状花序短圆柱状至头状，长0.6~2cm，紧密，有时仅具少数花；苞片宽卵形或宽三角形，宽稍过于长，龙骨突延及顶端，先端钝圆，干时变黑褐色。花萼长2.7~3mm，龙骨突较宽厚，延至萼片顶端，前对萼片椭圆形或宽椭圆形，后对萼片宽椭圆形。花冠白色，无毛，冠筒约与萼片等长，裂片狭卵形，长1.4~2mm，全缘或先端波状或有啮齿状细齿，中脉明显，花后反折。雄蕊着生于冠筒内面近顶端，花丝与花柱明显外伸，花药近圆形，先端具三角形小尖头，长约1mm，干后黄色。胚珠2。蒴果卵球形或宽卵球形，长3.5~4mm，于基部上方周裂。种子2，椭圆状卵形或椭圆形，长3~4mm，深黄色至深褐色，有光泽，腹面内凹成船形；子叶左右向排列。花期6—8月，果期7—9月。

多生于戈壁滩、沙地、沟谷、河滩、沼泽地、盐碱地、田边。

本科共收录1种植物。分属1属。

败酱属*Patrinia*

败酱

败　酱

Patrinia scabiosaefolia Fisch. ex Trev.

败酱，被子植物门，双子叶植物纲，茜草目，败酱科，败酱属植物。别称黄花龙牙、黄花苦菜、苦菜、山芝麻、麻鸡婆、野黄花、野芹。

多年生草本，高30~100cm；根状茎横卧或斜生，节处生多数细根；茎直立，黄绿色至黄棕色，有时带淡紫色，下部常被脱落性倒生白色粗毛或几无毛。基生叶丛生，花时枯落，卵形、椭圆形或椭圆状披针形，长3~10.5cm，宽1.2~3cm，不分裂或羽状分裂或全裂，顶端钝或尖，基部楔形，边缘具粗锯齿，上面暗绿色，背面淡绿色，两面被糙伏毛或几无毛，叶柄长3~12cm；茎生叶对生，宽卵形至披针形，长5~15cm，常羽状深裂或全裂具2~3对侧裂片，上部叶渐变窄小，无柄。花序为聚伞花序组成的大型伞房花序，顶生，具5~6 级分枝；花序梗上方一侧被开展白色粗糙毛；总苞线形，甚小；苞片小；花小，萼齿不明显；花冠钟形，黄色，冠筒长1.5mm，基部一侧囊肿不明显，内具白色长柔毛，花冠裂片卵形；雄蕊4，稍超出或几不超出花冠，花丝不等长，近蜜囊的2枚长3.5mm，下部被柔毛，另2枚长2.7mm，无毛，花药长圆形，长约1mm；子房椭圆状长圆形，长约1.5mm，花柱长2.5mm，柱头盾状或截头状。瘦果长圆形，长3~4mm，具3棱，2不育子室中央稍隆起成上粗下细的棒槌状，能育子室略扁平，向两侧延展成窄边状，内含1椭圆形、扁平种子。花期7—9月。

常生于山坡林下、林缘和灌丛中以及路边、田埂边的草丛中。

本科共收录47种植物。分属22属。

碱菀属*Tripolium*

碱菀

短星菊属*Brachyactis*

短星菊

花花柴属*Karelinia*

花花柴

旋覆花属*Inula*

蓼子朴

欧亚旋覆花

线叶旋覆花

菊属*Dendranthema*

野菊

蒿属*Artemisia*

莳萝蒿

青蒿

碱蒿

米蒿

艾

黄花蒿

猪毛蒿

白莎蒿

蒙古蒿

臭蒿

黑沙蒿

绢蒿属*Seriphidium*

西北绢蒿

风毛菊属*Saussurea*

风毛菊

草地风毛菊

裂叶风毛菊

达乌里风毛菊

盐地风毛菊

西北风毛菊

川西风毛菊

柳叶风毛菊

顶羽菊属*Acroptilon*

顶羽菊

鸦葱属*Scorzonera*

鸦葱

蒙古鸦葱

拐轴鸦葱

蒲公英属*Taraxacum*

蒲公英

华蒲公英

多裂蒲公英

黄鹌菜属*Youngia*

碱黄鹌菜

河西菊属*Hexinia*

河西菊

乳苣属*Mulgedium*

乳苣

苦苣菜属*Sonchus*

苦苣菜

小苦荬属*Ixeridium*

中华小苦荬

丝叶小苦荬

稻槎菜属*Lapsana*

稻槎菜

狗娃花属*Heteropappus*

阿尔泰狗娃花

紫菀属*Aster*

紫菀

蓝刺头属*Echinops*

砂蓝刺头

天名精属*Carpesium*

天名精

苍耳属*Xanthium*

苍耳

碱 菀

Tripolium vulgare Nees

碱菀，被子植物门，双子叶植物纲，桔梗目，菊科，碱菀属植物。别称竹叶菊、铁杆蒿、金盏菜。

一、二年生，中生盐生草本植物。茎直立，常高30~50cm，单生或数个丛生于根颈上，下部常带红色，无毛，上部有多少开展的分枝。基部叶在花期枯萎，下部叶条状或矩圆状披针形，长5~10cm，宽0.5~1.2cm，顶端尖，全缘或有具小尖头的疏锯齿；中部叶渐狭，无柄，上部叶渐小，苞叶状；全部叶无毛，肉质。头状花序排成伞房状，有长花序梗。总苞近管状，花后钟状，径约7mm。总苞片2~3层，疏覆瓦状排列，绿色，边缘常红色，干后膜质，无毛，外层披针形或卵圆形，顶端钝，长2.5~3mm，内层狭矩圆形，长约7mm。舌状花1层，管部长3.5~4mm；舌片长10~12mm，宽2mm；管状花长8~9mm，管部长4~5mm，裂片长1.5~2mm。瘦果长2.5~3mm，扁，有边肋，两面各有1脉，被疏毛。冠毛在花期长5mm，花后增长，达14~16mm，有多层极细的微糙毛。花果期8—12月。

温带气候区专性盐生植物，强盐碱土和碱土的指示植物，多生长在低位盐碱斑、盐碱湿地、碱湖边、沼泽及盐碱地。

短星菊

Brachyactis ciliata Ledeb.

短星菊，被子植物门，双子叶植物纲，桔梗目，菊科，短星菊属植物。

一年生草本，高20~60cm。茎直立，自基部分枝，稀不分枝，下部常紫红色，无毛或近无毛，上部及分枝被疏短糙毛。叶较密，基部叶花期常凋落。叶无柄，线形或线状披针形，长2~6cm，宽3~6mm，顶端尖或稍尖，基部半抱茎，全缘，上面被疏短毛或几无毛，边缘有糙缘毛，上部叶渐小而逐渐变成总苞片。头状花序在茎或枝端排成总状圆锥花序，少有单生于枝顶端，径1~2cm，具短花序梗。总苞半球状钟形，总苞片2~3层，线形，不等长，短于花盘，顶端尖，外层绿色，草质，长7~8mm，宽约1mm，有时反折，顶端及边缘有缘毛，内层下部边缘膜质，上部草质。雌花多数，花冠细管状，无色，连同花柱长约4mm，上端斜切，或有长达1.2mm的短舌片，上部及斜切口被微毛；两性花花冠管状，长4~4.5mm，管部上端被微毛，无色或裂片淡粉色，花柱分枝披针形，花全部结实。瘦果长圆形，长2~2.2mm，基部缩小，红褐色，被密短软毛；冠毛白色2层，外层刚毛状，极短，内层糙毛状，长6~7mm。花果期8—10月。

常生长于山坡荒野，山谷河滩或盐碱湿地上。

花花柴

Karelinia caspia（Pall.）Less.

花花柴，被子植物门，双子叶植物纲，桔梗目，菊科，花花柴属植物。别称胖姑娘娘。

多年生草本，常高50~100cm。茎粗壮，直立，多分枝，基部径8~10mm，圆柱形，中空，幼枝有沟或多角形，被密糙毛或柔毛，老枝除有疣状突起外几无毛，节间长1~5cm。叶卵圆形、长卵圆形或长椭圆形，长1.5~6.5cm，宽0.5~2.5cm，顶端钝或圆形，基部等宽或稍狭，有圆形或戟形的小耳，抱茎，全缘，有时具稀疏而不规则的短齿，质厚，两面被短糙毛，后有时无毛；中脉和侧脉纤细，在下面稍高起。头状花序长13~15mm，3~7个生于枝端；花序梗长5~25mm；苞叶渐小，卵圆形或披针形。总苞卵圆形或短圆柱形，长10~13mm；总苞片约5层，外层卵圆形，顶端圆形，较内层短3~4倍，内层长披针形，顶端稍尖，厚纸质，外面被短毡状毛，边缘有较长缘毛。小花黄色或紫红色；雌花花冠丝状，长7~9mm；花柱分枝细长，顶端稍尖；两性花花冠细管状，长9~10mm，有卵形被短毛的裂片；花药超出花冠；花柱分枝较短，顶端尖。冠毛白色，长7~9mm；雌花冠毛有纤细的微糙毛；雄花冠毛顶端较粗厚，有细齿。瘦果长约1.5mm，圆柱形，基部较狭窄，有4~5纵棱，无毛。花期7—9月，果期9—10月。

常生于戈壁滩地、沙丘、草甸盐碱地和苇地水田旁。

蓼子朴

Inula salsoloides（Turcz.）Ostenf.

蓼子朴，被子植物门，双子叶植物纲，桔梗目，菊科，旋覆花属植物。别称沙地旋覆花、黄喇嘛、秃女子草、山猫眼。

多年生草本植物，主根淡黄色。地下茎分枝长，横走，木质，生有疏生膜质，尖披针形，长达20mm的鳞片状叶；节间长达4cm。茎平卧、斜升或直立，圆柱形，下部木质，基部有密集的长分枝，中部以上有较短的分枝，分枝细，常弯曲，被白色基部常疣状的长粗毛，后上部常脱毛；节间长5~20mm，或在小枝上更短。叶披针状或长圆状线形，长5~10mm，宽1~3mm，全缘，基部常心形或有小耳，半抱茎，边缘平或稍反卷，顶端钝或稍尖，稍肉质，上面无毛，下面有腺及短毛。头状花序径1~1.5cm，单生于枝端。总苞倒卵形，长8~9mm；总苞片4~5层，线状卵圆状至长圆状披针形，渐尖，干膜质，基部常稍革质，黄绿色，背面无毛，上部或全部有缘毛。舌状花较总苞长半倍，舌浅黄色，椭圆状线形，长约6mm，顶端有3个细齿；花柱分枝细长，顶端圆形；管状花花冠长约6mm，上部狭漏斗状，顶端有尖裂片；花药顶端稍尖；花柱分枝顶端钝。冠毛白色，与管状花药等长。瘦果长1.5mm，有多数细沟，被腺和疏粗毛。花期5—8月，果期7—9月。

常生于干旱草原、半荒漠、戈壁滩地、流沙地、固定沙丘、湖河沿岸冲积地、风沙地和丘陵顶部等处。

欧亚旋覆花

Inula britanica L.

欧亚旋覆花，被子植物门，双子叶植物纲，桔梗目，菊科，旋覆花属植物。别称旋覆花、大花旋覆花。

多年生草本。根状茎短，横走或斜升。茎直立，单生或2~3个簇生，高20~70cm，径2~4mm，基部常有不定根，上部有伞房状分枝，稀不分枝，被长柔毛，全部有叶；节间长1.5~5cm。基部叶在花期常枯萎，长椭圆形或披针形，长3~12cm，宽1~2.5cm，下部渐狭成长柄；中部叶长椭圆形，长5~13cm，宽0.6~2.5cm，基部宽大，无柄，心形或有耳，半抱茎，顶端尖或稍尖，有浅或疏齿，稀近全缘，上面无毛或被疏伏毛，下面被密伏柔毛，有腺点；上部叶渐小。头状花序1~5个，生于茎端或枝端，径2.5~5cm；花序梗长1~4cm。总苞半球形，径1.5~2.2cm，长达1cm；总苞片4~5层，外层线状披针形，基部稍宽，上部草质，被长柔毛，有腺点和缘毛，但最外层全部草质，且常较长，常反折；内层披针状线形，除中脉外干膜质。舌状花舌片线形，黄色，长10~20mm。管状花花冠上部稍宽大，有三角披针形裂片；冠毛1层，白色，与管状花花冠约等长，有20~25个微糙毛。瘦果圆柱形，长1~1.2mm，有浅沟，被短毛。花期7—9月，果期8—10月。

多生于河流沿岸、湿润坡地、田埂和路旁。

线叶旋覆花

Inula lineariifolia Turcz.

线叶旋覆花，被子植物门，双子叶植物纲，桔梗目，菊科，旋覆花属植物。别称蚂蚱膀子、驴耳朵、窄叶旋覆花。

多年生草本，基部常有不定根。茎直立，单生或2~3个簇生，高30~80cm，粗壮，有细沟，被短柔毛，上部常被长毛，杂有腺体，中上部有多数细长常稍直立的分枝，全部有稍密的叶，节间长1~4cm。基部叶和下部叶在花期常生存，线状披针形或椭圆状披针形，长5~15cm，宽0.7~1.5cm，下部渐狭成长柄，边缘常反卷，有不明显的小锯齿，顶端渐尖，质较厚，上面无毛，下面有腺点，被蛛丝状短柔毛或长伏毛；中脉在上面稍下陷，网脉有时明显；中部叶渐无柄，上部叶渐狭小，线状披针形至线形。头状花序径1.5~2.5cm，在枝端单生或3~5个排列成伞房状；花序梗短或细长。总苞半球形，长5~6mm；总苞片约4层，多少等长或外层较短，线状披针形，上部叶质，被腺和短柔毛，下部革质，但有时最外层叶状，较总苞稍长；内层较狭，顶端尖，除中脉外干膜质，有缘毛。舌状花较总苞长2倍；舌片黄色，长圆状线形，长达10mm。管状花长3.5~4mm，有尖三角形裂片。冠毛1层，白色，与管状花花冠等长，有多数微糙毛。子房和瘦果圆柱形，有细沟，被短粗毛。花期7—9月，果期8—10月。

多生于山坡、荒地、路旁、河岸等处。

野　菊

Dendranthema indicum（L.）Des Moul.

野菊花，被子植物门，双子叶植物纲，桔梗目，菊科，菊属植物。别称油菊、疟疾草、苦薏、路边黄、山菊花、野黄菊、九月菊。

多年生草本，高0.25~1m，有地下匍匐茎。茎直立或铺散，分枝或仅在茎顶有伞房状花序分枝。茎枝被稀疏的毛，上部及花序枝上的毛稍多或较多。基生叶和下部叶花期脱落。中部茎叶卵形、长卵形或椭圆状卵形，长3~7cm，宽2~4cm，羽状半裂、浅裂或分裂不明显而边缘有浅锯齿；基部截形或稍心形或宽楔形，叶柄长1~2cm，柄基无耳或有分裂的叶耳。两面同色或几同色，淡绿色，或干后两面成橄榄色，有稀疏的短柔毛，或下面的毛稍多。头状花序直径1.5~2.5cm，多数在茎枝顶端排成疏松的伞房圆锥花序或少数在茎顶排成伞房花序。总苞片约5层，外层卵形或卵状三角形，长2.5~3mm，中层卵形，内层长椭圆形，长11mm。全部苞片边缘白色或褐色宽膜质，顶端钝或圆。舌状花黄色，舌片长10~13mm，顶端全缘或2~3齿。瘦果长1.5~1.8mm。花期6—11月。

常生于山坡草地、灌丛、河边水湿地、盐碱地、田边及路旁。

莳萝蒿

Artemisia anethoides Mattf.

莳萝蒿，被子植物门，双子叶植物纲，桔梗目，菊科，蒿属植物。别称肇东蒿、小碱蒿、伪菌陈、博知莫格等。

一、二年生草本；有浓烈的香气。主根单一，狭纺锤形，侧根多数。茎单生，高30~60cm，淡红色或红色，分枝多，具小枝；茎、枝均被灰白色短柔毛，叶两面密被白色绒毛。基生叶与茎下部叶长卵形或卵形，长3~4cm，宽2~4cm，三至四回羽状全裂，小裂片狭线形或狭线状披针形，叶柄长，花期均凋谢；中部叶宽卵形或卵形，长2~4cm，宽1~3cm，二至三回羽状全裂，每侧有裂片2~3枚，小裂片丝线形或毛发状，先端钝尖，近无柄，基部裂片半抱茎；上部叶与苞片叶3全裂或不分裂。头状花序近球形，多数，直径1.5~5mm，具短梗，下垂，基部有狭线形的小苞叶，在分枝上排成复总状花序或为穗状花序式的总状花序，并在茎上组成开展的圆锥花序；总苞片3~4层，外层、中层总苞片椭圆形或披针形，背面密被白色短柔毛，具绿色中肋，边缘膜质，内层总苞片长卵形，近膜质；雌花3~6朵，花冠狭管状，花柱线形，伸出花冠外，先端2叉，叉端锐尖；两性花8~16朵，花冠管状，花药线形，先端附属物尖，长三角形，基部钝或有短尖头，花柱与花冠近等长，先端2叉，叉端截形，叉口与叉端有睫毛。瘦果倒卵形，上端平整或略偏斜，微有不对称的冠状附属物。花果期6—10月。

多生长在干山坡、河湖边沙地、荒地、路旁等，盐碱地附近尤多。

青 蒿

Artemisia carvifolia

青蒿，被子植物门，双子叶植物纲，桔梗目，菊科，蒿属植物。别称草蒿、廪蒿、茵陈蒿、邪蒿、香蒿、苹蒿、黑蒿、白染艮、苦蒿等。

一年生草本；植株有香气。主根单一，垂直，侧根少。茎单生，高30~150cm，上部多分枝，幼时绿色，有纵纹，下部稍木质化，纤细，无毛。叶两面青绿色或淡绿色，无毛；基生叶与茎下部叶三回栉齿状羽状分裂，有长叶柄，花期凋谢；中部叶长圆形、长圆状卵形或椭圆形，长5~15cm，宽2~5.5cm，二回栉齿状羽状分裂，第一回全裂，每侧有裂片4~6枚，裂片长圆形，基部楔形，每裂片具多枚长三角形的栉齿或为细小、略呈线状披针形的小裂片，先端锐尖，两侧常有1~3枚小裂齿或无裂齿，中轴与裂片羽轴常有小锯齿，叶柄长0.5~1cm，基部有小形半抱茎的假托叶；上部叶与苞片叶一至二回栉齿状羽状分裂，无柄。头状花序半球形或近半球形，直径3.5~4mm，具短梗，下垂，基部有线形的小苞叶，在分枝上排成穗状花序式的总状花序，并在茎上组成中等开展的圆锥花序；总苞片3~4层，外层总苞片狭小，长卵形或卵状披针形，背面绿色，无毛，有细小白点，边缘宽膜质，中层总苞片稍大，宽卵形或长卵形，内层总苞片半膜质或膜质，顶端圆；花序托球形；花淡黄色；雌花10~20朵，花冠狭管状，檐部具2裂齿，花柱伸出花冠管外，先端2叉，叉端尖；两性花30~40朵，花冠管状，花药线形，上端附属物尖，长三角形，基部圆钝，花柱与花冠等长或略长于，顶端2叉，叉端截形，有睫毛。瘦果长圆形至椭圆形。花果期6—9月。

常生于湿润的河岸边沙地、山谷、林缘、路旁等处。

碱 蒿

Artemisia anethifolia Web. ex Stechm

碱蒿，被子植物门，双子叶植物纲，桔梗目，菊科，蒿属，蒿亚属植物。别称碱蓬棵、大莳萝蒿、盐蒿、糜糜蒿、臭蒿、伪茵陈。

一、二年生草本；有浓烈的香气。主根单一，垂直，狭纺锤形。茎单生，稀少数，高20~50cm，直立或斜上，具纵棱，下部半木质化，分枝多而长；茎、枝初时有短绒毛，后渐脱落无毛，叶初时被短柔毛，后渐稀疏近无毛。基生叶椭圆形或长卵形，长3~4.5cm，宽1.5~2.5cm，二至三回羽状全裂，每侧有裂片3~4枚，每裂片再次羽状全裂，小裂片狭线形，先端钝尖，叶柄长2~4cm，开花时渐萎谢；中部叶卵形、宽卵形或椭圆状卵形，长2.5~3cm，宽1~2cm，一至二回羽状全裂，每侧有裂片3~4枚；上部叶与苞片叶无柄，5或3全裂或不分裂。头状花序半球形或宽卵形，直径2~3mm，具短梗，下垂或斜生，基部有小苞叶，在分枝上排成穗状花序式的总状花序，并在茎上组成疏散开展的圆锥花序；总苞片3~4层，外层、中层总苞片椭圆形或披针形，背面微有白色短柔毛或近无毛，有绿色中肋，边缘膜质，内层总苞片卵形，近膜质，背面无毛；花序托凸起，半球形，具白色托毛；雌花3~6朵，花冠狭管状，花柱伸出花冠外；两性花18~28朵，花冠管状，檐部黄色或红色，花药线形，先端附属物尖，长三角形，花药基部有小尖头或稍钝，花柱与花冠近等长，先端2叉，叉口与叉端有睫毛。瘦果椭圆形或倒卵形，顶端偶有不对称冠状附属物。花果期8—10月。

是蒿属最耐盐碱的专性盐生植物，常生于干山坡、干河谷、碱性滩地、盐渍化草原、荒地及固定沙丘附近。

米　蒿

Artemisia dalai-lamae Krasch.

米蒿，被子植物门，双子叶植物纲，桔梗目，菊科，蒿属植物。别称达赖蒿、驴驴蒿、碱蒿。

半灌木状草本。主根木质，粗，侧根多，明显；根状茎粗短，直径1~3cm，有少数营养枝。茎直立，常成丛，常高10~20cm，密被灰白色短柔毛，不分枝或上部有少数贴向主轴的短分枝。叶多数，密集，近肉质，两面微被短柔毛；茎下部与中部叶卵形或宽卵形，长0.8~1.2cm，宽0.7~1cm，一至二回羽状全裂或近掌状全裂，每侧有裂片2~3枚，小裂片狭线状棒形或狭线形，先端圆钝或略膨大，基部1对裂片半抱茎并呈假托叶状；上部叶与苞片叶5或3全裂。头状花序半球形或卵球形，直径3~4mm，有短梗或近无梗，排成穗状花序、穗状花序式的总状花序或为复穗状花序，而在茎上再组成狭窄的圆锥花序；总苞片3~4层，外层总苞片长卵形或椭圆状披针形，背面微被灰白色蛛丝状短柔毛，中、内层总苞片椭圆形，近膜质，背面无毛；雌花1~3朵，花冠狭圆锥状或狭管状，檐部具2~3裂齿，花柱略伸出花冠外，先端2叉，叉端尖；两性花8~20朵，花冠管状，背面有腺点，花药线形，先端附属物尖，长三角形，基部圆钝或微尖，花柱与花冠等长或略短，先端2叉，叉端近截形，有睫毛。瘦果小，倒卵形。花果期7—9月。

常生于砾质干山坡、干草原、半荒漠草原、盐碱地、河边沙地、干河谷及河漫滩等处。

艾

Artemisia argyi Levl. et Van.

艾，被子植物门，双子叶植物纲，桔梗目，菊科，蒿属植物。别称香艾、蕲艾、艾蒿、灸草、艾绒、白蒿、甜艾、海艾、白艾、家艾、艾叶、陈艾、大叶艾、祁艾、艾蓬、五月艾、野艾、火艾等。

多年生草本或略成半灌木状植物，有浓烈香气。主根明显，略粗长，直径达1.5cm，侧根多；常有横卧地下根状茎及营养枝。茎单生或少数，高80~150cm，有明显纵棱，褐色或灰黄褐色，基部稍木质化，上部草质，并有少数3~5cm的分枝；茎、枝均被灰色蛛丝状柔毛。叶厚纸质；基生叶具长柄，花期萎谢；茎下部叶近圆形或宽卵形，羽状深裂，每侧具裂片2~3枚，裂片椭圆形或倒卵状长椭圆形，每裂片有2~3枚小裂齿；中部叶卵形、三角状卵形或近菱形，长5~8cm，宽4~7cm，一至二回羽状深裂至半裂，每侧裂片2~3枚；上部叶与苞片叶羽状半裂、浅裂、3裂或不分裂。头状花序椭圆形，直径2.5~3.5mm，无梗或近无梗，每数枚至10余枚在分枝上排成小型的穗状花序或复穗状花序；总苞片3~4层，覆瓦状排列；花序托小；雌花6~10朵，花冠狭管状，檐部具2裂齿，紫色，花柱细长，伸出花冠外甚长，先端2叉；两性花8~12朵，花冠管状或高脚杯状，外面有腺点，檐部紫色，花药狭线形，先端附属物尖，长三角形，基部有不明显的小尖头，花柱与花冠近等长或略长，先端2叉，花后向外弯曲，叉端截形，并有睫毛。瘦果长卵形或长圆形。花果期7—10月。

常生长于荒地、路旁、河边、山坡及草原等处。

黄花蒿

Artemisia annua

黄花蒿，被子植物门，双子叶植物纲，桔梗目，菊科，蒿属植物。别称草蒿、青蒿、臭蒿、犱蒿、黄蒿、臭黄蒿、黄香蒿、野茼蒿、秋蒿、香苦草、鸡虱草、假香菜、香丝草、酒饼草、苦蒿等。

一年生草本；植株有浓烈的挥发性香气。根单生，垂直，狭纺锤形；茎单生，高100~200cm，有纵棱，幼时绿色，后变褐色或红褐色，多分枝。叶纸质，绿色；下部叶宽卵形或三角状卵形，长3~7cm，宽2~6cm，两面具脱落性白色腺点及细小凹点，三至四回栉齿状羽状深裂，每侧有裂片5~8枚，裂片长椭圆状卵形，再次分裂，小裂片边缘具多枚栉齿状三角形或长三角形的深裂齿，中肋明显，在叶面上稍隆起，中轴两侧有狭翅，稀上部有数枚小栉齿，叶柄长1~2cm，基部有半抱茎的假托叶；中部叶二至三回栉齿状的羽状深裂；上部叶与苞片叶一至二回栉齿状羽状深裂，近无柄。头状花序球形，多数，直径1.5~2.5cm，有短梗，下垂或倾斜，基部有线形小苞叶，在分枝上排成总状或复总状花序，并在茎上组成开展、尖塔形的圆锥花序；总苞片3~4层，内、外层近等长；花深黄色，雌花10~18朵，花冠狭管状，檐部具2~3裂齿，外面有腺点，花柱线形，伸出花冠外，先端2叉，叉端钝尖；两性花10~30朵，花冠管状，花药线形，上端附属物尖，长三角形，基部具短尖头，花柱近与花冠等长，先端2叉，叉端截形，有短睫毛。瘦果小，椭圆状卵形，略扁。花果期8—11月。

多生长在路旁、荒地、盐碱地、山坡、草原、干河谷、半荒漠及砾质坡地等处。

猪毛蒿

Artemisia scoparia Waldst. et Kit.

猪毛蒿，被子植物门，双子叶植物纲，桔梗目，菊科，蒿属植物。别称臭蒿、石茵陈、山茵陈、白蒿、扫帚艾、滨蒿、棉蒿、黄毛蒿、白茵陈、白头蒿、灰毛蒿、毛滨蒿、迎春蒿、白青蒿、绒蒿等。

多年生草本或近一、二年生草本；有浓烈的香气。主根单一，狭纺锤形、垂直，半木质或木质化。茎通常单生，稀2~3枚，高40~90cm，红褐色或褐色，有纵纹；常自下部开始分枝，枝长10~20cm或更长，下部枝开展，上部枝多斜上展。基生叶与营养枝叶两面被灰白色绢质柔毛。叶近圆形、长卵形，二至三回羽状全裂，具长柄，花期叶凋谢；茎下部叶长卵形或椭圆形，长1.5~3.5cm，宽1~3cm，二至三回羽状全裂，每侧有裂片3~4枚，再次羽状全裂，每侧具小裂片1~2枚，叶柄长2~4cm；中部叶长圆形或长卵形，一至二回羽状全裂，每侧具裂片2~3枚；茎上部叶与分枝上叶及苞片叶3~5全裂或不分裂。头状花序近球形，稀近卵球形，极多数，直径1~2mm，具极短梗或无梗，基部有线形小苞叶，在分枝上偏向外侧生长，并排成复总状或复穗状花序，而在茎上再组成大型、开展的圆锥花序；总苞片3~4层，外层总苞片草质、卵形，背面绿色、无毛，边缘膜质，中、内层总苞片长卵形或椭圆形，半膜质；花序托小，凸起；雌花5~7朵，花冠狭圆锥状或狭管状，冠檐具2裂齿，花柱线形，伸出花冠外，先端2叉，叉端尖；两性花4~10朵，不孕育，花冠管状，花药线形，先端附属物尖，长三角形，花柱短，先端膨大，2裂。瘦果倒卵形或长圆形，褐色。花果期7—10月。

多生长在山坡、旷野、路旁等处。

白莎蒿

Artemisia blepharolepis Bge.

白莎蒿，被子植物门，双子叶植物纲，桔梗目，菊科，蒿属植物。别称白里蒿、糜蒿、白沙蒿、苏儿目斯图—沙里尔日。

一年生草本；植株有臭味。根垂直、单一，细。茎单生，高20~60cm，纵棱不明显，分枝多，下部长，近平展，长10~15cm，上部枝短，斜向上展；茎、枝密被灰白色细短柔毛。叶两面密被灰白色柔毛；茎下部叶与中部叶长卵形或长圆形，长1.5~4cm，宽0.3~0.8cm，二回栉齿状的羽状分裂，第一回全裂，每侧具裂片5~8枚，裂片长卵形或近倒卵形，长0.3~0.5cm，宽0.2~0.3cm，边缘常略反卷，第二回为栉齿状的深裂，裂片每侧有5~8枚栉齿，栉齿长、宽0.3~0.8mm，叶柄长0.5~3cm，基部有小形栉齿状分裂的假托叶；上部叶与苞片叶栉齿状羽状深裂或浅裂或不分裂，椭圆状披针形或披针形，边缘具若干枚栉齿。头状花序椭圆形或长椭圆形，直径1.5~2mm，具短梗及小苞叶，下垂，在分枝的小枝上排成穗状花序式的短总状花序，而在茎上组成开展的圆锥花序；总苞片4~5层，外层总苞片较短小，卵形，背面绿色，疏被灰白色柔毛，边缘膜质，中、内层总苞片长卵形，背面疏被白色柔毛，边缘宽膜质；雌花2~3朵，花冠狭圆锥形，花柱伸出花冠外，先端2叉，叉端尖；两性花3~6朵，不孕育，花冠短管状或长圆形，花药线形，先端附属物尖，长三角形，基部圆钝，花柱短，先端圆，2裂，不叉开，退化子房细小。瘦果椭圆形。花果期7—10月。

多生于干山坡、草地、草原、荒地、路旁及河岸沙滩上。

蒙古蒿

Artemisia mongolica（Fisch. ex Bess.）Nakai

蒙古蒿，被子植物门，双子叶植物纲，桔梗目，菊科，蒿属植物。别称蒙蒿、狭叶蒿、狼尾蒿、水红蒿等。

多年生草本。根细，侧根多；根状茎短，半木质化。茎少数或单生，高40~120cm，具明显纵棱；分枝多，长10~20cm，斜向上或略开展；茎、枝初时密被灰白色蛛丝状柔毛。叶纸质或薄纸质，上面绿色，初时被蛛丝状柔毛，后渐稀疏，背面密被灰白色蛛丝状绒毛；下部叶卵形或宽卵形，二回羽状全裂或深裂，第一回全裂，每侧有裂片2~3枚，再次羽状深裂或为浅裂齿，花期叶萎谢；中部叶卵形、近圆形或椭圆状卵形，长5~9cm，宽4~6cm，第一回全裂，每侧有裂片2~3枚，裂片椭圆形、椭圆状披针形或披针形，再次羽状全裂，稀深裂或3裂，小裂片披针形、线形或线状披针形，基部常有小型的假托叶；上部叶与苞片叶卵形或长卵形，羽状全裂或5或3全裂，无柄。头状花序多数，椭圆形，直径1.5~2mm，无梗，直立或倾斜，有线形小苞叶，在分枝上排成密集的穗状花序，稀为略疏松的穗状花序，并在茎上组成狭窄或中等开展的圆锥花序；总苞片3~4层，覆瓦状排列；雌花5~10朵，花冠狭管状，檐部具2裂齿，紫色，花柱伸出花冠外，先端2叉，反卷；两性花8~15朵，花冠管状，背面具黄色小腺点，檐部紫红色，花药线形，先端附属物尖，长三角形，基部圆钝，花柱与花冠近等长，先端2叉，叉端截形并有睫毛。瘦果小，长圆状倒卵形。花果期8—10月。

多生长于草原、草甸草原、山丘、荒地、耕地、路旁等处。

臭　蒿

Artemisia hedinii Ostenf. et Pauls.

臭蒿，被子植物门，双子叶植物纲，桔梗目，菊科，蒿属植物。别称海定蒿、牛尾蒿、克朗、桑子那保。

一年生草本；有浓烈臭味。根单一、垂直。茎单生，稀少数，高15~ 60cm，基部粗达0.6cm，紫红色，具纵棱，不分枝或具着生头状花序的分枝，枝长4~8cm；茎、枝无毛或疏被短腺毛状短柔毛。叶绿色，背面微被腺毛状短柔毛；基生叶多数，莲座状，长椭圆形，长10~14cm，宽2~3.5cm，二回栉齿状羽状分裂，每侧有裂片20余枚，再次羽状深裂或全裂；茎下部与中部叶长椭圆形，长6~12cm，宽2~4cm，二回栉齿状羽状分裂，第一回全裂，每侧裂片5~10枚，裂片长圆形或线状披针形，长0.3~1.5cm，宽2~4mm，每裂片具多枚小裂片，并有小型栉齿状分裂的假托叶；上部叶与苞片叶渐小，一回栉齿状羽状分裂。头状花序半球形或近球形，直径3~4mm，在茎端及短的花序分枝上排成密穗状花序，并在茎上组成密集、狭窄的圆锥花序；总苞片3层，内、外层近等长，外层总苞片椭圆形或披针形，背面无毛或微有腺毛状的短柔毛，边缘紫褐色或深褐色，膜质，中、内层总苞片椭圆形或卵形，无毛；花序托凸起，半球形；雌花3~8朵，花冠狭圆锥状或狭管状，檐部具2~3裂齿，花柱短，微伸出花冠外，先端稍叉开，叉端钝尖；两性花15~30朵，花冠管状，檐部紫红色，外面有腺点。瘦果长圆状倒卵形，纵纹稍明显。花果期7—10月。

多生于湖边草地、河滩、砾质坡地、田边、路旁、林缘等处。

黑沙蒿

Artemisia ordosica Krasch

黑沙蒿，被子植物门，双子叶植物纲，桔梗目，菊科，蒿属植物。别称沙蒿、鄂尔多斯蒿、油蒿、籽蒿等。

小灌木。主根粗而长，木质，侧根多；根状茎粗壮，直径1~3cm，具多枚营养枝。茎高50~100cm，茎皮老时常呈薄片状剥落，分枝多，枝长10~35cm，老枝暗灰白色或暗灰褐色，当年生枝紫红色或黄褐色，茎、枝常组成大密丛。叶黄绿色，初时两面微有短柔毛，后无毛，半肉质，干后坚硬；茎下部叶宽卵形或卵形，一至二回羽状全裂，每侧有裂片3~4枚，基部裂片最长，有时再2~3全裂，小裂片狭线形，叶柄短，基部稍宽大；中部叶卵形或宽卵形，长3~5cm，宽2~4cm，一回羽状全裂，每侧裂片2~3枚，裂片狭线形，通常向中轴方向弯曲或不弧曲；上部叶5或3全裂，裂片狭线形，无柄；苞片叶3全裂或不分裂，狭线形。头状花序多数，卵形，直径1.5~2.5mm，有短梗及小苞叶，斜生或下垂，在分枝上排成总状或复总状花序，并在茎上组成开展的圆锥花序；总苞片3~4层，外、中层总苞片卵形或长卵形，背面黄绿色，无毛，边缘膜质，内层总苞片长卵形或椭圆形，半膜质；雌花10~14朵，花冠狭圆锥状，檐部具2裂齿，花柱长，伸出花冠外，先端2叉；两性花5~7朵，不孕育，花冠管状，花药线形，顶端附属物尖，长三角形，基部圆钝，花柱短，先端圆，棒状，2裂，不叉开，退化子房不明显。瘦果倒卵形，果壁上具细纵纹并有胶质物。花果期7—10月。

多生长于干草原、荒漠草原、草原化荒漠、沙区等地。本区内多见于鄂尔多斯高原。

西北绢蒿

Seriphidium nitrosum

西北绢蒿，被子植物门，双子叶植物纲，桔梗目，菊科，绢蒿属植物。别称新疆绢蒿、察干—沙瓦格、察干—沙里尔日。

多年生草本或稍呈半灌木状。主根明显；根状茎稍粗短，具少数营养枝，枝端密生叶。茎高40~50cm，下部半木质，上部草质，并有少量斜向上短分枝；营养期茎、枝被灰绿色蛛丝状柔毛，后毛部分脱落。叶稍柔弱，两面初时被蛛丝状柔毛，后部分脱落；茎下部叶长卵形或椭圆状披针形，长3~4cm，宽0.5~2cm，二回羽状全裂，每侧有裂片4~5枚，再次羽状全裂，小裂片狭线形，长3~5mm，宽0.3~0.8mm，先端钝或尖，叶柄长0.3~0.7cm；中部叶一至二回羽状全裂，基部有小型假托叶；上部叶羽状全裂，无柄，基部裂片半抱茎；苞片叶不分裂，狭线形，稀少羽状全裂。头状花序长圆形或长卵形，直径1.5~2mm，无梗，基部有小苞叶，在分枝上排成疏松或密集的穗状花序，并在茎上组成狭长或稍开展的圆锥花序；总苞片4~5层，外层总苞片小，卵形或狭卵形，中、内层总苞片略长，长卵形、椭圆形或椭圆状披针形，外、中层总苞片背面初时密生灰白色蛛丝状短柔毛，后渐脱落，边缘膜质，内层总苞片半膜质，背面近无毛；两性花3~6朵，花冠管状，檐部红色或黄色，花药线形，先端附属物披针形或线形，基部具短尖头，花柱短，开花时先端稍叉开，叉端截形并有睫毛。瘦果倒卵形。花果期8—10月。

常生于荒漠化或半荒漠草原、盐渍化草甸、戈壁、砾质坡地、干山谷、山麓、干河岸、湖边、路旁和洪积扇地区。

风毛菊

Saussurea japonica（Thunb.）DC.

风毛菊，被子植物门，双子叶植物纲，桔梗目，菊科，风毛菊属植物。别称八棱麻、三棱草。

二年生草本，高50~150cm。根倒圆锥状或纺锤形，黑褐色，生多数须根。茎直立，基部直径1cm，通常无翼，被稀疏的短柔毛及金黄色的小腺点。基生叶与下部叶有叶柄，柄长3~6cm，有狭翼，叶片椭圆形、长椭圆形或披针形，长7~22cm，宽3.5~9cm，羽状深裂，侧裂片7~8对，中部的侧裂片较大，向两端的侧裂片较小，全部侧裂片顶端钝或圆形，边缘全缘或稀有少数大锯齿；中部叶与下部叶同形并等样分裂，但渐小，有短柄；上部叶与花序分枝上的叶更小，羽状浅裂或不裂，无柄；全部两面绿色，有稠密的凹陷性淡黄色小腺点。头状花序多数，在茎枝顶端排成伞房状或伞房圆锥花序，有小花梗。总苞圆柱状，直径5~8mm，被白色稀疏的蛛丝状毛；总苞片6层，外层长卵形，长2.8mm，顶端微扩大，紫红色，中层与内层倒披针形或线形，长4~9mm，顶端有扁圆形紫红色膜质附片，附片边缘有锯齿。小花紫色，长10~12mm，细管部长6mm，檐部长4~6mm。瘦果深褐色，圆柱形，长4~5mm。冠毛白色，2层，外层短，糙毛状，长2mm，内层长，羽毛状，长8mm。花果期6—11月。

多生于海拔200~2 800米的山坡、山谷、林下、荒坡、水旁、田中。

草地风毛菊

Saussurea amara（L.）DC.

草地风毛菊，被子植物门，双子叶植物纲，桔梗目，菊科，风毛菊属植物。别称驴耳风毛菊、羊耳朵。

多年生草本。茎直立，高15~60cm，被白色稀疏的短柔毛或通常无毛，上部或仅在顶端有短伞房花序状分枝或自中下部有长伞房花序状分枝。基生叶与下部叶有柄，长2~4cm，叶片披针状长椭圆形、椭圆形、长圆状椭圆形或长披针形，长4~18cm，宽0.7~6cm，顶端钝或急尖，基部楔形渐狭，边缘通常全缘或有极少的钝而大的锯齿或波状浅齿；中上部叶渐小，椭圆形或披针形，基部时有小耳；全部叶两面绿色，被稀疏的短柔毛及稠密的金黄色小腺点。头状花序在茎枝顶端排成伞房状或伞房圆锥花序。总苞钟状或圆柱形，直径8~12mm；总苞片4层，外层披针形或卵状披针形，长3~5mm，宽1mm，顶端急尖，有时黑绿色，有细齿或3裂，外层被稀疏的短柔毛，中层与内层线状长椭圆形或线形，外面有白色稀疏短柔毛，顶端有淡紫红色而边缘有小锯齿的圆形附片，全部苞片外面绿色或淡绿色，有少数金黄色小腺点或无腺点。小花淡紫色，长1.5cm，细管部长9mm，檐部长6mm。瘦果长圆形，长3mm，有4肋。冠毛白色，2层，外层短，糙毛状，长1mm，内层长，羽毛状，长1.7cm。花果期7—10月。

常生长于沙丘、盐碱地、河堤、山坡、草原、荒地、路边及水边。

裂叶风毛菊

Saussurea laciniata Ledeb.

裂叶风毛菊，被子植物门，双子叶植物纲，桔梗目，菊科，风毛菊属植物。

多年生草本。茎直立，高15~50cm，基部残存褐色纤维状叶柄，有具尖齿的狭翼，自基部分枝，被稀疏的短柔毛。基生叶叶柄长1~7cm，柄基鞘状扩大；叶片长椭圆形，长3~12cm，宽1.5~2cm，二回羽状深裂，一回侧裂片5~10对，互生或对生，二回裂片三角形、偏斜三角形或锯齿状，顶端有软骨质小尖头，极少羽状深裂，裂片长椭圆形，边缘全缘；中部与上部叶线形或长椭圆形，羽状浅裂或深裂或不分裂而边缘全缘，无柄；全部叶质地厚，两面被稀疏的短柔毛和黄色的小腺点。头状花序，在茎枝顶端呈伞房花序状排列，有小花梗。总苞钟状；总苞片5层，外层卵形或长卵形，长4mm，宽1.8mm，顶端绿色，草质，反折或几不反折，有小尖头，中层卵状披针形，长6~8mm，宽约2mm，顶端绿色具齿草质扩大，有小尖头，内层线形或线状披针形，长10mm，宽1.5~2mm，顶端有淡紫色的具齿膜质附片，被稠密的长柔毛及小腺点。小花红紫色，长10~12mm，细管部长6mm，檐部长4mm。瘦果圆柱状，深褐色，长2~3mm。冠毛白色，2层，外层短，糙毛状，长4mm；内层长，羽毛状，长1cm。花果期7—8月。

常生于荒漠草原及盐碱地上。

达乌里风毛菊

Saussurea davurica

达乌里风毛菊，被子植物门，双子叶植物纲，桔梗目，菊科，风毛菊属植物。

多年生草本，高4~15cm，全株灰绿色。根细长，黑褐色。茎直立，单生或2~3个，有脉纹或棱，无毛或被稀疏的短柔毛，基部直径2~4mm。基生叶叶柄长1.5~3cm；柄基扩大，叶片披针形或长椭圆形，长2~10cm，宽0.5~2cm，顶端急尖，基部楔形或宽楔形，边缘全缘、浅波状锯齿或下部倒向羽状浅裂或深裂，侧裂片宽三角形，顶端钝；茎生叶少数或多数，下部叶与基生叶同形，但较小，边缘波状浅锯齿或全缘，基部楔形，渐狭成短柄或无柄，上部叶更小，长椭圆形或宽线形，无柄；全部叶两面灰绿色，肉质，无毛，有稠密的淡黄色的小腺点，边缘有或无糙硬毛。头状花序，在茎枝顶端排成球形或半球形的伞房花序。总苞圆柱状，直径5~6mm；总苞片6~7层，外层卵形或椭圆形，长2~4mm，宽1~1.5mm，顶端急尖或钝，上部带紫红色，中层长椭圆形，长7mm，顶端急尖，上部带紫红色，内层线形，长1.05cm，顶端急尖，上部带紫红色，全部总苞片外面几无毛，边缘有短柔毛。小花粉红色，长1.5cm，细管部长8mm，檐部长7mm。瘦果圆柱状，长2~3mm，顶部有小冠。冠毛2层，白色，外层短，单毛状，长2mm；内层长，羽毛状，长1.1~1.2cm。花果期8—9月。

多生于河岸碱地、湿河滩、林下、盐渍化低湿地、盐化草甸等处。

盐地风毛菊

Saussurea salsa

盐地风毛菊，被子植物门，双子叶植物纲，桔梗目，菊科，风毛菊属植物。

多年生草本，高20~50cm。根粗壮，棕褐色；根颈密被残存的叶柄及其分解的纤维。茎通常单一，直立，在上部或中部分枝，有棱槽，具长短和宽窄不一的翅，翅全缘或具齿。叶质地厚，被短硬毛或光滑无毛，下面有腺点，基生叶和下部叶较大，长5~20cm，宽2~6cm，叶片长圆形、长圆状线形、长圆状披针形，大头羽状全裂或深裂，顶裂片大，常为箭头状，沿缘具波状齿或缺刻状裂片，稀全缘；侧裂片较小，多数，三角形、卵形、菱形或披针形，通常全缘，向下小，叶柄短，柄基部鞘状扩大；茎生叶向上渐小，长圆形、披针形或线形，沿缘有齿或全缘，无柄，通常沿茎下延成翅。头状花序小，多数，生于茎枝顶端，排列成伞房状、复伞房状或伞房圆锥状；总苞圆柱状，总苞片5~7层，淡紫红色，无毛或有稀疏蛛丝状柔毛，外层总苞片卵形，顶端钝，内层总苞片长圆形。小花粉红色或玫瑰红色。瘦果圆柱形，长约3mm，淡褐色，无毛，冠毛2层，白色，外层刚毛不等长，糙毛状；内层刚毛羽状。花果期7—9月。

耐重度盐碱，多生长于盐土草地、河湖边、盐渍化低地、平原荒漠戈壁、盐渍化沙地以及沼泽化草甸等处。

西北风毛菊

Saussurea petrovii

西北风毛菊，被子植物门，双子叶植物纲，桔梗目，菊科，风毛菊属植物。

多年生草本，高5~20cm。根木质，纤维状撕裂。根状茎有分枝，被稠密残存叶。茎直立，不分枝或上部伞房花序状分枝，被稀疏的白色短柔毛。基生叶及下部与中部叶线形、线状长圆形或长圆形，长2~10cm，宽2~4mm，顶端急尖或渐尖，基部楔形渐狭，无柄，边缘有稀疏的小锯齿；上部叶及最上部叶小，线形，边缘全缘，全部叶两面异色，上面绿色，无毛，下面灰白色，被稠密的白色绒毛。头状花序少数，在茎顶排列成伞房花序。总苞圆柱状，直径5~8mm；总苞片4~5层，外层卵形，长2.5mm，宽2mm，顶端短渐尖，中层长圆形，长6mm，宽2mm，顶端短渐尖，内层长椭圆形，长7mm，宽2mm，顶端急尖，全部总苞片外面被稀疏的白色蛛丝状短柔毛。小花粉红色，长0.8~1.2cm，细管部长5~6mm，檐部长3~6mm。瘦果圆柱状，褐色，长3~4mm，无毛。冠毛2层，白色，外层短，糙毛状，长2.8mm；内层长，羽毛状，长7mm。花果期6—9月。

多生于山坡等处。

川西风毛菊

Saussurea dzeurensis

川西风毛菊，被子植物门，双子叶植物纲，桔梗目，菊科，风毛菊属植物。

多年生草本，高60~90cm。根状茎粗，颈部被多数纤维状叶柄残迹。茎直立，有翼，翼有锯齿，被稀疏的棉毛或后脱毛，上部有伞房花序状分枝。基生叶有长叶柄，茎生叶的叶片基部沿茎下延成具齿的茎翼，全部叶倒向羽状分裂，侧裂片3~6对，三角形，边缘有锯齿；上部叶渐小，卵状披针形，边缘有粗齿，全部叶上面被稀疏的糙毛，下面被白色蛛丝毛。头状花序通常7~10个，在茎枝顶端排成伞房花序，花序梗有线形苞叶，被稀疏的棉毛。总苞卵形，长1~1.2cm；总苞片革质，被绢状柔毛，顶端钝或急尖，边缘黑色，外层及中层卵形或披针形，内层长圆形。小花白色，长8~9mm。瘦果长3.5mm。冠毛淡黄褐色，外层短，糙毛状；内层羽毛状。花果期9—10月。

常生于山坡草地。

柳叶风毛菊

Saussurea salicifolia

柳叶风毛菊，被子植物门，双子叶植物纲，桔梗目，菊科，风毛菊属植物。

多年生草本，高15~40cm。根粗壮，纤维状撕裂。茎直立，有棱，被蛛丝毛或短柔毛，上部伞房花序状分枝或分枝自基部。叶线形或线状披针形，长2~10cm，宽3~5mm，顶端渐尖，基部楔形渐狭，有短柄或无柄，边缘全缘，稀基部边缘有锯齿，常反卷，两面异色，上面绿色无毛或有稀疏短柔毛，下面白色，被白色稠密的绒毛。头状花序多数或少数，在茎枝顶端排成狭窄的帚状伞房花序或伞房花序，有花序梗。总苞圆柱状，直径4~7mm；总苞片4~5层，紫红色，外面被稀疏蛛丝毛，外层卵形，长1.5mm，宽1mm，顶端钝或急尖，中层卵形，长2mm，宽1mm，顶端急尖，内层线状披针形或宽线形，长6~8mm，宽1~2mm，顶端急尖。瘦果褐色，长3.5mm，无毛。小花粉红色，长1.5cm，细管部长8mm，檐部长7mm。冠毛2层，白色，外层短，糙毛状，长2mm；内层长，羽毛状，长10mm。花果期8—9月。

多生于高山灌丛、草甸、山沟阴湿处。

顶羽菊

Acroptilon repens（L.）DC.

顶羽菊，被子植物门，双子叶植物纲，桔梗目，菊科，顶羽菊属植物。

多年生草本，高25~70cm。根直伸。茎单生，或少数茎簇生，直立，自基部分枝，分枝斜升，全部茎枝被蛛丝毛，叶稠密。叶质地稍坚硬，长椭圆形、匙形或线形，长2.5~5cm，宽0.6~1.2cm，顶端钝或圆形或急尖有小尖头，边缘全缘，无锯齿或稀不明显细尖齿，或叶羽状半裂，侧裂片三角形或斜三角形，两面灰绿色，被稀疏蛛丝毛或脱毛。头状花序多数，在茎枝顶端排成伞房花序或伞房圆锥花序。总苞卵形或椭圆状卵形，直径0.5~1.5cm。总苞片8层，覆瓦状排列，向内渐长，外层与中层卵形或宽倒卵形，连附属物长3~11mm，宽2~6mm，上部有圆钝附属物；内层披针形或线状披针形，连附属物长约1.3cm，宽2~3mm，顶端附属物小。全部苞片附属物白色，透明，两面被稠密的长直毛。全部小花两性，管状，花冠粉红色或淡紫色，长1.4cm，细管部长7mm，檐部长7mm，花冠裂片长3mm。瘦果倒长卵形，长3.5~4mm，宽约2.5mm，淡白色，顶端圆形，无果缘，基底着生面稍见偏斜。冠毛白色，多层，向内层渐长，长达1.2cm，全部冠毛刚毛基部不连合成环，不脱落或分散脱落，短羽毛状。花果期5—9月。

多生于水旁、盐碱地、田边、荒地、沙地、干山坡等处。

鸦　葱

Scorzonera austriaca Willd.

鸦葱，被子植物门，双子叶植物纲，桔梗目，菊科，鸦葱属植物。别称罗罗葱、谷罗葱、兔儿奶、笔管草、老观笔。

多年生草本，高10~42cm。根垂直直伸，黑褐色。茎多数，簇生，不分枝，直立，光滑无毛，茎基残存稠密鞘状棕褐色纤维状物。基生叶线形、狭线形、线状披针形、线状长椭圆形、线状披针形或长椭圆形，长3~35cm，宽0.2~2.5cm，顶端渐尖或钝而有小尖头或急尖，向下渐狭成具翼长柄，柄基鞘状扩大或向基部直接形成叶鞘，3~7出脉，侧脉不明显，边缘平或稍见皱波状，两面无毛或仅沿基部边缘有蛛丝状柔毛；茎生叶少数，2~3枚，鳞片状，披针形或钻状披针形，基部心形，半抱茎。头状花序单生茎端。总苞圆柱状，直径1~2cm。总苞片约5层，外层三角形或卵状三角形，长6~8mm，宽约6.5mm，中层偏斜披针形或长椭圆形，长1.6~2. 1cm，宽5~7mm，内层线状长椭圆形，长2~2.5cm，宽3~4mm；全部总苞片外面光滑无毛，顶端急尖、钝或圆形。舌状小花黄色。瘦果圆柱状，长1.3cm，有多数纵肋，无毛，无脊瘤。冠毛淡黄色，长1.7cm，与瘦果连接处有蛛丝状毛环，大部为羽毛状，羽枝蛛丝毛状，上部为细锯齿状。花果期4—7月。

多生于山坡、草滩及河滩地等处。

蒙古鸦葱

Scorzonera mongolica Maxim.

蒙古鸦葱，被子植物门，双子叶植物纲，桔梗目，菊科，鸦葱属植物。别称羊角菜、羊犄角。

多年生草本，高5~35cm。根垂直直伸，圆柱状。茎多数，直立或铺散，上部有分枝，分枝少，全部茎枝灰绿色，光滑无毛；茎基部被褐色或淡黄色的鞘状残遗。基生叶长椭圆形或长椭圆状披针形或线状披针形，长2~10cm，宽0.4~1.1cm，顶端渐尖，基部渐狭成柄，柄基鞘状扩大；茎生叶披针形、长披针形、椭圆形、长椭圆形或线状长椭圆形，与基生叶等宽或稍窄，顶端急尖或渐尖，基部楔形收窄，无柄，互生，但常有对生；全部叶质地厚，肉质，两面光滑无毛，灰绿色，离基3出脉，在两面不明显。头状花序单生茎端，或茎生2枚头状花序，成聚伞花序状排列，含19枚舌状小花。总苞狭圆柱状，宽约0.6mm；总苞片外面无毛或被蛛丝状柔毛，4~5层，外层小，卵形、宽卵形，长3~5mm，宽2~5mm，顶端急尖，中层长椭圆形或披针形，长1.2~1.8cm，顶端钝或稍渐尖，内层线状披针形，长2cm。舌状小花黄色，偶见白色。瘦果圆柱状，长5~7mm，淡黄色，有多数高起纵肋，无脊瘤，顶端被稀疏柔毛，成熟瘦果常无毛。冠毛白色，长2.2cm，羽毛状，羽枝蛛丝毛状，纤细，仅顶端微锯齿状。花果期4—8月。

NaCl盐土的指示植物，多生于盐化草甸、盐化沙地、盐碱地、干湖盆、湖盆边缘、草滩及河滩地等处。

拐轴鸦葱

Scorzonera divaricata Turcz.

拐轴鸦葱，被子植物门，双子叶植物纲，桔梗目，菊科，鸦葱属植物。

多年生草本，高20~70cm。根垂直直伸。茎直立，自基部多分枝，分枝铺散或直立或斜升，全部茎枝灰绿色，被尘状短柔毛或脱至无毛，纤细，茎基裸露。叶线形或丝状，长1~9cm，宽1~5mm，先端长渐尖，常卷曲成明显或不明显钩状，向上部的茎叶短小，全部叶两面被微毛或脱至无毛，平，中脉宽厚。头状花序单生茎枝顶端，形成疏松的伞房状花序，具4~5枚舌状小花。总苞狭圆柱状，宽5~6mm；总苞片外面被尘状短柔毛或果期变稀毛，约4层，外层短，宽卵形或长卵形，长约5mm，宽约2.5mm，中内层渐长，长椭圆状披针形或线状长椭圆形，长1.2~2cm，宽2.5~3.5mm，顶端急尖或钝，或内层有时顶端短渐尖。舌状小花黄色。瘦果圆柱状，长约8.5mm，有多数纵肋，无毛，淡黄色或黄褐色。冠毛污黄色；其中3~5根超长，长达2.5cm，在与瘦果连接处有蛛丝状毛环。全部冠毛羽毛状，羽枝蛛丝毛状，但冠毛的上部为细锯齿状。花果期5—9月。

常生于荒漠地带干河床、沟谷中及沙丘间低地、固定沙丘上。

蒲公英

Taraxacum mongolicum Hand.-Mazz.

蒲公英，被子植物门，双子叶植物纲，桔梗目，菊科，蒲公英属植物。别称华花郎、蒲公草、尿床草、婆婆丁、蒙古蒲公英、黄花地丁、灯笼草、姑姑英、地丁等。

多年生草本。根略呈圆锥状，弯曲，表面棕褐色，皱缩，根头部有棕色或黄白色的毛茸。叶倒卵状披针形、倒披针形或长圆状披针形，长4~20cm，宽1~5cm，先端钝或急尖，边缘有时具波状齿或羽状深裂，有时倒向羽状深裂或大头羽状深裂，顶端裂片较大，三角形或三角状戟形，每侧裂片3~5，裂片三角形或三角状披针形，通常具齿，裂片间常夹生小齿，基部渐狭成柄，叶柄及主脉常带红紫色，疏被蛛丝状白色柔毛或几无毛。花葶1至数个，与叶等长或稍长，高10~25cm，上部紫红色，密被蛛丝状白色长柔毛；头状花序直径30~40mm；总苞钟状，长12~14mm，淡绿色；总苞片2~3层，外层总苞片卵状披针形或披针形，边缘宽膜质，基部淡绿色，上部紫红色，先端增厚或具小到中等的角状突起；内层总苞片线状披针形，先端紫红色，具小角状突起；舌状花黄色，舌片长约8mm，宽约1.5mm，边缘花舌片背面具紫红色条纹，花药和柱头暗绿色。瘦果倒卵状披针形，暗褐色，长4~5mm，宽1~1.5mm，上部具小刺，下部具成行排列的小瘤，顶端逐渐收缩为长约1mm的圆锥至圆柱形喙基，喙长6~10mm，纤细；冠毛白色，长约6mm。花期4—9月，果期5—10月。

适应性强，极为常见。

华蒲公英

Taraxacum borealisinense Kitam.

华蒲公英，被子植物门，双子叶植物纲，桔梗目，菊科，蒲公英属植物。别称碱地蒲公英。

多年生草本。根颈部有褐色残存叶基。叶倒卵状披针形或狭披针形，稀线状披针形，长4~12cm，宽6~20mm，边缘叶羽状浅裂或全缘，具波状齿，内层叶倒向羽状深裂，顶裂片较大，长三角形或戟状三角形，每侧裂片3~7，狭披针形或线状披针形，全缘或具小齿，平展或倒向，两面无毛，叶柄和下面叶脉常紫色。花葶1至数个，高5~20cm，长于叶，顶端被蛛丝状毛或近无毛；头状花序直径20~25mm；总苞小，长8~12mm，淡绿色；总苞片3层，先端淡紫色，无增厚，亦无角状突起，或有时有轻微增厚；外层总苞片卵状披针形，有窄或宽的白色膜质边缘；内层总苞片披针形，长于外层总苞片的2倍；舌状花黄色，稀白色，边缘花舌片背面有紫色条纹，舌片长约8mm，宽1~1.5mm。瘦果倒卵状披针形，淡褐色，长3~4mm，上部有刺状突起，下部有稀疏的钝小瘤，顶端逐渐收缩为长约1mm的圆锥至圆柱形喙基，喙长3~4.5mm；冠毛白色，长5~6mm。花果期6—8月。

多生长于稍潮湿的盐碱地、原野及砾石中。

多裂蒲公英

Taraxacum dissectum（Ledeb.）Ledeb.

多裂蒲公英，被子植物门，双子叶植物纲，桔梗目，菊科，蒲公英属植物。

多年生草本。根颈部密被黑褐色残存叶基，叶腋有褐色细毛。叶线形，稀披针形，长2~5cm，宽3~10mm，羽状全裂，顶端裂片长三角状戟形，全缘，先端钝或急尖，每侧裂片3~7，裂片线形，先端钝或渐尖，全缘，裂片间无齿或小裂片，两面被蛛丝状短毛，叶基有时显紫红色。花葶1~6，长于叶，高4~7cm，花时常被丰富的蛛丝状毛；头状花序直径10~25mm；总苞钟状，长8~11mm，总苞片绿色，先端常显紫红色，无角；外层总苞片卵圆形至卵状披针形，长5~6mm，宽3.5~4mm，伏贴，中央部分绿色，具有宽膜质边缘；内层总苞片长为外层总苞片的2倍；舌状花黄色或亮黄色，花冠喉部的外面疏生短柔毛，舌片长7~8mm，宽1~1.5mm，基部筒长约4mm，边缘花舌片背面有紫色条纹，柱头淡绿色。瘦果淡灰褐色，长4~4.6mm，中部以上具大量小刺，以下具小瘤状突起，顶端逐渐收缩为长0.8~1.0mm的喙基，喙长4.5~6mm；冠毛白色，长6~7mm。花果期6—9月。

常生长于高山湿草甸、荒草地等处。

碱黄鹌菜

Youngia stenoma（Turcz.）Ledeb.

碱黄鹌菜，被子植物门，双子叶植物纲，桔梗目，菊科，黄鹌菜属植物。

多年生草本，高10~50cm。茎直立，单生或少数茎簇生，具纵棱，无毛，有时下部淡紫红色，不分枝或上部具向上短分枝，有时自基部长总状花序分枝。基生叶及下部叶线形或线状披针形或线状倒披针形，长3~12cm，宽0.3~0.7mm，顶端急尖，基部渐窄成具狭翼的长柄，边缘全缘或浅波状锯齿或锯齿；中上部叶渐小，线形，无柄，边缘全缘；花序下部叶或花序分枝下部叶线钻形；全部叶两面无毛。头状花序稍小，含11枚舌状小花，沿茎上部排成总状花序或总状狭圆锥花序。总苞圆柱状，长8~9mm，干后褐绿色；总苞片外面无毛，4层，外层及最外层极短，卵形，长1.8mm，宽1mm，顶端急尖或渐尖，内层及最内层长，长8~9mm，宽1.3mm，长椭圆状披针形或披针形，顶端急尖，外面近顶端有角状附属物，边缘膜质。瘦果纺锤形，褐色，长6.5mm，向两端收窄，顶端截形，有12~14条不等粗的纵肋，肋上有小刺毛。冠毛白色，长6mm，糙毛状。花果期7—9月。

多生长于盐碱化低湿地、草原沙地及盐碱地等处。

河西菊

Hexinia polydichotoma（Ostenf. ）H. L. Yang

河西菊，被子植物门，双子叶植物纲，桔梗目，菊科，河西菊属植物。

多年生草本，高15~40cm。自根茎发出多数茎，茎自下部起多级等二叉状分枝，形成球状，无毛。基生叶与下部叶少数，线形，革质，无柄，长0.5~4cm，宽2~5mm，基部半抱茎，顶端钝；中部与上部叶或有时基生叶退化成小三角形鳞片状。头状花序极多数，单生于末级等二叉状分枝末端，花序梗粗短，含4~7枚舌状小花。总苞圆柱状，长8~10mm；总苞片顶端急尖或钝，外面无毛，2~3层；外层小，不等长，长2~4mm，三角形或三角状卵形，内层长椭圆形或长椭圆状披针形，长8~10mm。舌状小花黄色，花冠管外面无毛。瘦果圆柱状，淡黄色至黄棕色，长约4mm，向顶端增粗，顶端圆形，无喙，向下稍收窄，有15条等粗的细纵肋。冠毛白色，5~10层，长7~8mm，单毛状，基部连合成环，整体脱落。花果期5—9月。

耐干旱、耐盐碱，多生于沙地或边缘地带、沙丘间低地及田边等处。本区内多见于鄂尔多斯高原。

乳　苣

Mulgedium tataricum（L.）DC.

乳苣，被子植物门，双子叶植物纲，桔梗目，菊科，乳苣属植物。别称蒙山莴苣、紫花山莴苣，苦菜。

多年生草本，高15~60cm。根垂直直伸。茎直立，有细条棱或条纹，上部有圆锥状花序分枝，光滑无毛。叶质地稍厚，光滑无毛；中下部叶长椭圆形或线状长椭圆形或线形，基部渐狭成短柄或无柄，长6~19cm，宽2~6cm，羽状浅裂或半裂或边缘有大锯齿，顶端钝或急尖，侧裂片2~5对，半椭圆形或偏斜的宽或狭三角形，顶裂片披针形或长三角形，中部侧裂片较大，两端渐小；向上的叶与中部叶同形或宽线形，但渐小。头状花序约含20枚小花，多数，在茎枝顶端组成圆锥花序。总苞圆柱状或楔形，长2cm，宽约0.8mm，果期不为卵球形；总苞片外面光滑无毛，带紫红色，顶端渐尖或钝，4层，中外层较小，卵形至披针状椭圆形，长3~8mm，宽1.5~2mm，内层披针形或披针状椭圆形，长2cm，宽2mm。舌状小花紫色或紫蓝色，管部有白色短柔毛。瘦果长圆状披针形，稍压扁，灰黑色，长5mm，宽约1mm，每面有5~7条高起的纵肋，中肋稍粗厚，顶端渐尖成长1mm的喙。冠毛2层，纤细，白色，长1cm，微锯齿状，分散脱落。花果期6—9月。

多生于河滩、湖边、草甸、田边、固定沙丘或砾石地。

苦苣菜

Sonchus oleraceus L.

苦苣菜，被子植物门，双子叶植物纲，桔梗目，菊科，苦苣菜属植物。别名滇苦英菜、苦菜、取麻菜、苣荬菜、麻苣苣。

一、二年生草本。根圆锥状，垂直直伸，有多数纤维状的须根。茎直立，单生，高40~150cm，有纵条棱或条纹，光滑无毛或上部花序分枝及花序梗被头状具柄的腺毛。基生叶基部渐狭成翼柄，羽状深裂，长椭圆形或倒披针形，或大头羽状深裂，全形倒披针形，或不裂；中下部叶羽状深裂或大头状羽状深裂，全形椭圆形或倒披针形，长3~12cm，宽2~7cm，基部急狭成翼柄，柄基圆耳状抱茎，顶裂片与侧裂片等大或大，侧生裂片1~5对，椭圆形，常下弯，顶端急尖或渐尖；全部叶或裂片边缘及抱茎小耳边缘有大小不等的急尖锯齿或大锯齿。头状花序，少数在茎枝顶端排紧密的伞房花序或总状花序或单生茎枝顶端。总苞宽钟状，长1.5cm，宽1cm；总苞片顶端长急尖，3~4层，覆瓦状排列，向内渐长；外层长披针形或长三角形，长3~7mm，宽1~3mm，中内层长披针形至线状披针形，长8~11mm，宽1~2mm。舌状小花多数，黄色。瘦果褐色，长椭圆形或长椭圆状倒披针形，长3mm，宽不足1mm，压扁，每面各3条细脉，肋间有横皱纹，顶端狭，无喙，冠毛白色，长7mm，单毛状，彼此纠缠。花果期5—12月。

多生于山坡、山谷林缘、田间、平地或近水处。

中华小苦荬

Ixeridium chinense（Thunb.）Tzvel.

中华小苦荬，被子植物门，双子叶植物纲，桔梗目，菊科，小苦荬属植物。别称苦菜、节托莲、苦叶苗、苦麻菜、黄鼠草、小苦苣、活血草、陷血丹、苦丁菜、苦碟子、光叶苦荬菜、燕儿衣等。

多年生草本，高10~30cm，全体无毛。茎少数或多数簇生，直立或斜生。基生叶莲座状，条状披针形、倒披针形或条形，长7~20cm，宽0.5~2cm，先端尖或钝，基部渐狭成柄，全缘或疏具小牙齿，或呈不规则分裂，灰绿色。头状花序顶生，花冠黄色。花茎直立，高20~40cm，上有1~3叶，无柄抱茎，全缘或有稀疏浅齿，与基生叶形似而较短。头状花序多数，排列成稀疏的伞房状，总苞圆筒状或长卵形，长7~9mm，宽2~3mm，外层的总苞片小，内层的较长，全为舌状花，黄色、淡黄色、白色或变淡紫色。瘦果红棕色，狭披针形，稍扁，长4~6mm，有长约3mm的喙，具10条等形的纵肋，冠毛白色。

常生于山地、荒野、草地等处，极为常见。

丝叶小苦荬

Ixeridium graminifolium（Ledeb.）Tzvel.

丝叶小苦荬，被子植物门，双子叶植物纲，桔梗目，菊科，小苦荬属植物。别称丝叶苦荬。

多年生草本，高10~20cm。根垂直直伸。茎直立，自基部多分枝，分枝弯曲斜升，全部茎枝无毛。基生叶丝形或线状丝形；茎叶极少，与基生叶同形，全部两面无毛，边缘全缘，无锯齿。头状花序多数或少数，在茎枝顶端排成伞房状花序或单生枝端。总苞圆柱状，长7~7.5mm；总苞片2~3层，外层及最外层短，卵形，长1mm，宽不足0.8mm，顶端急尖；内层长，线状长椭圆形，长7~7.5mm，宽不足1mm，顶端急尖；全部苞片外面无毛。舌状小花15~25枚，黄色，极少白色。瘦果褐色，长椭圆形，长3mm，宽0.6mm，有10条高起钝肋，肋上部有小刺毛，向顶端渐尖成细喙，喙细丝状，长3mm。冠毛白色，纤细，糙毛状，长4mm。花果期6—8月。

多生于路旁、田野、河岸、沙丘或草甸上。

稻槎菜

Lapsana apogonoides Maxim.

稻槎菜，被子植物门，双子叶植物纲，桔梗目，菊科，稻槎菜属植物。

一年生矮小草本植物，高7~20cm。茎细，自基部发出簇生分枝及莲座状叶丛；全部茎枝柔软，被细柔毛或无毛。叶质地柔软，两面同为绿色，或下面淡绿色，几无毛。基生叶椭圆形、长椭圆状匙形或长匙形，长3~7cm，宽1~2.5cm，大头羽状全裂或几全裂，有长1~4cm的叶柄，顶裂片卵形、菱形或椭圆形，边缘有极稀疏的小尖头，或长椭圆形而边缘具大锯齿，齿顶有小尖头，侧裂片2~3对，椭圆形，边缘全缘或有极稀疏针刺状小尖头；茎生叶少数，与基生叶同形并等样分裂，向上茎叶渐小，不裂。头状花序小，果期下垂或歪斜，少数在茎枝顶端排列成疏松伞房状圆锥花序，花序梗纤细，总苞椭圆形或长圆形，长约5mm；总苞片草质，外面无毛，2层，外层卵状披针形，长1mm，宽0.5mm，内层椭圆状披针形，长5mm，宽1~1.2mm，先端喙状。舌状小花黄色，两性。瘦果淡黄色，稍压扁，长椭圆形或长椭圆状倒披针形，长4.5mm，宽1mm，有12条粗细不等细纵肋，肋上有微粗毛，顶端两侧各有1枚下垂的长钩刺，无冠毛。花果期4—6月。

常生长于田野、荒地和路边等处。

阿尔泰狗娃花

Heteropappus altaicus（Willd.）Novopokr.

阿尔泰狗娃花，被子植物门，双子叶植物纲，桔梗目，菊科，狗娃花属植物。别称阿尔泰紫菀。

多年生草本，有横走或垂直的根。茎直立，常高20~60cm，被上曲或有时开展的毛，上部常有腺，有分枝。叶两面或下面被粗或细毛，常有腺点，中脉在下面稍凸起。基部叶在花期枯萎；下部叶条形或矩圆状披针形、倒披针形或近匙形，长2.5~6cm，宽0.7~1.5cm，全缘或有疏浅齿；上部叶渐狭小，条形。头状花序直径2~3.5cm，单生枝端或排成伞房状。总苞半球形，径0.8~1.8cm；总苞片2~3层，近等长或外层稍短，矩圆状披针形或条形，长4~8mm，宽0.6~1.8mm，顶端渐尖，背面或外层草质，被毛，常有腺，边缘膜质。舌状花约20个，管部长1.5~2.8mm，有微毛；舌片浅蓝紫色，矩圆状条形，长10~15mm，宽1.5~2.5mm；管状花长5~6mm，管部长1.5~2.2mm，裂片不等大，有疏毛。瘦果扁，倒卵状矩圆形，长2~2.8mm，宽0.7~1.4mm，灰绿色或浅褐色，被绢毛，上部有腺。冠毛污白色或红褐色，长4~6mm，有不等长的微糙毛。花果期5—9月。

常生于山坡草地、干草坡或路旁草地等处。

紫 菀

Aster tataricus L. f.

紫菀，被子植物门，双子叶植物纲，桔梗目，菊科，紫菀属植物。别称青菀、紫倩、小辫、返魂草、山白菜、青牛舌头花、驴夹板菜等。

多年生草本，根状茎斜升。茎直立，高40~50cm，粗壮，基部有纤维状枯叶残片且常有不定根，有棱及沟，被疏粗毛。叶厚纸质，上面被短糙毛，下面被稍疏的但沿脉较密的短粗毛；中脉粗壮，脉在下面突起，网脉明显。基部叶花期枯落，长圆状或椭圆状匙形，下半部渐狭成长柄，连柄长20~50cm，宽3~13cm，顶端尖或渐尖，边缘有具小尖头的圆齿或浅齿。下部叶匙状长圆形，常较小，下部渐狭或急狭成具宽翅的柄，渐尖，边缘除顶部外有密锯齿；中部叶长圆形或长圆披针形，无柄，全缘或有浅齿，上部叶狭小。头状花序多数，径2.5~4.5cm，在茎枝端排成复伞房状；花序梗长，有线形苞叶。总苞半球形，长7~9mm，径10~25mm；总苞片3层，线形或线状披针形，顶端尖或圆形，外层长3~4mm，宽1mm，全部或上部草质，被密短毛，内层长8mm，宽1.5mm，边缘宽膜质且带紫红色，有草质中脉。舌状花约20余；管部长3mm，舌片蓝紫色，长15~17mm，宽2.5~3.5mm，有4至多脉；管状花长6~7mm且稍有毛，裂片长1.5mm；花柱附片披针形，长0.5mm。瘦果倒卵状长圆形，紫褐色，长2.5~3mm，两面各有1或稀3脉，上部被疏粗毛。冠毛污白色或带红色，长6mm，有不等长的糙毛。花期7—9月，果期8—10月。

多生于低山阴坡湿地、山顶和低山草地及沼泽地等处。

砂蓝刺头

Echinops gmelini Turcz.

砂蓝刺头，被子植物门，双子叶植物纲，桔梗目，菊科，蓝刺头属植物。别称火绒草。

一年生草本。高20~50cm。主根圆柱形，皮呈深黄色，侧根少而短。茎直立，常单一，不分枝或稀少数分枝，稍具纵沟棱，无毛或疏被腺毛。叶条形或条状披针形，长1~5cm，宽3~8mm，边缘有白色硬刺，上部叶无毛或疏被腺毛，下部叶被绵毛。复头状花序单生枝端，球形，直径约3cm，淡蓝色或白色，小头状花序的外总苞片为白色刚毛状，完全分离；内总苞片的顶端尖，上端縋状，上部边缘有羽状缘毛，花冠筒白色，长约3mm，裂片5，条形，淡蓝色，与筒近等长。瘦果密被绒毛，圆锥形，冠毛长约1mm，下部连合。花果期6—9月。

为喜沙的旱生植物，多生长在荒漠化草原、沙地、固定和流动沙丘边缘、山坡砾石地、黄土丘陵以及河滩沙地等处。

天名精

Carpesium abrotanoides L.

天名精，被子植物门，双子叶植物纲，桔梗目，菊科，天名精属植物。别称鹤虱、天蔓青、地菘。

多年生草本，高50~100cm。茎直立，上部多分枝，密生短柔毛，下部近无毛。叶互生；下部叶宽椭圆形或长圆形，长10~15cm，宽5~8cm，先端尖或钝，基部狭成具翅叶柄，边缘有不规则的锯齿或全缘，上面有贴生短毛，下面有短柔毛和腺点，上部叶渐小，长圆形，无柄。头状花序多数，沿茎枝腋生，有短梗或近无梗，直径6~8mm，平立或梢下垂；总苞钟状球形，总苞片3层，外层极短，卵形，先端尖，有短柔毛，中层和内层长圆形，先端圆钝，无毛；花黄色，外围的雌花花冠丝状，3~5齿裂，中央的两性花花冠筒状，先端5齿裂。瘦果条形，具细纵条，先端有短喙，有腺点，无冠毛。花期6—8月，果期9—10月。

多生于山坡、路旁或草地等处。

苍　耳

Xanthium sibiricum Patrin ex Widder

苍耳，被子植物门，双子叶植物纲，桔梗目，菊科，苍耳属植物。别称卷耳、葹、苓耳、地葵、葈耳、白胡荽、常枲、爵耳、粘头婆、虱马头、老苍子、敝子、道人头、刺八裸、苍浪子、羌子裸子、青棘子、抢子、痴头婆、胡苍子、野茄、猪耳、菜耳等。

一年生草本，高20~90cm。根纺锤状。茎直立，不分或稀分枝，下部圆柱形，上部有纵沟，被灰白色糙伏毛。叶三角状卵形或心形，长4~9cm，宽5~10cm，近全缘或有3~5片不明显浅裂，顶端尖或钝，基部稍心形或截形，与叶柄连接处成相等的楔形，边缘有不规则的粗锯齿，有三基出脉，侧脉弧形，直达叶缘，脉上密被糙伏毛，上面绿色，下面苍白色；叶柄3~11cm。雄性头状花序球形，直径4~6mm，总苞片长圆状披针形，长1~1.5mm，被短柔毛，花托柱状，托片倒披针形，长约2mm，顶端尖，有微毛，雄花多数，花冠钟形，管部上端有5宽裂片；花药长圆状线形。雌性头状花序椭圆形，外层总苞片小，披针形，长约3mm，被短柔毛，内层总苞片结合成囊状，宽卵形或椭圆形，绿色、淡黄绿色或带红褐色。在瘦果成熟时变坚硬，连同喙部长12~15mm，宽4~7mm，外面有疏生的具钩状刺，刺极细而直，基部微增粗或几不增粗，长1~1.5mm，基部被柔毛，常有腺点，或全部无毛；喙坚硬，锥形，上端略呈镰刀状，长2.5mm，常不等长，少有结合而成1个喙。瘦果2，倒卵形。花期7—8月，果期9—10月。

多野生于山坡、草地、路旁等处。

本科共收录23种植物。分属16属。

芦苇属*Phragmites*

芦苇

獐毛属*Aeluropus*

獐毛

隐花草属*Crypsis*

隐花草

蔺状隐花草

赖草属*Leymus*

羊草

赖草

窄颖赖草

大麦属*Hordeum*

短芒大麦草

芨芨草属*Achnatherum*

芨芨草

拂子茅属*Calamagrostis*

拂子茅

假苇拂子茅

冰草属*Agropyron*

冰草

稗属*Echinochloa*

稗

无芒稗

落草属*Koeleria*

落草

披碱草属*Elymus*

披碱草

狗尾草属*Setaria*

狗尾草

针茅属*Stipa*

长芒草

针茅

隐子草属*Cleistogenes*

糙隐子草

狼尾草属*Pennisetum*

白草

棒头草属*Polypogon*

棒头草

芦 苇

Phragmites australis（Cav.）Trin. ex Steud.

芦苇，被子植物门，单子叶植物纲，禾本目，禾本科，芦苇属植物。别称苇、芦、芦笋、蒹葭。

多年生水生或湿生的高大禾草，根状茎发达。秆直立，高1~3m，直径1~4cm，具20多节，基部和上部的节间较短，最长节间位于下部第4~6节，长20~25 cm，节下被腊粉。叶鞘下部者短于上部者，长于其节间；叶舌边缘密生一圈长约1mm的短纤毛，两侧缘毛长3~5mm，易脱落；叶片披针状线形，长30cm，宽2cm，无毛，顶端长渐尖成丝形。大型圆锥花序，长20~40cm，宽约10cm，分枝多数，长5~20cm，着生稠密下垂的小穗；小穗柄长2~4mm，无毛；小穗长约12mm，含4花；颖具3脉，第一颖长4mm；第二颖长约7mm；第一不孕外稃雄性，长约12mm，第二外稃长11mm，具3脉，顶端长渐尖，基盘延长，两侧密生等长于外稃的丝状柔毛，与无毛的小穗轴连接处具明显关节，成熟后易脱落；内稃长约3mm，两脊粗糙；雄蕊3，花药长1.5~2mm，黄色；颖果长约1.5mm。

常生长在灌溉沟渠旁、河堤沼泽地、河漫滩等低湿地或浅水中。

獐 毛

Aeluropus sinensis（Debeaux）Tzvel.

獐毛，被子植物门，单子叶植物纲，禾本目，禾本科，獐毛属植物。别称马牙头、马绊草、小叶芦。

多年生草本。通常有长匍匐枝，秆高15~35cm，径1.5~2mm，具多节，节上有柔毛。叶鞘通常长于节间或上部者可短于节间，鞘口常有柔毛，其余部分常无毛或近基部有柔毛；叶舌截平，长约0.5mm；叶片无毛，通常扁平，长3~6cm，宽3~6mm。圆锥花序穗形，其上分枝密接而重叠，长2~5cm，宽0.5~1.5cm；小穗长4~6mm，有4~6小花，颖及外稃均无毛，或仅背脊粗糙，第一颖长约2mm，第二颖长约3mm，第一外稃长约3.5mm。

獐毛是我国温和气候区盐土的指示植物，常生于盐化低地草甸、内陆盐碱地等处。

隐花草

Crypsis aculeata（L.）Ait.

隐花草，被子植物门，单子叶植物纲，禾本目，禾本科，隐花草属植物。别称扎屁股草。

一年生草本。须根细弱。秆平卧或斜向上升，具分枝，光滑无毛，高5~40cm。叶鞘短于节间，松弛或膨大；叶舌短小，顶生纤毛；叶片线状披针形，扁平或对折，边缘内卷，先端呈针刺状，上面微糙涩，下面平滑，长2~8cm，宽1~5mm。圆锥花序短缩成头状或卵圆形，长约16mm，宽5~13mm，下面紧托两枚膨大的苞片状叶鞘，小穗长约4mm，淡黄白色；颖膜质，不等长，顶端钝，具1脉，脉上粗糙或生纤毛，第一颖长约3mm，窄线形，第二颖长约3.5mm，披针形；外稃长于颖，薄膜质，具1脉，长约4mm；内稃与外稃同质，等长或稍长于外稃，具极接近而不明显的2脉，雄蕊2，花药黄色，长1~1.3mm。囊果长圆形或楔形，长约2mm。花果期5—9月。

盐碱地指示植物，多生于河岸、沟旁及盐碱地。

蔺状隐花草

Crypsis schoenoides（L.）Lam.

蔺状隐花草，被子植物门，单子叶植物纲，禾本目，禾本科，隐花草属植物。

一年生草本，丛生。须根细弱。秆向上斜升或平卧，平滑，常有分枝，高5~17cm，有3~5节。叶鞘常短于节间，疏松而多少肿胀，平滑；叶舌短小，成为一圈纤毛状；叶片长2~5.5cm，宽1~4mm，上面被微毛或柔毛，下面无毛或有稀疏的柔毛，先端常内卷如针刺状。圆锥花序紧缩成穗状、圆柱状或长圆形，长1~3cm，宽5~8mm，其下托以一膨大的苞片状叶鞘；小穗长约3mm，淡绿色或紫红色；颖膜质，具1脉成脊，脊上生短刺毛，第一颖长2.2~2.5mm，第二颖长2.5~2.8mm，外稃长约3mm，具1脉，脉上生微刺毛；内稃略短于外稃或等长；雄蕊3，花药黄色，长约1mm。囊果小，长约1.5mm，椭圆形。花果期6—9月。

耐盐碱，多生长于河漫滩、水边湿地、沼泽化低地草甸、盐碱荒草地及路边草地等处。

羊 草

Leymus chinensis（Trin.）Tzvel.

羊草，被子植物门，单子植物纲，禾本目，禾本科，赖草属植物。别称碱草。

多年生草本。须根具沙套。秆散生，直立，高40~90cm，具4~5节，叶鞘平滑，基部残留纤维状叶鞘，枯黄色；叶舌截平，顶端具齿裂，纸质，叶片长7~18cm，宽3~6mm，扁平或内卷，上面及边缘粗糙，下面较平滑。穗状花序直立，长7~15cm，宽10~15mm，穗轴边缘具细小纤毛，节间长6~10mm，基部节间长可达16mm，小穗长10~22mm，含5~10花，通常2枚生于一节，上部或基部者通常单生，粉绿色，成熟时变黄，小穗轴节间平滑，长1~1.5mm，颖锥状，等于或短于第一花，不覆盖第一外稃的基部，质地较硬，具不明显3脉，背面中下部平滑，上部粗糙，边缘微具纤毛；外稃披针形，具狭窄的膜质边缘，顶端渐尖或形成芒状小尖头，背部具不明显的5脉，基部平滑，第一外稃长8~9mm；内稃与外稃等长，先端常微2裂。花果期6—8月。

抗寒、抗旱、耐盐碱、耐瘠薄，分布极为广泛。

赖　草

Leymus secalinus（Georgi）Tzvel.

赖草，被子植物门，单子叶植物纲，禾本目，禾本科，赖草属植物。

多年生草本，具下伸的根状茎。秆直立，较粗硬，单生或呈疏丛状，生殖枝高45~100cm，营养枝高20~35cm，茎部残留纤维状叶鞘。

叶片长8~30cm，宽4~7mm，深绿色，平展或内卷。穗状花序直立，长10~15cm，宽0.8~1mm，穗轴每节具小穗1~4枚，长10~15mm，含4~7小花，小穗轴被短柔毛，颖锥形，长8~12mm，具1脉，正覆盖小穗，外稃披针形，被短柔毛，先端渐尖或具1~3mm长的短芒，第一外稃长8~10mm，内稃与外稃等长，先端略显分裂。6—7月开花，7—8月种子成熟。

耐旱、耐寒、耐盐碱，多生长于河谷冲积平原荒地或水渠边。

窄颖赖草

Leymus angustus（Trin.）Pilger

窄颖赖草，被子植物门，单子叶植物纲，禾本目，禾本科，赖草属植物。

多年生草本，具下伸根茎，须根粗壮。秆单生或丛生，基部残存褐色纤维状叶鞘，高60~100cm，具3~4节，无毛或在节下及花序下部被短柔毛。叶鞘平滑或稍粗糙，灰绿色，常短于节间；叶舌短，干膜质，先端钝圆，长0.5~1mm；叶质地较厚硬，长15~25cm，宽5~7mm，粉绿色，粗糙或背面近平滑，大部内卷，先端呈锥状，穗状花序直立，长15~20cm，宽7~10mm；穗轴被短柔毛，节间长5~10mm，基部者长达15mm；小穗2枚生于1节，稀3枚，长10~14mm，小花2~3；小穗轴节间长2~3mm，被短柔毛；颖线状披针形，下部较宽广，覆盖第一外稃的基部，向上渐狭成芒，中上部粗糙，下部偶有短柔毛，具1粗壮脉，长10~13mm，第一颖短于第二颖或近等长；外稃披针形，密被柔毛，具不明显的5~7脉，顶端渐尖或延伸成约1mm的芒，第一外稃连芒长10~14mm，基盘被短毛；内稃常稍短于外稃，脊的上部有纤毛；花药长2.5~3mm。花果期6—8月。

多生长于平原及半荒漠、盐渍化的草地上。

短芒大麦草

Hordeum brevisubulatum（Trin.）Link

短芒大麦草，被子植物门，单子叶植物纲，禾本目，禾本科，大麦属植物。别称野大麦、野黑麦、莱麦草。

多年生草本，疏丛型。具短根状茎。秆细，直立或其节常膝曲，高50~80cm、光滑，具2~5节。叶长5~16cm，宽2~6cm，灰绿色；叶舌较短。穗状花序长3~10cm，绿色或成熟时带紫色，小穗3枚生于每节，各含1小花，两侧的小穗通常较小，不孕或为雄性，有柄，颖呈针状，长4~5.5mm，外稃长6~7mm，顶端渐尖呈短芒，芒长1~2mm。颖果宽短，顶具有毛。

适应力较强，耐旱、耐寒、耐盐碱，多生长于低湿草地、盐碱化草原等处。

芨芨草

Achnatherum splendens（Trin.）Nevski

芨芨草，被子植物门，单子叶植物纲，禾本目，禾本科，芨芨草属植物。别称积机草、席萁草、棘棘草等。

草本植物，具粗而坚韧、外被砂套的须根。秆直立，坚硬，内具白色髓，形成大密丛，高50~250cm，径3~5mm，节多聚于基部，具2至3节，平滑无毛，基部宿存枯萎的黄褐色叶鞘。叶鞘无毛，具膜质边缘；叶舌三角形或尖披针形，长5~10mm；叶片纵卷，质坚韧，长30~60cm，宽5~6mm，上面脉纹凸起，微粗糙，下面光滑无毛。圆锥花序长30~60cm，开花时呈金字塔形开展，主轴平滑，或具角棱而微粗糙，分枝细弱，2~6枚簇生，平展或斜向上升，长8~17cm，基部裸露；小穗长4.5~7mm（除芒），灰绿色，基部带紫褐色，成熟后常变草黄色；颖膜质，披针形，顶端尖或锐尖，第一颖长4~5mm，具1脉，第二颖长6~7mm，具3脉；外稃长4~5mm，厚纸质，顶端具2微齿，背部密生柔毛，具5脉，基盘钝圆，具柔毛，长约0.5mm，芒自外稃齿间伸出，直立或微弯，粗糙，不扭转，长5~12mm，易断落；内稃长3~4mm，具2脉而无脊，脉间具柔毛；花药长2.5~3.5mm，顶端具毫毛。花果期6—9月。

多生于微碱性的草滩及沙土山坡上。

拂子茅

Calamagrostis epigeios（L.）Roth

拂子茅，被子植物门，单子叶植物纲，禾本目，禾本科，拂子茅属植物。

多年生草本，具根状茎。秆直立，平滑无毛或花序下稍粗糙，高45~100cm，径2~3mm。叶鞘平滑或稍粗糙，短于或基部者长于节间；叶舌膜质，长5~9mm，长圆形，先端易破裂；叶片长15~27cm，宽4~8mm，扁平或边缘内卷，上面及边缘粗糙，下面较平滑。圆锥花序紧密，圆筒形，劲直具间断，长10~30cm，中部径1.5~4cm，分枝粗糙，直立或斜向上升；小穗长5~7mm，淡绿色或带淡紫色；两颖近等长或第二颖微短，先端渐尖，具1脉，第二颖具3脉，主脉粗糙；外稃透明膜质，长约为颖之半，顶端具2齿，基盘的柔毛几与颖等长，芒自稃体背中部附近伸出，细直，长2~3mm；内稃长约为外2/3，顶端细齿裂；小穗轴不延伸于内稃之后，或有时仅于内稃之基部残留1微小的痕迹；雄蕊3，花药黄色，长约1.5mm。花果期5—9月。

耐盐碱，常生长于农田、地埂、路边、河边及山地等处。

假苇拂子茅

Calamagrostis pseudophragmites（Hall. f.）Koel.

假苇拂子茅，被子植物门，单子叶植物纲，禾本目，禾本科，拂子茅属植物。

多年生草本，秆直立，高40~100cm，径1.5~4mm。叶鞘平滑无毛或稍粗糙，短于节间，有时下部者长于节间；叶舌膜质，长4~9mm，长圆形，顶端钝而易碎；叶片长10~30cm，宽1.5~5mm，扁平或内卷，上面及边缘粗糙，下面平滑。圆锥花序长圆状披针形，疏松开展，长10~20cm，宽3~5cm，分枝簇生，直立，细弱，稍糙涩；小穗长5~7mm，草黄色或紫色；颖线状披针形，成熟后张开，顶端长渐尖，不等长，第二颖较第一颖短1/4~1/3，具1脉或第二颖具3脉，主脉粗糙；外稃透明膜质，长3~4mm，具3脉，顶端全缘，稀微齿裂，芒自顶端或稍下伸出，细直，细弱，长1~3mm，基盘柔毛等长或稍短于小穗；内稃长为外稃的1/3~2/3；雄蕊3，花药长1~2mm。花果期7—9月。

多生长于河漫滩、湿润的沙丘间平地或沙地、河湖畔、沟谷低地、渠沟边、田埂、撂荒地或路边低洼处。

冰　草

Agropyron cristatum（L.）Gaertn.

冰草，被子植物门，单子叶植物纲，禾本目，禾本科，冰草属植物。别称野麦子、扁穗冰草、羽状小麦草。

多年生旱生草本，秆成疏丛，上部紧接花序部分被短柔毛或无毛，高20~60cm，有时分蘖横走或下伸成长达10cm的根茎。叶片长5~20cm，宽2~5mm，质较硬而粗糙，常内卷，上面叶脉强烈隆起成纵沟，脉上密被微小短硬毛。穗状花序较粗壮，矩圆形或两端微窄，长2~6cm，宽8~15mm；小穗紧密，平行排列成两行，整齐呈篦齿状，含5~7小花，长6~9mm；颖舟形，脊上连同背部脉间被长柔毛，第一颖长2~3mm，第二颖长3~4mm，具略短于颖体的芒；外稃被有稠密的长柔毛或稀疏柔毛，顶端具短芒长2~4mm；内稃脊上具短小刺毛。

常生于干燥草地、山坡、丘陵、沙地、干旱草原或荒漠草原。

稗

Echinochloa crusgalli（L.）Beauv.

稗，被子植物门，单子叶植物纲，禾本目，禾本科，稗属植物。别称稗草、稗子、扁扁草。

一年生草本。秆直立，基部倾斜或膝曲，光滑无毛。叶鞘松弛，下部者长于节间，上部者短于节间；无叶舌；叶片无毛。圆锥花序主轴具角棱，粗糙；小穗密集于穗轴的一侧，具极短柄或近无柄；第一颖三角形，基部包卷小穗，长为小穗的1/3~1/2，具5脉，被短硬毛或硬刺疣毛，第二颖先端具小尖头，具5脉，脉上具刺状硬毛，脉间被短硬毛；第一外稃草质，上部具7脉，先端延伸成1粗壮芒，内稃与外稃等长。形状似稻但叶片毛涩，颜色较浅。花果期7—10月。

常生长于农田里、沼泽、沟渠旁、低洼荒地。

无芒稗

Echinochloa crusgalli（L.）Beauv. var. *mitis*（Pursh）Peterm.

无芒稗，被子植物门，单子叶植物纲，禾本目，禾本科，稗属植物。

一年生草本。秆高50~120cm，直立，粗壮；叶片长20~30cm，宽6~12mm。圆锥花序直立，长10~20cm，分枝斜上举而开展，常再分枝；小穗卵状椭圆形，长约3mm，无芒或具极短芒，芒长常不超过0.5mm，脉上被疣基硬毛。

多生于水边或路边草地上。

落 草

Koeleria cristata（L.）Pers. var. Cristata

落草，被子植物门，单子叶植物纲，禾本目，禾本科，落草属植物。

多年生草本，密丛。秆直立，具2~3节，高25~60cm，在花序下密生绒毛。叶鞘灰白色或淡黄色，无毛或被短柔毛，秆基残存枯萎叶鞘；叶舌膜质，截平或边缘呈细齿状，长0.5~2mm；叶片灰绿色，线形，常内卷或扁平，长1.5~7cm，宽1~2mm，下部分蘖叶长5~30cm，宽约1mm，被短柔毛或上面无毛，上部叶近于无毛，边缘粗糙。圆锥花序穗状，下部间断，长5~12cm，宽7~18mm，有光泽，草绿色或黄褐色，主轴及分枝均被柔毛；小穗长4~5mm，含2~3小花，小穗轴被微毛或近于无毛，长约1mm；颖倒卵状长圆形至长圆状披针形，先端尖，边缘宽膜质，脊上粗糙，第一颖具1脉，长2.5~3.5mm，第二颖具3脉，长3~4.5mm；外稃披针形，先端尖，具3脉，边缘膜质，背部无芒，稀顶端具长约0.3mm之小尖头，基盘钝圆，具微毛，第一外稃长约4mm；内稃膜质，稍短于外稃，先端2裂，脊上光滑或微粗糙；花药长1.5~2mm。花果期5—9月。

多生于山坡、草地或路旁。

披碱草

Elymus dahuricus Turcz.

披碱草，被子植物门，单子叶植物纲，禾本目，禾本科，披碱草属植物。

多年生草本植物，秆疏丛，直立，高70~140cm，基部膝曲。根系发达。叶鞘光滑无毛；叶片扁平，稀可内卷，上面粗糙，下面光滑，有时呈粉绿色，长15~25cm，宽5~9mm。叶片具旱生结构，遇干旱内卷呈筒状。分蘖能力强，一般可达30~50个，条件好时分蘖数达100个以上。穗状花序直立，较紧密，长14~18cm，宽5~10mm；穗轴边缘具小纤毛，中部各节具2小穗，接近顶端和基部各节只具1小穗；小穗绿色，成熟后变为草黄色，长10~15mm，含3~5小花；颖披针形或线状披针形，长8~10mm，先端具长达5mm的短芒，有3~5明显而粗糙的脉；外稃披针形，上部具5条明显的脉，全部密生短小糙毛，第一外稃长9mm，先端延伸成芒，芒粗糙，长10~20mm，成熟后向外展开；内稃与外稃等长，先端截平，脊上具纤毛，至基部渐不明显，脊间被稀少短毛。

特耐寒抗旱、耐盐碱、抗风沙，多生于风沙大的盐碱地区。

狗尾草

Setaria sp.

狗尾草，被子植物门，单子叶植物纲，禾本目，禾本科，狗尾草属植物。别称毛毛狗、谷莠子、莠。

一年生草本植物。根为须状，高大植株具支持根。秆直立或基部膝曲，高10~100cm，基部径达3~7mm。叶鞘松弛，无毛或疏具柔毛或疣毛，边缘具较长的密绵毛状纤毛；叶舌极短，缘有长1~2mm的纤毛；叶片扁平，长三角状狭披针形或线状披针形，先端长渐尖或渐尖，基部钝圆形，几呈截状或渐窄，长4~30cm，宽2~18mm，通常无毛或疏被疣毛，边缘粗糙。圆锥花序紧密呈圆柱状或基部稍疏离，直立或稍弯垂，主轴被较长柔毛，长2~15cm，宽4~13mm（除刚毛外），刚毛长4~12mm，粗糙或微粗糙，直或稍扭曲，通常绿色或褐黄到紫红或紫色；小穗2~5个簇生于主轴上，或更多的小穗着生在短小枝上，椭圆形，先端钝，长2~2.5mm，铅绿色；第一颖卵形或宽卵形，长约为小穗的1/3，先端钝或稍尖，具3脉；第二颖几与小穗等长，椭圆形，具5~7脉；第一外稃与小穗第长，具5~7脉，先端钝，其内稃短小狭窄；第二外稃椭圆形，顶端钝，具细点状皱纹，边缘内卷，狭窄；鳞被楔形，顶端微凹；花柱基分离。颖果灰白色。花果期5—10月。

多生于荒野、道旁、草地等处。

长芒草

Stipa bungeana Trin.

长芒草，被子植物门，单子叶植物纲，禾本目，禾本科，针茅属植物。

多年生草本。秆紧密丛生，基部膝曲，高30~60cm，具2~5节，光滑。叶鞘无毛，基生者常内含隐藏小穗；叶舌膜质，长1~4mm，顶端尖，两侧下延与叶鞘边缘结合；叶片内卷呈针状，茎生者长2.5~5cm，蘖生者长10~20cm。圆锥花序狭，常为叶鞘所包，成熟后伸出鞘外，长8~20cm，分枝细弱，微粗糙，2~4枚簇生，直立或斜升；小穗灰绿色或浅紫色，稀疏生于分枝上部，颖长9~15mm，具3~5脉，顶端具细芒，外稃长4~6mm，背部具排列成纵行的短毛，顶端关节处具圈短毛，基盘长约1mm，尖锐，密生柔毛，芒2回膝曲，第一芒柱长10~15mm，第二芒柱长5~10mm；芒针长3~5cm；内稃与外稃等长，具2脊。颖果长圆柱形，隐藏在基部叶鞘中小穗的果为卵形。花果期5—7月。

多生于路边草地、干山坡及丘陵等处。

针 茅

Stipa capillata L.

针茅，被子植物门，单子叶植物纲，禾本目，禾本科，针茅属植物。别称锥子草。

多年生草本。秆直立，丛生，高40~80cm，常具4节，基部宿存枯叶鞘。叶鞘平滑或稍糙涩，长于节间；叶舌披针形，膜质，基生者长1~1.5mm，秆生者长4~8mm；叶片纵卷成线形，上面被微毛，下面粗糙，基生叶长达40cm。圆锥花序狭窄，几全部含藏于叶鞘内，长10~20cm；小穗草黄或灰白色，含1小花；颖尖披针形，先端细丝状，长2.5~3.5cm，第一颖具1~3脉，第二颖具3~5脉；外稃圆筒形，包卷内稃，长1~1.2cm，基盘尖锐，背部具排列成纵行的短毛，芒2回膝曲，光亮，边缘微粗糙，第一芒柱扭转，长4~5cm，第二芒柱稍扭转，长约1.5cm，芒针卷曲，长约10cm，基盘尖锐，长2~3mm，具淡黄色柔毛；内稃具2脉。颖果纺锤形，长6~7mm，腹沟甚浅。花果期6—8月。

多生于山间谷地或石质向阳山坡。

糙隐子草

Cleistogenes squarrosa（Trin.）Keng

糙隐子草，被子植物门，单子叶植物纲，禾本目，禾本科，隐子草属植物。

多年生草本。秆直立或铺散，密丛，纤细，高10~30cm，具多节，干后常呈蜿蜒状或廻旋状弯曲，植株绿色，秋季经霜后常变成紫红色。

叶鞘多长于节间，无毛，层层包裹直达花序基部；叶舌具短纤毛；叶片线形，长3~6cm，宽1~2mm，扁平或内卷，粗糙。圆锥花序狭窄，长4~7cm，宽5~10mm；小穗长5~7mm，含2~3小花，绿色或带紫色；颖具1脉，边缘膜质，第一颖长1~2mm，第二颖长3~5mm；外稃披针形，具5脉，第一外稃长5~6mm；先端常具较稃体为短或近等长的芒；花药长约2mm。花果期7—9月。

多生于干旱草原、丘陵坡地、沙地、固定或半固定沙丘、山坡等处。

白　草

Pennisetum centrasiaticum Tzvel.

白草，被子植物门，单子叶植物纲，禾本目，禾本科，狼尾草属植物。别称中亚狼尾草、倒生草、白花草。

多年生草本，具横走根茎。秆直立，单生或丛生，高20~90cm。叶鞘疏松包茎，近无毛，基部者密集近跨生，上部短于节间；叶舌短，具长1~2mm的纤毛；叶片狭线形，长10~25cm，宽5~8mm，两面无毛。圆锥花序紧密，直立或稍弯曲，长5~15cm，宽约10mm；主轴具棱角，无毛或疏生短毛，残留在主轴上的总梗长0.5~1mm；刚毛柔软，细弱，微粗糙，长8~15mm，灰绿色或紫色；小穗通常单生，卵状披针形，长3~8mm；第一颖微小，先端钝圆、锐尖或齿裂，脉不明显；第二颖长为小穗的1/3~3/4，先端芒尖，具1~3脉；第一小花雄性，稀中性，第一外稃与小穗等长，厚膜质，先端芒尖，具3~5脉，第一内稃透明，膜质或退化；第二小花两性，第二外稃具5脉，先端芒尖，与其内稃同为纸质；鳞被2，楔形，先端微凹；雄蕊3，花药顶端无毫毛；花柱近基部联合。颖果长圆形，长约2.5mm。花果期7—10月。

多生长于海拔800~4 600m的山坡或路旁较干燥处。

棒头草

Polypogon fugax Nees ex Steud.

棒头草，被子植物门，单子叶植物纲，禾本目，禾本科，棒头草属植物。

一年生草本植物。秆丛生，基部膝曲，多光滑，高10~75cm。叶鞘光滑无毛，大都短于或下部者长于节间；叶舌膜质，长圆形，长3~8mm，常2裂或顶端具不整齐的裂齿；叶片扁平，微粗糙或下面光滑，长2.5~15cm，宽3~4mm。圆锥花序穗状，长圆形或卵形，较疏松，具缺刻或有间断，分枝长可达4cm；小穗长约2.5mm（包括基盘），灰绿色或部分带紫色；颖长圆形，疏被短纤毛，先端2浅裂，芒从裂口处伸出，细直，微粗糙，长1~3mm；外稃光滑，长约1mm，先端具微齿，中脉延伸成长约2mm而易脱落的芒；雄蕊3，花药长0.7mm。颖果椭圆形，1面扁平，长约1mm。花果期4—9月。

常生长在潮湿地、潮湿沙地、河谷湿地、路边阴湿地、山坡湿草甸、田边草地、溪边草丛、盐渍化沙地等处。

莎草科
Cyperaceae

本科共收录4种植物。分属3属。

藨草属*Scirpus*

扁秆藨草

球穗藨草

薹草属*Carex*

走茎薹草

扁穗草属*Blysmus*

扁穗草

扁秆藨草

Scirpus planiculmis Fr. Schmidt

扁秆藨草，被子植物门，单子叶植物纲，莎草目，莎草科，藨草属植物。

多年生草本，具匍匐根状茎和块茎，块茎椭圆形或球形，长1~2cm。秆高60~100cm，一般较细，三棱形，平滑，靠近花序部分粗糙，基部膨大，具秆生叶。叶扁平，宽2~5mm，向顶部渐狭，具长叶鞘。叶状苞片1~3枚，常长于花序，边缘粗糙；长侧枝聚繖花序短缩成头状，或有时具少数辐射枝，通常具1~6个小穗；小穗卵形或长圆状卵形，锈褐色，长10~16mm，宽4~8mm，具多数花；鳞片膜质，长圆形或椭圆形，长6~8mm，褐色或深褐色，外面被稀少的柔毛，背面具一条稍宽的中肋，顶端缺刻状撕裂，具芒；下位刚毛4~6条，上生倒刺，长为小坚果的1/2~2/3；雄蕊3，花药线形，长约3mm，药隔稍突出于花药顶端；花柱长，柱头2。小坚果宽倒卵形或倒卵形，扁，长3~3.5mm，淡褐色。当年种子休眠，寿命5—6年。花期5—6月，果期7—9月。

常生长于湿地、河岸、沼泽等处。

球穗藨草

Scirpus strobilinus Roxb.

球穗藨草，被子植物门，单子叶植物纲，莎草目，莎草科，藨草属植物。

多年生草本，散生，具匍匐根状茎和块茎，块茎小，呈卵形。秆高10~50cm，三棱形，平滑，中部以上生叶。叶扁平，线形，稍坚挺，宽1~4mm，在秆上部的叶长于秆或等长，边缘和背面中肋不粗糙或稍粗糙。叶状苞片2~3枚，长于花序；长侧枝聚伞花序常短缩成头状，稀具短辐射枝，通常具1~10余个小穗；小穗卵形，长10~16mm，宽3.5~7mm，具多数花；鳞片长圆状卵形，膜质，淡黄色，长5~6mm，外面微被短毛，顶端有缺刻，背面具1条中肋，延伸出顶端成芒；下位刚毛6条，其中4条短，2条较长，长为小坚果的一半或更长，上生倒刺；雄蕊3，花药线状长圆形，长约1mm，药隔突出部分较长；花柱细长，柱头2。小坚果宽倒卵形，双凸状，长约2.5mm，黄白色，成熟时呈深褐色，具光泽。花果期6—9月。

常生长于路旁凹地、沙丘湿地、沼泽、盐碱地等。

走茎薹草

Carex reptabunda（Trautv.）V. Krecz.

走茎薹草，被子植物门，单子叶植物纲，莎草目，莎草科，薹草属植物。

多年生草本。具长匍匐根状茎。秆高15~45cm。叶短于秆，宽约1.5mm，边缘内卷。穗状花序卵形或矩圆卵形，长5~12mm，具2~5枚小穗；小穗卵形，长4~5mm，雄雌顺序；苞片鳞片状；雌花鳞片卵形、卵状披针形或矩圆卵形，长3~4mm，锈色，具宽白色膜质边缘，先端锐尖或钝，除中肋外无脉。果囊卵形、宽卵形或矩圆卵形，与鳞片近等长，膜质，下部黄色，上部带锈色，脉微显或基部具细脉，基部圆楔形，无海绵状组织，边缘无翅，平滑，顶端骤尖成中等长的喙，平滑，喙口白色，斜裂。小坚果宽椭圆形，长约2.2mm；花柱短，柱头2。

多生长在海拔900m左右的草原带盐碱地、草原盐碱湿草地、湿地、盐湖边、沼泽地等处。

扁穗草

Blysmus compressus（Linn.）Panz.

扁穗草，被子植物门，单子叶植物纲，莎草目，莎草科，扁穗草属植物。

多年生草本，有短的匍匐根状茎，长1~1.5cm，直径1.5~2mm，在各节上生根。秆近散生，三棱形，中部以下生叶，基部有黑色老叶鞘，高9~30cm。叶平张，渐向顶端渐狭，近顶端三棱形且有细齿，一般短于秆，宽1~3.5mm，鞘褐色或锈色，叶舌很短，截形，膜质，锈色。苞片叶状，稍短或稍长于花序；穗状花序一个，长圆形或倒卵形，长10~22mm，宽4~9mm；小穗3~12个，呈二列，密，最下一个小穗常远离，长椭圆形，长5~7mm；鳞片近二行排列，长圆状卵形，顶端钝，膜质，长5mm，背面有7条脉，中部不为龙骨状突起；下位刚毛6条，基部微卷曲，长于小坚果（不连花柱和柱头），有倒刺；花药长圆形，长2mm；柱头2，与花柱等长。小坚果倒卵形，平凸状，褐色，长2mm。花果期7—8月。

多生长在河滩湿地。

本科共收录2种植物。分属2属。

葱属*Allium*

蒙古韭

天门冬属*Asparagus*

西北天门冬

蒙古韭

Allium mongolicum

蒙古韭，被子植物门，单子叶植物纲，百合目，百合科，葱属植物。别称蒙古葱、沙葱。

多年生草本植物，鳞茎密集丛生，圆柱状；鳞茎外皮褐黄色，破裂，呈松散的纤维状。叶半圆柱状至圆柱状，比花葶短，粗0.5~1.5mm。花葶圆柱状，高10~30cm，下部被叶鞘；总苞单侧开裂，宿存；伞形花序半球状至球状，具多而密集的花；小花梗近等长，从与花被片近等长直到比其长1倍，基部无小苞片；花淡红色、淡紫色至紫红色，大；花被片卵状矩圆形，长6~9mm，宽3~5mm，先端钝圆，内轮的常比外轮的长；花丝近等长，为花被片长度的1/2~2/3，基部合生并与花被片贴生，内轮的基部约1/2扩大成卵形，外轮的锥形；子房倒卵状球形；花柱略比子房长，不伸出花被外。

多生于海拔800~2 800m的荒漠、沙地、草地或干旱山坡。

西北天门冬

Asparagus persicus Baker

西北天门冬，被子植物门，单子叶植物纲，百合目，百合科，天门冬属植物。

攀援植物，通常不具软骨质齿。根较细，粗2~3mm。茎平滑，长30~100cm，分枝略具条纹或近平滑。叶状枝通常每4~8枚成簇，稍扁的圆柱形，略有棱，伸直或稍弧曲，长0.5~1.5cm，粗0.4~0.7mm，稀具软骨质齿；鳞片状叶基部有时有短的刺状距。花每2~4朵腋生，红紫色或绿白色；花梗长6~18mm，关节位于上部或近花被基部，较少近中部；雄花花被长约6mm；花丝中部以下贴生于花被片上；花药顶端具细尖；雌花较小，花被长约3mm。浆果直径约6mm，熟时红色，有5~6颗种子。花期5月，果期8月。

多生于海拔2 900m以下的盐碱地、戈壁滩、河岸或荒地上。

鸢尾科
Iridaceae

本科共收录1种植物。分属1属。

鸢尾属*Iris*

马蔺

马　蔺

Iris lactea Pall. var. *chinensis*（Fisch.）Koidz.

马蔺，被子植物门，单子叶植物纲，百合目，鸢尾科，鸢尾属植物。别称马莲、马兰、马兰花、旱蒲、蠡实、荔草、剧草、豕首、三坚、紫蓝草、兰花草、箭秆风，马帚子、马韭等。

多年生密丛草本宿根植物。根状茎粗壮，木质，斜生，外包有大量致密的红紫色老叶残留叶鞘及毛发状的纤维；须根粗而长，黄白色，少分枝，稠密发达，呈伞状分布。叶基生，坚韧，灰绿色，条形或狭剑形，长约50cm，宽4~6mm，顶端渐尖，基部鞘状，带红紫色，无明显的中脉。花为浅蓝色、蓝色或蓝紫色，花被上有较深色的条纹，花茎光滑，高5~10cm；苞片3~5枚，草质，绿色，边缘白色，披针形，长4.5~10cm，宽0.8~1.6cm，顶端渐尖或长渐尖，内包含有2~4朵花；花乳白色，直径5~6cm；花梗长4~7cm；花被管甚短，长约3mm，外花被裂片倒披针形，长4.5~6.5cm，宽0.8~1.2cm，顶端钝或急尖，爪部楔形，内花被裂片狭倒披针形，长4.2~4.5cm，宽5~7mm，爪部狭楔形；雄蕊长2.5~3.2cm，花药黄色，花丝白色；子房纺锤形，长3~4.5cm。蒴果长椭圆状柱形，长4~6cm，直径1~1.4cm，有6条明显的肋，顶端有短喙；种子为不规则的多面体，棕褐色，略有光泽。花期5—6月，果期6—9月。

耐盐碱、耐践踏，多生于荒地、路旁、山坡草地、盐碱化草场。

本科共收录2种植物。分属2属。

红门兰属*Orchis*

宽叶红门兰

绶草属*Spiranthes*

绶草

宽叶红门兰

Orchis latifolia L.

宽叶红门兰，被子植物门，单子叶植物纲，微子目，兰科，红门兰属植物。

植株高12~40cm。块茎下部3~5裂呈掌状，肉质。茎直立，粗壮，中空，基部具2~3枚筒状鞘，鞘上具叶。叶4~6枚，互生，长圆形、长圆状椭圆形、披针形至线状披针形，长8~15cm，宽1.5~3cm，稍微开展，先端钝、渐尖或长渐尖，基部收狭成抱茎的鞘，向上逐渐变小，最上部的叶变小呈苞片状。花序具密生花，圆柱状，长2~15cm；花苞片直立伸展，披针形，先端渐尖或长渐尖；子房圆柱状纺锤形，扭转，无毛，连花梗长10~14mm；花兰紫色、紫红色或玫瑰红色，不偏向一侧；中萼片卵状长圆形，直立，凹陷呈舟状，长5.5~7mm，宽3~4mm，先端钝，具3脉，与花瓣靠合呈兜状；侧萼片张开，偏斜，卵状披针形或卵状长圆形，先端钝或稍钝，具3~5脉。花瓣直立，卵状披针形，稍偏斜，与中萼片近等长，先端钝，具2~3脉；唇瓣向前伸展，卵形、卵圆形、宽菱状横椭圆形或近圆形，常稍长于萼片，基部具距，先端钝，不裂，有时先端稍具1个凸起，似3浅裂，边缘略具细圆齿，上面具细的乳头状突起，在基部至中部之上具1个由蓝紫色线纹构成似匙形的斑纹，斑纹内淡紫色或带白色，其外的色较深，为蓝紫的紫红色，而其顶部浅3裂或2裂成W形；距圆筒形、圆筒状锥形至狭圆锥形，下垂，略微向前弯曲，末端钝，较子房短或与近等长。花期6—8月。

常生于山坡、沟边灌丛下或草地中。

绶 草

Spiranthes sinensis（Pers.）Ames

绶草，被子植物门，单子叶植物纲，微子目，兰科，绶草属植物。

植株高13~30cm。根数条，指状，肉质，簇生于茎基部。茎较短，近基部生2~5枚叶。叶片宽线形或宽线状披针形，稀为狭长圆形，直立伸展，长3~10cm，宽5~10mm，先端急尖或渐尖，基部收狭具柄状抱茎的鞘。花茎直立，长10~25cm，上部被腺状柔毛至无毛；总状花序具多数密生的花，长4~10cm，呈螺旋状扭转；花苞片卵状披针形，先端长渐尖，下部的长于子房；子房纺锤形，扭转，被腺状柔毛，连花梗长4~5mm；花小，紫红色、粉红色或白色，在花序轴上呈螺旋状排生；萼片的下部靠合，中萼片狭长圆形，舟状，长4mm，宽1.5mm，先端稍尖，与花瓣靠合呈兜状；侧萼片偏斜，披针形，长5mm，宽约2mm，先端稍尖。花瓣斜菱状长圆形，先端钝，与中萼片等长但较薄；唇瓣宽长圆形，凹陷，长4mm，宽2.5mm，先端极钝，前半部上面具长硬毛且边缘具强烈皱波状啮齿，唇瓣基部凹陷呈浅囊状，囊内具2枚胼胝体。花期7—8月。

多生于山坡林下、灌丛下、草地或河滩、沼泽、草甸中。

麻黄科
Ephedraceae

本科共收录2种植物。分属1属。

麻黄属*Ephedra*

中麻黄

草麻黄

中麻黄

Ephedra intermedia Schrenk ex Mey.

中麻黄，裸子植物门，盖子植物纲，麻黄目，麻黄科，麻黄属植物。

灌木，高达1m以上。茎直立或匍匐斜上，粗壮，基部分枝多；绿色小枝常被白粉呈灰绿色，径1~2mm，节间通常长3~6cm，纵槽纹较细浅。叶3裂及2裂混见，下部约2/3合生成鞘状，上部裂片钝三角形或窄三角披针形。雄球花通常无梗，数个密集于节上呈团状，稀2~3个对生或轮生于节上，具5~7对交叉对生或5~7轮（每轮3片）苞片，雄花有5~8枚雄蕊，花丝全部合生，花药无梗；雌球花2~3成簇，对生或轮生于节上，无梗或有短梗，苞片3~5轮（每轮3片）或3~5对交叉对生，通常仅基部合生，边缘常有明显膜质窄边，最上一轮苞片有2~3雌花；雌花的珠被管长达3mm，常成螺旋状弯曲。雌球花成熟时肉质红色，椭圆形、卵圆形或矩圆状卵圆形，长6~10mm，径5~8mm；种子包于肉质红色的苞片内，不外露，3粒或2粒，形状变异颇大，常呈卵圆形或长卵圆形，长5~6mm，径约3mm。花期5—6月，种子7—8月成熟。

抗旱性强，多生于干旱荒漠、沙滩地区及干旱的山坡或草地上。

草麻黄

Ephedra sinica Stapf

草麻黄，裸子植物门，盖子植物纲，麻黄目，麻黄科，麻黄属植物。别称麻黄草、华麻黄。

草本状灌木，高20~40cm；木质茎短或成匍匐状，小枝直伸或微曲，表面细纵槽纹常不明显，节间长2.5~5.5cm，径约2mm。叶2裂，鞘占全长1/3~2/3，裂片锐三角形，先端急尖。雄球花多成复穗状，常具总梗，苞片通常4对，雄蕊7~8，花丝合生，稀先端稍分离；雌球花单生，在幼枝上顶生，在老枝上腋生，常在成熟过程中基部有梗抽出，使雌球花呈侧枝顶生状，卵圆形或矩圆状卵圆形，苞片4对，下部3对合生部分占1/4~1/3，最上一对合生部分达1/2以上；雌花2，胚珠的珠被管长约1mm，直立或先端微弯，管口隙裂窄长，占全长的1/4~1/2，裂口边缘不整齐，常被少数毛茸。雌球花成熟时肉质红色，矩圆状卵圆形或近于圆球形，长约8mm，径6~7mm；种子通常2粒，包于苞片内，不露出或与苞片等长，黑红色或灰褐色，三角状卵圆形或宽卵圆形，长5~6mm，径2.5~3.5mm，表面具细皱纹，种脐明显，半圆形。花期5—6月，种子8—9月成熟。

适应性强，多生长于山坡、平原、干燥荒地、河床及草原等处。

卷柏科
Selaginellaceae

本科共收录1种植物。分属1属。

卷柏属*Selaginella*

红枝卷柏

红枝卷柏

Selaginella sanguinolenta（L.）Spring

红枝卷柏，蕨类植物门，石松纲，卷柏目，卷柏科，卷柏属植物。

旱生夏绿植物，高5~30cm，匍匐，具横走的根状茎。根托在主茎与分枝上断续着生，由茎枝的分叉处下面生出，长2.5~5cm，纤细；根多分叉，密被根毛。主茎全部分枝，直径0.36~0.74mm，圆柱状。红褐色或褐色，光滑无毛。侧枝3~4回羽状分枝，相邻侧枝间距2~4cm，分枝光滑。叶覆瓦状排列，叶质较厚，表面光滑。主茎上的叶略大于分枝上的叶，中叶绿色，披针形或卵状披针形，鞘状，叶背呈龙骨状，基部盾状，边缘撕裂，有睫毛。分枝上的腋叶对称，狭椭圆形或狭长圆形。中叶多少对称，叶先端与轴平行，具小尖头，基部斜，盾状，边缘近全缘或撕裂状并具睫毛。侧叶不对称，分枝上的长圆状倒卵形或倒卵形，略斜升，紧密排列，长1~2mm，先端短芒状或具小尖头，基部上侧不扩大，覆盖小枝；基部下侧下延，撕裂状并有睫毛。孢子叶穗紧密，四棱柱形，单生于小枝末端，阔卵形，边缘略撕裂状并具睫毛，锐龙骨状，先端急尖；大、小孢子叶在孢子叶穗下侧间断排列。大孢子浅黄色；小孢子橘黄色或橘红色。

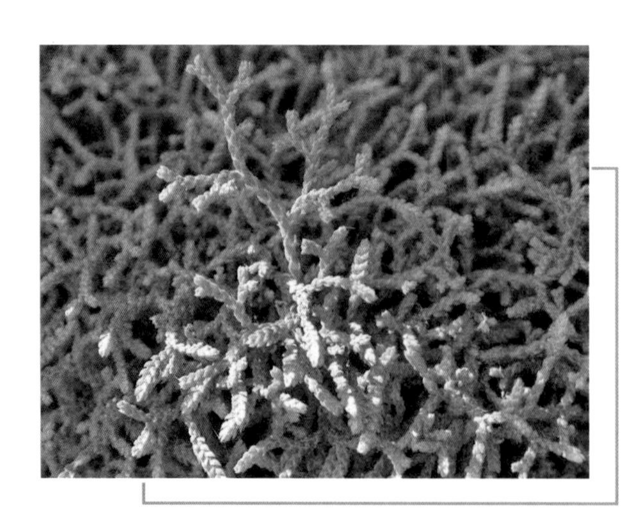

多为土生或石生。

参考文献

白学良. 1997. 内蒙古苔藓植物志[M]. 呼和浩特：内蒙古大学出版社.

包颖. 2000. 内蒙古葱属植物的地理分布[J]. 内蒙古师大学报（自然汉文版），29（2）：130-134.

鲍锋海，张海鹰. 2001. 内蒙古自治区药用寄生植物资源[J]. 现代中药研究与实践，15（5）：40-41.

陈宝明，王秀华，聂光镛，等. 1991. 内蒙古河套灌区排水沟的土壤和植物分布规律[J]. 内蒙古水利（2）：36-39.

陈嵘. 1957. 中国树木分类学[M]. 上海：上海科学技术出版社.

程积民. 2012. 中国黄土高原常见植物图鉴[M]. 北京：科学出版社.

丁崇明. 2011. 鄂尔多斯植物资源[M]. 呼和浩特：内蒙古大学出版社.

丁自勉，孙宝启，曹广才. 2008. 观赏药用植物图鉴[M]. 北京：中国农业出版社.

董恒宇. 2014. 内蒙古西部植物多样性的调研情况、分析、建议[J]. 草原与草业，26（1）：3-7.

董玮. 2012. 阿尔泰生态系统的盐生植物——藜科植物[J]. 畜牧与饲料科学，33（z2）：149-151.

杜泉滢，李智，刘书润，等. 2007. 干旱、半干旱区湖泊周围盐生植物群落的多样性格局及特点[J]. 生物多样性，15（3）：271-281.

冯显逵. 1979. 宁夏六盘山、贺兰山木本植物图鉴[M]. 银川. 宁夏人民出版社.

傅坤俊. 2000.黄土高原植物志[M]. 北京：科学出版社.

傅书遐. 1957. 中国主要植物图谱[M]. 北京：科学出版社.

高彩球，王玉成. 2013. 二色补血草耐盐机理及耐盐基因功能分析[M]. 北京：科学出版社.

革命，那仁格日乐，王培峰，等. 2010. 内蒙古河套地区植物区系及生态治理工程后植被现状[J]. 草原与草业，22（3）：8-22.

革命，张万英，佟永成，等. 2008. 内蒙古河套地区野生种子植物区系初步分析[J]. 草原与草业，20（3）：51-55.

耿以礼. 1959. 中国主要植物图说[M]. 北京：科学出版社.

弓耀明，马毓泉. 1986. 内蒙古兰科植物的数量分类研究[J]. 内蒙古大学学报（自然版）（2）：159-172.

顾润源，周伟灿，白美兰，等. 2012. 气候变化对内蒙古草原典型植物物候的影响[J]. 生态学报，32（3）：767-776.

郭晓思. 2013. 秦岭植物志[M]. 北京：科学出版社.

哈斯巴根. 2002. 内蒙古野生植物资源分类及开发途径的研究[J]. 内蒙古师大学报（自然汉文版），31（3）：262-268.

哈斯巴根. 2010. 内蒙古种子植物名称手册：拉丁文、汉文、蒙古文[M]. 呼和浩特：内蒙古教育出版社.

韩建萍，张文生，孟繁蕴，等. 2006. 内蒙古药用植物资源可持续开发及环境保护策略[J]. 中国农业资源与区划，27（2）：18-21.

韩胜利. 2012. 内蒙古大青沟国家级自然保护区植物多样性及其保护研究[D]. 呼和浩特：内蒙古师范大学.

何斌源. 2014. 乡土盐沼植物及其生态恢复[M]. 北京：中国林业出版社.

侯天爵. 1980. 内蒙甘肃宁夏禾本科牧草病害调查报告[J]. 中国草地学报（2）.

呼格吉勒图，赵一之，宝音陶格涛. 2007. 内蒙古景天属植物分类及其区系生态地理分布研究[J]. 干旱区资源与环境，21（4）：134-137.

胡先骕. 1927. 中国植物图谱[M]. 北京：静生生物调查所.

胡杨，李青丰，董翼，等. 2015. 内蒙古河套灌区湿地现状调查与分析[J]. 科技导报，33（24）：34-40.

贾恢先. 2005. 中国西北内陆盐地植物图谱[M]. 北京：中国林业出版社.

贾鲜艳，吴宏宇，李霞，等. 2006. 河套灌区盐碱地植物种类组成研究[J]. 内蒙古农业大学学报（自然科学版），27（4）：78-82.

贾祖璋，贾祖珊. 1955. 中国植物图鉴[M]. 北京：中华书局.

江荣先，于顺利，董文珂. 2012. 野外植物识别手册 ：自然界的800种植物图鉴：Distinguishing plants in the wild ：the illustrated handbook of 800 plants in nature[M]. 北京：机械工业出版社.

金洪，张树森，李红，等. 1999. 巴彦淖尔盟药用植物资源的保护[J]. 内蒙古农业大学学报（自然科学版）（3）：44-51.

李安仁，徐国士. 2005. 中国蓼属植物图谱[M]. 北京：海洋出版社.

李安仁. 1998. 中国植物志[M]. 北京：科学出版社.

李新荣. 2012. 中国寒区旱区常见荒漠植物图鉴[M]. 北京：科学出版社.

李志忠，包晓峰，魏慧芳. 2004. 柠条锦鸡儿造林生态数字调研报告[J]. 内蒙古科技与经济（20）：5-7.

林栖凤. 2004. 耐盐植物研究[M]. 北京：科学出版社.

刘 心. 1992. 中国沙漠植物志[M]. 北京：科学出版社.

刘广全. 2012. 西北农牧交错带常见植物图谱[M]. 北京：科学出版社.

刘果厚. 1998. 内蒙古木本植物区系的研究[J]. 内蒙古林学院学报（3）：97-104.

刘慧娟，刘果厚. 2013. 内蒙古非粮柴油植物生活生态型分析[J]. 干旱区资源与环境，27（3）：142-147.

刘丽，赵一之. 1996. 内蒙古棘豆属植物分支分类的初步探讨[J]. 内蒙古大学学报（自然版）（1）：72-82.

刘慎谔. 1936. 中国北部植物图志.第五册[M]. 北京：国立北平研究院.

刘慎谔. 1955. 东北木本植物图志[M]. 北京：科学出版社.

刘书润，张自学，阿荣. 1997. 从生态系统组成探讨内蒙古植物多样性特点[J]. 环境与发展（3）：27-30.

卢琦. 2012. 中国荒漠植物图鉴[M]. 北京：中国林业出版社.

马德滋，刘惠兰，胡福秀. 2007. 宁夏植物志[M]. 第2版. 银川：宁夏人民出版社.

马凯丽. 2011. 内蒙古河套地区几种抗盐碱植物的药用价值和生态意义探讨[J]. 绿色科技（10）：88-89.

马松梅，聂迎彬，耿庆龙，等. 2014. 气候变化对蒙古扁桃适宜分布范围和空间格局的影响[J]. 植物生态学报，38（3）：262-269.

马毓泉，富象乾，陈山副. 1983.内蒙古植物志，第7卷[M]. 呼和浩特：内蒙古人民出版社.

马毓泉，富象乾，陈山副. 1985. 内蒙古植物志，第1卷[M]. 呼和浩特：内蒙古人民出版社.

马毓泉. 1989. 内蒙古植物志[M]. 呼和浩特：内蒙古人民出版社.

沐绍良. 1936. 植物图谱（下册）[M]. 北京：商务印书馆.

娜米拉. 2015. 内蒙古扎赉特旗药用植物资源调查报告[D]. 呼和浩特：内蒙古民族大学.

南京大学生物系，中科院植物研究所. 1959. 中国主要植物图谱 禾本科[M]. 北京：科学出版社.

内蒙古阿拉善右旗植物图鉴编委会. 2010. 内蒙古阿拉善右旗植物图鉴：蒙古文、汉文、英文[M]. 呼和浩特：内蒙古人民出版社.

内蒙古党委生活福利委员会，内蒙古党委改革. 1961. 内蒙古常见野生植物[M]. 呼和浩特：内蒙古人民出版社.
内蒙古农牧学院. 1992. 植物分类学[M]. 北京：农业出版社.
内蒙古植物志编写组. 1977. 内蒙古植物志，第三卷[M]. 呼和浩特：内蒙古人民出版社.
内蒙古植物志编写组. 1979. 内蒙古植物志，第四卷[M]. 呼和浩特：内蒙古人民出版社.
内蒙古植物志委员会. 1980. 内蒙古植物志，第五卷[M]. 呼和浩特：内蒙古人民出版社.
内蒙古植物志委员会. 1982. 内蒙古植物志，第六卷[M]. 呼和浩特：内蒙古人民出版社.
内蒙古植物志委员会. 1985. 内蒙古植物志，第8卷[M]. 呼和浩特：内蒙古人民出版社.
牛丽丽，杨晓晖. 2007. 四合木群丛分布区的植物物种多样性研究[J]. 水土保持研究，14（5）：58-62.
欧善华，杨斌生. 1993.常见植物鉴别手册[M]. 上海：上海科技教育出版社.
欧文雅. 2009. 内蒙古境内六种补血草属（Limonium）植物的进化与起源关系初探[D]. 呼和浩特：内蒙古大学.
潘秀荣，李逢源，刘永胜，等. 1988. 河套地区盐碱荒地上引种碱茅的研究[J]. 草原与草业（1）.
全国人大环资委调研组. 2005. 关于内蒙古生态建设和保护情况的调研报告[J]. 国土绿化（11）：4-5.
史绣华，马秀珍. 1995. 内蒙古珍稀草本植物调查研究报告[J]. 草原与草业（1）：31-34.
松林. 2010. 内蒙古蒙药植物药材资源调查研究[J]. 中国民族医药杂志，16（1）：23-28.
孙晓文. 2005. 内蒙古水生经济动植物原色图文集[M]. 呼和浩特：内蒙古教育出版社.
王俊丽. 2013. 西北民族地区植物资源利用与生物技术[M]. 科学出版社.
王素巍. 2007. 内蒙古木本植物区系研究[D]. 呼和浩特：内蒙古农业大学.
王文彪. 2013. 库布其沙漠固沙造林[M]. 呼和浩特：内蒙古大学出版社.
王文彪. 2013. 沙漠药用植物资源[M]. 呼和浩特：内蒙古大学出版社.
王宇. 2014. 乌梁素海湿地与不同生境条件下物种多样性的研究[D]. 呼和浩特：内蒙古大学.
温都苏. 2011. 北方特色蒙药植物[M]. 呼和浩特：内蒙古人民出版社.
吴国芳. 1989. 种子植物图谱[M]. 北京：高等教育出版社.
武琳慧. 2014. 乌梁素海湿地微生物群落结构及其空间异质性研究[D]. 呼和浩特：内蒙古大学.
锡盟国有林场苗圃管理站. 2016. 锡盟木本植物图鉴[M]. 北京：机械工业出版社.

徐恒刚，布和，刘书润. 2004. 内蒙古盐生植被类型划分及区系组成[J]. 草业与畜牧（1）：17-20.

徐恒刚，布和，刘书润. 2004. 内蒙古盐生植物的主要群落类型[J]. 草业与畜牧（2）：10-12.

徐恒刚. 2004. 中国盐生植被及盐渍化生态治理[M]. 北京：中国农业科学技术出版社.

徐恒刚. 2005. 内蒙古西部沙区荒漠灌丛植被及沙区生态建设[M]. 北京：中国农业科学技术出版社.

徐文铎. 1987. 内蒙古沙地白扦林的植物组成和生态环境调查[J]. 沈阳农业大学学报（4）.

杨敖日格乐. 2013. 乌梁素海湖滨带植物群落空间分布格局及其形成机制研究[D]. 呼和浩特：内蒙古大学.

杨邦杰，马有祥，李兵. 2010. 中国草原保护与建设——内蒙古调查报告[J]. 中国发展，10（2）：1-5.

杨贵生. 2011. 内蒙古常见动植物图鉴[M]. 北京：高等教育出版社.

杨婷婷，胡春元，丁国栋，等. 2005. 内蒙古河套灌区盐碱土肉眼识别标志及造林技术[J]. 内蒙古农业大学学报（自然科学版），26（3）：44-49.

益日贵，蒙荣，李跃进，等. 2012. 土默川平原南部3种盐生植物种群空间格局特征研究[J]. 内蒙古林业科技，38（2）：19-22.

雍世鹏，赵一之. 1979. 狼山北部典型荒漠地区植物区系的基本特点[J]. 内蒙古大学学报（自然版）（2）：91-113.

袁晓奇，任树梅，杨培岭，等. 2010. 大型节水改造灌区植物种类多样性评价分析[J]. 中国农业大学学报，15（3）：94-100.

张玉勋，富象乾. 1985. 内蒙古沙蒿系植物的分布及其利用[J]. 内蒙古农业大学学报（自然科学版）（1）：132-139.

赵可夫，李法曾，樊守金，等. 1999. 中国的盐生植物[J]. 植物学报，16（3）：201-207.

赵可夫，李法曾. 1999. 中国盐生植物[M]. 北京：科学出版社.

赵可夫. 2001. 中国盐生植物资源[M]. 北京：科学出版社.

赵可夫. 2005. 盐生植物及其对盐渍生境的适应生理[M]. 北京：科学出版社.

赵利清，达来，陶格日勒. 2011. 内蒙古种子植物新资料[J]. 西北植物学报，31（4）：856-857.

赵兴梁. 1958. 内蒙呼伦贝尔盟砂地上的樟子松林初步调查报告[J]. 植物生态学报，1

（1）：90-180.

赵洋，吴攀，胡宜刚，等. 2011. 河套灌区九排域农田排水沟植物物种多样性[J]. 生态学杂志，30（12）：2 797-2 802.

赵洋，张相柱，张义强，等. 2011. 河套灌区六排域植物物种多样性研究[J]. 水生生物学报，35（6）：955-962.

赵一之，曹瑞. 1996. 内蒙古的特有植物[J]. 内蒙古大学学报（自然版）（2）：208-213.

赵一之，段飞舟. 1998. 内蒙古植物志第二版益母草属的分类校正[J]. 内蒙古大学学报（自然版）（5）：678-681.

赵一之. 1985. 内蒙古麦瓶草属植物分类研究及其生态地理分布[J]. 内蒙古大学学报（自然版）（4）：93-101.

赵一之. 1992. 内蒙古珍稀濒危植物图谱[M]. 北京：中国农业科技出版社.

赵一之. 1994. 内蒙古葱属植物生态地理分布特征[J]. 内蒙古大学学报（自然版）（5）：546-553.

赵一之. 2001.《内蒙古植物志》第二版菘蓝属的订正[J]. 内蒙古大学学报（自然版），32（5）：543-545.

赵一之. 2005. 内蒙古大青山高等植物检索表[M]. 呼和浩特：内蒙古大学出版社.

赵一之. 2006. 鄂尔多斯高原维管植物[M]. 呼和浩特：内蒙古大学出版社.

赵一之. 2009. 世界锦鸡儿属植物分类及基区系地理[M]. 呼和浩特：内蒙古大学出版社.

中国科学院. 1965. 内蒙古自治区哲里木、昭乌达盟野生资源植物概要[M]. 北京：科学出版社.

中国科学院植物研究所. 2016. 中国高等植物图鉴[M]. 北京：科学出版社.

周汉藩. 1934. 河北习见树木图说[M]. 北京：静生生物调查所.

周世权. 1984. 内蒙古西部地区几种柳树的研究[J]. 西北植物学报（1）：3-8.

朱亚民. 1989. 内蒙古植物药志[M]. 呼和浩特：内蒙古人民出版社.

Aronson J. 1985. Economic halophytes — a global review[M]. Berlin：Springer Netherlands.

Batanouny K H.1994.Halophytes and halophytic plant communities in the Arab region[M]. Berlin：Springer Netherlands.

Bell A D. 1991.Plant form： An illustrated guide to flowering plant morphology[J]. Brittonia，43（3）：145-145.

Ben A N，Ben H K，Debez A，et al. 2005.Physiological and antioxidant responses of the perennial halophyte Crithmum maritimum to salinity[J]. Plant Science，168（4）：889-

899.

Benson L D. 1962.Plant Taxonomy： Methods and Principles[M]. New York： Ronald Press Company.

Bower F O. 1904.PLANT MORPHOLOGY.[J]. Science，20（512）：524-536.

Breckle S W. 2002. Salinity，Halophytes and Salt Affected Natural Ecosystems[M]. Berlin：Springer Netherlands.

Clipson N J W，Tomos A D，Flowers T J，et al. 1985.Salt tolerance in the halophyte Suaeda maritima，L. Dum[J]. Planta，165（3）：392-396.

Debez A，Hamed K B，Grignon C，et al. 2004. Salinity effects on germination，growth，and seed production of the halophyte Cakile maritima[J]. Plant & Soil，262（1/2）：179-189.

El-Shaer H M. 2010.Halophytes and salt-tolerant plants as potential forage for ruminants in the Near East region.（Special Issue： Potential use of halophytes and other salt-tolerant plants in sheep and goat feeding.）[J]. Small Ruminant Research，91（1）：3-12.

Erdtman G. 1957. Pollen and spore morphology/plant taxonomy. Gymnospermae，Pteridophyta，Bryophyta（illustrations）（An introduction to palynology. II.）[M]. Stockholm： Almqvist & Wiksell.

Flowers T J，Hajibagheri M A，Clipson N J W. 1986.Halophytes[J]. Quarterly Review of Biology，61（3）：313-337.

Flowers T J. 1985.Physiology of halophytes[M]. Berlin：Springer Netherlands.

Franklin J. 1995.Predictive vegetation mapping： geographic modelling of biospatial patterns in relation to environmental gradients[J]. Progress in Physical Geography，4（4）：474-499.

Grigore M N，Ivanescu L，Toma C. 2014.Halophytes： An Integrative Anatomical Study[M]. Berlin：Springer International Publishing.

Guvensen A，Gork G，Ozturk M. 2006.An overview of the halophytes in Turkey[M]. Berlin：Springer Netherlands.

Hajibagheri M A，Flowers T J. 2010. Salt tolerance in the halophyte Suaeda maritima（L.）Dum. The influence of the salinity of the culture solution on leaf starch and phosphate content[J]. Plant Cell & Environment，8（4）：261-267.

Han C，Geng J，Hong Y，et al. 2011.Free atmospheric phosphine concentrations and fluxes in different wetland ecosystems，China[J]. Environmental Pollution，159（2）：630-

635.

Heslopharrison J. 1953. New concepts in flowering-plant taxonomy[J]. Bulletin of the Torrey Botanical Club，84（2）：139.

Hunter W C，Ohmart R D，Anderson B W. 1988.Use of Exotic Saltcedar（Tamarix chinensis）by Birds in Arid Riparian Systems[J]. Condor，90（1）：113-123.

Kant S，Kant P，Raveh E，et al. 2010.Evidence that differential gene expression between the halophyte，Thellungiella halophila，and Arabidopsis thaliana is responsible for higher levels of the compatible osmolyte proline and tight control of Na^+ uptake in T. halophila[J]. Plant Cell & Environment，29（7）：1 220-1 234.

Keeler N，Besler B，Robert N，et al. 2009. Gardens in perpetual bloom ： botanical illustration in Europe and America 1600-1850[M]. Boston ： Museum of Fine Arts Publications.

King J J，Stimart D P，Fisher R H，et al. 1995.A Mutation Altering Auxin Homeostasis and Plant Morphology in Arabidopsis.[J]. Plant Cell，7（12）：2 023-2 037.

Koyro H W，Geissler N，Hussin S. 2009. Survival at Extreme Locations：Life Strategies of Halophytes[M]. Berlin：Springer Netherlands.

Lieth H，Sucre D M G，Herzog B. 2008.Mangroves and Halophytes：Restoration and Utilisation[M]. Berlin：Springer Netherlands.

Manhee R，Hwajin P，Jaeyoul C.2009.Salicornia herbacea：botanical，chemical and pharmacological review of halophyte marsh plant.[J]. Journal of Medicinal Plant Research，3（8）：548-555.

Miller R E，Rausher M D，Manos P S.1999.Phylogenetic systematics of Ipomoea（Convolvulaceae）based on ITS and Waxy sequences.[J]. Systematic Botany，24（2）：209-227.

O' Leary J W，Glenn E P. 1994.Global distribution and potential for halophytes[M]. Berlin：Springer Netherlands.

Qian H. 1990. Contribution to the flora of China and Northeast China[J]. Bulletin of Botanical Research，10（1）：77-79.

Rains D W，Croughan T P，Stavarek S J. 1979.Selection of Salt-Tolerant Plants Using Tissue Culture[J]. Basic Life Sciences，14（3）：279.

Redondo-Gómez S，Mateos-Naranjo E，Figueroa M E，et al. 2010.Salt stimulation of growth and photosynthesis in an extreme halophyte，Arthrocnemum macrostachyum.[J].

Plant Biology，12（1）：79-87.

Rix M. 2013.Botanical Illustration in China and India[J]. American Scientist，100（100）：300.

Ross-Craig S. 1985.Botanical illustration[J]. Botanical Review，51（3）：387.

Russell P J，Flowers T J，Hutchings M J. 1985.Comparison of niche breadths and overlaps of halophytes on salt marshes of differing diversity[M]. Berlin：Springer Netherlands.

Sen D N，Rajpurohit K S. 1982.Contributions to the ecology of halophytes[M]. Berlin：Springer Netherlands.

Shaer H M E. 2006.Halophytes as cash crops for animal feeds in arid and semi-arid regions[M]. Basel：Birkhäuser.

Stuessy T F. 2009. Plant Taxonomy：The Systematic Evaluation of Comparative Data[M]. New York：Columbia University Press.

Sun Y B. 2008.A brief history of botanical scientific illustration in China[J]. Journal of Systematics & Evolution，46（5）：772-784.

Szabolcs I. 1994. Salt affected soils as the ecosystem for halophytes[M]. Berlin：Springer Netherlands.

Toenniessen G H. 1984.Review of the world food situation and the role of salt-tolerant plants[J]. London School of Economics & Political Science，5（637）：1-21.

Vernon D M，Bohnert H J. 1992.A novel methyl transferase induced by osmotic stress in the facultative halophyte Mesembryanthemum crystallinum.[J]. Embo Journal，11（6）：2 077-2 085.

Vicente O，Boscaiu M，Naranjo M Á，et al. 2004.Responses to salt stress in the halophyte Plantago crassifolia（Plantaginaceae）[J]. Journal of Arid Environments，58（4）：463-481.

Vicente O，Boscaiu M，Naranjo M Á，et al. 2004.Responses to salt stress in the halophyte Plantago crassifolia（Plantaginaceae）[J]. Journal of Arid Environments，58（4）：463-481.

Volenec J J，Cherney J H，Johnson K D. 1987.Yield Components，Plant Morphology，and Forage Quality of Alfalfa as Influenced by Plant Population1[J]. Crop Science，27（2）：321-326.

Weber D J. 2009.Adaptive Mechanisms of Halophytes in Desert Regions[M]. Berlin：Springer Netherlands.

Wetter M A. 1980.Plant Taxonomy and Biosystematics. by Clive A. Stace[M].London： E. Arnold.

Zhang H，Fan Z. 2002.Comparative Study on the Content of Inorganic and Organic Solutes in Ten Salt-tolerant Plants in Yuncheng Saltlake[J]. Acta Ecologica Sinica，22（3）：352-358.

Zhang J. 2003. Advances in Research on the Mechanism of Plant Salinity Tolerance and Breeding of Salt-tolerant Plants[J]. World Forestry Research，16（2）：16-22.

科名及拉丁文索引

属名及拉丁文索引

植物中文名索引

植物拉丁文名索引